主要作物疑难病虫草害防控指南

李洪连　主编

中国农业科学技术出版社

图书在版编目(CIP)数据

主要作物疑难病虫草害防控指南/李洪连主编.—北京:中国农业科学技术出版社,2008.10

ISBN 978-7-80233-716-9

Ⅰ.主… Ⅱ.李… Ⅲ.①作物-病虫害防治方法-指南②作物-除草-指南 Ⅳ.S435-62 S45-62

中国版本图书馆CIP数据核字(2008)第150815号

责任编辑 冯凌云
责任校对 贾晓红 康苗苗

出 版 者 中国农业科学技术出版社
北京市中关村南大街12号 邮编:100081
电　　话 (010)82109704(发行部) (010)82106630(编辑室)
(010)82109703(读者服务部)
传　　真 (010)82106636
网　　址 http://www.castp.cn
经 销 者 新华书店北京发行所
印 刷 者 河南省联祥印刷厂
开　　本 787 mm×1 092 mm 1/16
印　　张 24
字　　数 300千字
版　　次 2008年10月第1版 2008年10月第1次印刷
定　　价 146.00元

《主要作物疑难病虫草害防控指南》编委会

序 言

作物病虫草害种类繁多,危害严重,损失巨大。病虫草害的防治历来是农业生产中最关键的一个环节,而且是最困难的一个环节。经过广大植保工作者和农技人员多年来的不懈努力,一些常发性病虫草害的发生规律及防治技术已经渐渐为大家所掌握,可以进行有效防控。但在我们实践调查中发现,由于近年来随着农田生态环境的演变,农产品的频繁调运,新的病虫草害不断出现,一些次要病虫草害上升为主要防除对象;生产上原有的一些病虫草害如土传病害、病毒病害、线虫病害、地下害虫、恶性杂草等,由于种种原因难以诊断与防治。这些疑难病虫草害不易诊断,难以防除,时常暴发流行,造成严重经济损失,成为植保工作中的一大难题。

鉴于此,经过详细的前期调研,我们在广泛征求意见的基础上,筛选出当前生产上十余种主要作物上 100 余种较难防治的疑难病虫草害,将其统一归类总结,以贴近基层的通俗语言,对其发生特点、难防原因、发生规律以及系统防控方法等详细加以阐述,并根据防控难易程度进行了分级(★★★★★代表极难防治,★★★★代表很难防治,★★★表示较难防治),书后附有部分疑难病虫草害的原色图谱可供读者对照参考。相信这会是一本能够真正指导广大基层农技人员和农资工作者解决农业生产上疑难病虫草害的有用工具书。

本书在编写过程中,得到了不少高校专家学者、国内知名农药企业的技术人员的大力支持和协助。同时,广大基层农技人员和农资工作者给予了本书极大关注,并提出了不少好的建议。在编写过程中,作者还参阅了大量的文献资料,丰富了本书的内涵。在此,特向给予本书编写工作大力支持的各位同仁及有关文献的作者表示诚挚的谢意。鉴于时间仓促,书中难免出现错误,而且疑难病虫草害因地区、环境的差异,在我国各地发生的情况会有所不同,书中难以兼顾,不足之处,敬请读者谅解。我们恳请读者在阅读本书的过程中,对于发现的问题及时反馈给我们,以便再版时修订完善。

编　者

二零零八年九月二十五日

目 录

棉花田疑难病虫草害防控指南

花生田疑难病虫草害防控指南

大豆田疑难病虫草害防控指南

第一部分
小麦田疑难病虫草害防控指南

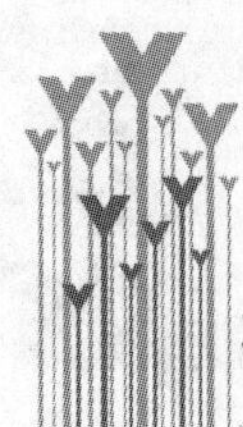

病害：纹枯病

一、发生为害特点

1.病害分布及为害程度

小麦纹枯病发生普遍而严重。在长江中下游和黄淮平原麦区逐年加重。小麦纹枯病对产量影响极大。一般使小麦减产10%~20%，严重地块减产50%左右，个别地块甚至绝收。

2.病害类型

小麦纹枯病是一种以土壤传播为主的真菌病害。

3.难防指数 ★★★★

4.难防原因

(1)该病为土传病害，病原菌可以长期在土壤中存活，加上近年实行广泛秸秆还田，病菌基数大；

(2)缺乏高抗品种，多数品种感病；

(3)水肥条件改善，种植密度普遍偏大，有利于病害发生；

(4)难以实施轮作等农业措施。

二、诊断要点

1.为害部位

主要发生在小麦的叶鞘和茎秆上。

2.症状特点

小麦受纹枯菌侵染后，在各生育阶段出现烂芽、病苗枯死、花秆烂茎、枯株白穗等症状。

烂芽 芽鞘褐变，后芽枯死腐烂，不能出土；病苗枯死发生在3~4叶期，初仅第一叶鞘上现中间灰色，四周褐色的病斑，后因抽不出新叶而致病苗枯死；发病较轻的植株苗期仅造成叶鞘基部变褐。

花秆烂茎 拔节后在基部叶鞘上形成中间灰绿色，边缘褐色的不规则状病斑，病斑融合后，呈云纹状，称"花秆"；严重时包围全叶鞘，使叶鞘及叶片早枯。茎上受害后产生梭形尖眼状病斑，边缘黑褐色，中央灰白色。严重时易造成茎秆折断或植株倒伏。

白穗 病斑侵入茎壁后，形成中间灰褐色，四周褐色的近圆形或椭圆

形眼斑，造成茎壁失水坏死，最后病株因养分、水分供不应求而枯死，形成枯株白穗。

3.病征

在田间湿度大，通气性不好的条件下，病鞘与茎秆之间或病斑表面，常产生白色菌丝团，后期形成灰褐色的坚硬菌核，易脱落。

三、病原特征

无性态为(*Rhizoctonia cerealis*)，称禾谷丝核菌；另外据报道立枯丝核菌(*Rhizoctonia solani*)也可侵染小麦造成纹枯病，二者均属半知菌亚门真菌。自然条件下很少见有性态。禾谷丝核菌菌丝双核，初无色，渐变灰白色，后成灰褐色。菌丝生长慢，较细，不产生无性孢子。菌核小，褐色。立枯丝核菌菌丝细胞多核，菌丝生长快，较粗。菌核色泽较深，深褐色，较大。

四、发生规律

1.侵染循环

病菌主要以菌核附着在寄主病残体上或落入土中越夏或越冬。冬麦区小麦纹枯病在田间的发生过程可分为以下5个阶段：(1)冬前发病期，土壤中越夏后的病菌侵染麦苗，在3叶期前后始见病斑，侵染以接触土壤的叶鞘为主，冬前这部分病株是后期形成白穗的主要来源。(2)越冬静止期，麦苗进入越冬阶段，病情停止发展，冬前发病株可以带菌越冬，并成为春季早期发病的重要侵染来源之一。(3)病情回升期，一般在2月下旬至4月上旬。随着气温逐渐回升，病菌开始大量侵染麦株，剧增期在分蘖末期至拔节期。(4)发病高峰期，一般发生在4月上、中旬至5月上旬。随着植株拔节与病菌的蔓延发展，病菌向上发展，严重度增加。高峰期在拔节后期至孕穗期。(5)病情稳定期，抽穗以后，茎秆变硬，气温也升高，阻止了病菌继续扩展。一般在5月上、中旬，病斑高度与侵染茎数都基本稳定，田间出现枯孕穗和枯白穗。田间发病有两个侵染高峰，第一个是在冬前秋苗期；第二个则是在春季小麦的返青拔节期。

2.发病条件

发病适温在20℃左右。凡冬季偏暖，早春气温回升快，阴雨天多，光照不足的年份发病重，反之则轻。冬小麦播种过早、秋苗期病菌侵染机会多、病害越冬基数高，返青后病势扩展快，发病重；适当晚播则发病轻。氮

肥施用量偏大，或重化肥轻有机肥，重氮肥轻磷钾肥发病重。一般砂质土壤纹枯病重于黏土地，黏土地重于盐碱地。播种量大，群体密度高，或浇水偏多，田间湿度大，也有利于纹枯病发生流行。

五、防治技术

小麦纹枯病的发生与农田环境条件关系密切，在病害控制上应以改善农田生态条件为基础，结合药剂防治的策略。加强栽培管理，促进小麦生长健壮，是防治纹枯病的重要基础。

1.推广抗病丰产品种

目前尚无高抗纹枯病品种，但是选用当地丰产性能好，抗(耐)性强的或轻感病的良种，在同样的条件下可降低病情20%~30%，是经济易行的防病措施。当前在纹枯病重病区，可选用豫麦34、豫麦18、偃展4110、鲁麦12、鲁麦14号等抗性较好的或轻感病的品种。

2.农业防治

一是要适时、适量播种，避免过早播种和播量过大。黄淮麦区播种期一般控制在10月中旬，播种量7~8公斤，一般地块不要超过10公斤。适当减少播量，控制田间密度，改善田间通风透光条件，可使病害减轻。二是要实行配方施肥，以基肥和有机肥为主，增施磷、钾肥，切忌偏施氮肥，以免引起麦苗贪青晚熟，诱发病害加重为害。三是要控制田间湿度，进行低洼潮湿田的改造，及时排除田间积水；水浇地要控制灌水，降低田间湿度。四是有条件地区可与油菜等非禾本科作物实行合理轮作。另外，重病地块不宜实行秸秆还田，如必须进行还田应充分粉碎并深翻，以加速秸秆腐烂。

3.化学防治

(1)种子处理　用麦翠(25%三唑酮可湿性粉剂）按种子量0.03%有效成分拌种，或12.5%烯唑醇可湿性粉剂按种子量0.02%有效成分拌种，切忌随意加大药量，以免影响出苗；或用2%立克秀湿拌剂1:1000拌种，或3%敌委丹悬浮种衣剂1:500包衣，或2.5%适乐时悬浮种衣剂1:500包衣，均可有效控制苗期纹枯病发生。

(2)春季喷雾　春季是病害的发生高峰期，仅靠种子处理很难控制春季病害流行，在小麦返青拔节期应根据病情发展及时进行喷雾防治。以分蘖末期施药防效最好，拔节期次之，孕穗期较差。在分蘖末期病株率达5%，可用12.5%烯唑醇可湿性粉剂20~30克/亩，或麦翠(25%三唑酮可湿性粉剂)65~80克/亩，对水喷雾。

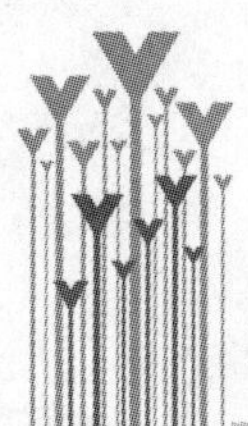

病害:全蚀病

一、发生为害特点

1.病害分布及为害程度

小麦全蚀病广泛分布于世界各地。我国20世纪70年代初小麦全蚀病在山东烟台严重发生，而今已扩展到西北、华北、华东等地。目前在河南、山东、甘肃等地发生严重。全蚀病是小麦上的毁灭性病害，引起植株成簇或大片枯死，造成严重的产量损失，一般发病地块可减产30%左右，严重时甚至引起绝产。

2.病害类型

属典型的根部土传真菌病害。

3.难防指数 ★★★★★

4.难防原因

(1)土传病害，病原菌可以长期在土壤中存活；广泛实施秸秆还田，造成病菌积累。

(2)缺乏高抗品种，多数品种感病；

(3)缺乏有效的防治药剂；

(4)广大麦区难以实施轮作等农业措施，有机肥施用量大幅度减少。

二、诊断要点

1.为害部位

全蚀病是一种根部病害，一般只侵染麦根和茎基部1~2节，但严重时可造成整株枯死。

2.症状特点

一般苗期症状不明显，仅部分根系变黑，严重时可引起植株发黄和生长不良；分蘖前后，基部老叶变黄，分蘖少，早春返青慢，黄叶多，严重的枯死。拔节以后，根部和茎基部1~2节间严重变黑腐烂，植株矮化。在抽穗

前后发病逐渐明显,主要症状是茎秆基部及叶鞘变为黑脚症状,根部变黑腐烂,根表可见病菌着生的葡萄菌丝;到抽穗灌浆期,茎基部明显变黑腐烂,形成典型的"黑脚"症状,病部叶鞘容易剥离,叶鞘内侧与茎基部的表面形成灰黑色的菌丝层。由于病株根部与茎基部腐烂,病株常早枯死,形成白穗或子粒秕瘦,重者可致绝收。

3.病征

叶鞘内侧与茎基部的表面形成灰黑色的菌丝层,潮湿时病株基部叶鞘上可产生黑色颗粒状物,即病菌的子囊壳。

三、病原特征

病菌为禾顶囊壳(*Gaeumannomyces graminis*),属子囊菌亚门顶囊壳属真菌。自然条件下仅产生有性态。病菌的匍匐菌丝粗壮,黑褐色,有隔膜。老化菌丝多呈锐角分枝,分枝处主枝与侧枝各形成一隔膜,呈现"∧"形。分枝菌丝淡褐色,可形成两类附着枝:一类裂瓣状,褐色,顶生于侧枝上;另一类简单,圆筒状,淡褐色,顶生或间生。附着枝端部产生侵入丝,侵入寄主。子囊壳黑色,球形或梨形,顶部有一稍弯的颈。子囊无色,棍棒状,子囊内有8个平行排列的子囊孢子。子囊孢子无色,线状,稍弯曲。

四、发生规律

1.侵染循环

小麦全蚀病菌是土壤寄居菌,以潜伏菌丝在土壤中的病残体上腐生或休眠,是主要的初侵染菌源。除土壤中的病菌外,混有病残体的土壤和种子亦能传病。小麦整个生育期均可感染,但以苗期侵染为主。病菌可由幼苗的种子根、胚叶以及根颈下的节间侵入根组织内,也可通过胚芽鞘和外胚叶进入寄主组织内。

2.发病条件

小麦全蚀病菌较好气,发育温限3~35℃,适宜温度19~24℃,致死温度为52~54℃(温热)10分钟。土壤性状和耕作管理条件对全蚀病影响较大。一般土壤土质砂质疏松、肥力差,偏碱性土壤发病较重。土壤潮湿有利于病害发生和扩展,水浇地较旱地发病重。根系发达品种抗病较强,增施腐熟有机肥可减轻发病。冬小麦播种越早,侵染期越早,发病越重。

在小麦全蚀病发生上还有一种

普遍现象:如果在同一块地连作种植感病作物3~5年,病害的增加就会在数量上和严重度上达到顶峰,以后病害发生程度便逐年自然下降,这一现象称全蚀病的自然衰退。造成这种现象的原因主要是土壤中各种有益微生物所致。

五、防治技术

小麦全蚀病的防治应以农业措施为基础,充分利用生物、化学的防治手段达到保护无病区,控制初发病区,治理老病区的目的。

1.植物检疫

无病区严禁从病区调运种子,不用病区麦秸作包装材料外运。从病区调进种子要严格检验,并进行精选,播前可用3%敌委丹悬浮种衣剂1:500包衣,或用三唑类杀菌剂拌种,杀死种子携带的病原菌。

2.抗病品种

目前小麦品种普遍感病,没有发现免疫和高抗品种。可选用中抗或耐病品种,如偃展4110、豫麦49等品种。

3.农业防治

(1)轮作 可与棉花、薯类、花生、豆类、胡麻、绿肥、大蒜、油菜等非寄主作物轮作2~3年;有条件地区可实行水旱轮作,1~2年就可收到显著效果。

(2)合理施肥 增施有机肥,促进拮抗微生物的发育,减轻为害;增施肥料,平衡施肥,无机肥施用应注意氮、磷、钾的配比,土壤速效磷达0.06%、全氮含量0.07%、有机质含量1%以上,全蚀病发展缓慢;缺磷地块要增施磷肥,速效磷含量低于0.01%发病重。

(3)田间卫生 重病地不宜秸秆还田,必要时可进行秸秆焚烧,以减少土壤菌源量。

4.化学防治

实行种子处理。可用12.5%硅噻菌胺(全蚀净)悬浮种衣剂按1:300~500(药:种比)包衣,或用3%敌委丹悬浮种衣剂按1:500的比例包衣,或2.5%咯菌腈悬浮种衣剂按1:500的比例包衣处理,或用2%戊唑醇湿拌剂1:500的比例拌种,或麦翠(25%三唑酮可湿性粉剂)按种子量0.03%有效成分拌种,晾干后播种。这些药剂对小麦全蚀病均有一定的防治效果。但在墒情较差的条件下,三唑酮和立克秀可抑制出苗,一般推迟出苗1~2天左右,分蘖成穗数也有减少,生产上

应抢墒或造墒播种，播种量可加大10%左右。

5.生物防治

国内外曾用荧光假单胞菌防治全蚀病，大田增产效果显著，但效果不够稳定。山东省农业科学院开发的生防菌剂“蚀敌”、“消蚀灵”对全蚀病均有较好的防效。

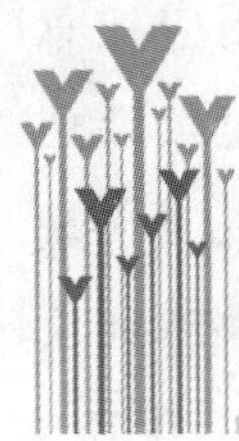

病害：胞囊线虫病

一、发生为害特点

1.病害分布及为害程度

此病是世界禾谷类作物上的重要病害，目前有30多个产麦国家发生为害。我国于1989年在湖北首次报道。目前已发现该病在河南、河北、山东、湖北、安徽、山西、甘肃、青海等10多个省市均有分布。一般病田使小麦减产20%~30%，严重地块达50%以上。

2.病害类型

属土传线虫病害。

3.难防指数 ★★★★

4.难防原因

(1) 土传病害，病原物可以长期在土壤中存活；

(2) 缺乏高抗品种，大多数品种感病；

(3) 缺乏高效、低毒的防治药剂；

(4) 难以实施轮作等农业措施；

(5) 为害根部，难以识别和诊断。

二、诊断要点

1.为害部位

小麦胞囊线虫病主要为害小麦根部，但造成全株受害。

2.症状特点

受害小麦幼苗矮黄，似缺水缺肥状；根分岔多而短，并稍膨大，呈乱麻状，严重时造成幼苗死亡。后期被寄生处根侧露出小米粒状、先白色发亮后变褐发暗的胞囊。植株分蘖少，成穗少,穗小粒少。

3.病征

生长后期病株根部产生小米粒状、白色至褐色胞囊。

三、病原特征

我国小麦胞囊线虫病的病原主要是燕麦胞囊线虫(*Heterodera avenae*),属于线形动物门异皮线虫属。该线虫二龄幼虫线状,口针粗壮,口针基部球大,前端稍凹;中食道球卵圆形;尾部尖,透明尾较长。雌成虫梨形或柠檬形,老熟成胞囊时脱掉一层浅白色的亚晶膜,外角质层变厚成褐色胞囊。胞囊柠檬形,深褐色。每个胞囊约含150~300个卵。雄成虫线形,体环清晰,口针基部球圆形,交合刺成对。

四、发生规律

1.侵染循环

病原线虫主要以胞囊在土壤中越冬、越夏。以二龄幼虫从根尖紧靠生长点的延长区侵入,在根内移行至维管束中柱,用口针刺吸维管束细胞吸取营养。此后,定居于薄壁组织中。雌成虫孕卵后,体躯急剧膨大,撑破寄主根表皮露于根表。初期虫体白色透明发亮,进一步发育老熟,体壁加厚,颜色加深,变成暗褐色不透明的革质胞囊散落于土中,成为下季作物的侵染来源。线虫主要经土壤传播。农机具、农事操作的物具,人畜粘带的土壤以及水流等也可进行传播,大风刮起的尘土也是该线虫远距离传播的途径之一。

该线虫在我国华中、华北麦区一般一年发生一代。二龄幼虫在小麦播种出苗后即可开始侵染。冬季线虫在小麦根内越冬,次年春季气温回升,二龄幼虫开始发育。在河南、湖北等地,4月上中旬可见白色胞囊,4月下旬至5月上旬胞囊发育成熟呈褐色。

该线虫主要为害禾本科植物,除小麦外,还可以为害大麦、燕麦、黑麦等作物。此外,该线虫还能侵害野燕麦、黑麦草、鹅冠草、鸭茅、狗尾草、牛尾草、紫羊茅、羊茅、马唐、旱雀麦等40多种杂草。该线虫虽能侵染玉米,但不能正常发育完成生活史。

2.发病条件

(1)气候因素　在幼虫孵化时期恰逢天气凉爽而土壤湿润,降雨量多时,土壤空隙度充满了水分,使幼虫能够尽快孵化并向植物根部移动,为害加重,在小麦的生长季节干旱或早春出现低温寒冷天气,小麦受害加

重。

(2) 土壤因素 该线虫在各类土壤中如砂石,砂壤土,壤土,棕色土,灰色土及黏重土中均有分布,但在红棕土中没有分布。一般来说在砂壤及砂土中该线虫群体大,为害严重。该线虫在田间的水平分布很不均匀,呈核心(聚集)分布型,而在垂直分布上主要在5~15厘米耕作层较多占总虫量的90%以上,这与小麦根系分布相吻合。

(3) 土壤肥力 土壤肥力对该线虫的为害有较大影响,土壤肥力状况好的田块,由于供给小麦的营养足,可以部分恢复,造成的损失小,土壤肥力状况差的田块,该线虫为害损失大。

(4) 作物种类及其品种抗性 各种麦类作物都是该线虫的寄主,但感病性程度和受侵染水平有所差异。几种麦类作物对该线虫的感病顺序是:燕麦>小麦>大麦>黑麦。研究发现,小麦不同品种间对该线虫的抗(耐)病性存在明显差异。

五、防治技术

此病防治应以采用推广抗病品种为主,辅助于农业防治和化学防治的综合防治技术。

1.推广抗病品种

种植抗、耐病品种是防治该病经济有效的办法。目前在生产上发现品种之间对小麦胞囊线虫病存在明显差异,各地可根据具体情况对当地大面积推广和新近选育的小麦品种进行抗(耐)性鉴定,从中选择抗性强、丰产性好的品种加以利用。当前小麦胞囊线虫病发生严重的地区,可推广种植太空6号、温麦4号、中育6号等抗病品种,可有效减轻该病为害。

2.农业防治

(1) 加强植物检疫 加强植物检疫,杜绝远距离传播。

(2) 实行轮作 将小麦与非寄主作物如豆科植物进行2~3年轮作,可以大大降低土壤中线虫群体数量,有效减轻病害造成的损失。在长江流域麦区可以将小麦与水稻进行轮作,效果更好。

(3) 加强栽培管理 冬麦区适当早播或春麦区适当晚播,可以避开线虫的孵化高峰,减少侵染几率。加强水肥管理,增施肥料特别是增施有机肥,可以促进小麦生长,提高小麦抗逆能力,能够部分补偿损失,减轻为害。

3.化学防治

小麦播种前每亩用5%神农丹3公斤或10%灭线磷颗粒剂3公斤,也可用3%甲基异柳磷颗粒剂5~6公斤进行土壤处理，可有效降低该病为害;针对目前小麦胞囊线虫病已为害严重的地块，可用上述药剂顺垄沟施,施后及时浇水使药剂尽快、完全被植株吸收,效果较好。

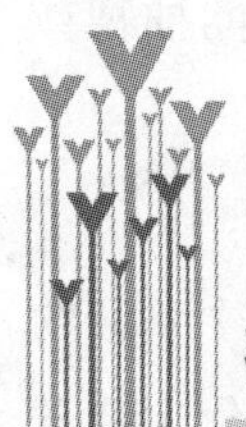

病害:赤霉病

一、发生为害特点

1.病害分布及为害程度

赤霉病是小麦的主要病害之一,在全世界普遍发生,主要分布于潮湿和半潮湿区域,尤其气候湿润多雨的温带地区受害严重。在我国该病过去主要发生于小麦穗期湿润多雨的长江流域和沿海麦区,20世纪80年代以后逐渐向黄淮及北方麦区蔓延。在大流行年份，产量损失可达20%~40%。

2.病害类型

该病属既可土壤传播和种子传播,又可气流传播的真菌病害。

3.难防指数★★★

4.难防原因

(1) 传播方式复杂,以土传为主,病原物可以长期在土壤中及病残体上存活;

(2) 秸秆还田,病菌基数大;

(3)缺乏高抗品种,大多数品种感病;

(4)扬花期防治重视不够,灌浆期出现症状时防治已晚。

二、诊断要点

1.为害部位

赤霉病可以侵染小麦的各个部位,但在长江中下游和黄淮麦区主要侵染穗部,主要引起穗腐症状。

2.症状特点

主要引起苗枯、茎基腐、秆腐和穗腐,从幼苗到抽穗都可受害。其中影响最严重是穗腐。

(1) 苗腐 种子带菌引起苗枯症状,使根鞘及芽鞘呈黄褐色水浸状腐烂,地上部叶色发黄,重者幼苗未出土即死亡。

(2) 茎基腐 则主要发生于茎的基部,严重时整株枯死。自幼苗出土至成熟均可发生,茎基部受害先变为褐色,后期变软腐烂,造成整株死亡,拔起病株时,易在茎基腐烂处撕断,断口处呈褐色,带有黏性的腐烂组织,其上粘有菌丝和泥土等物。

(3) 秆腐 秆腐多发生在穗下第一、二节,初在旗叶的叶鞘上出现水渍状褪绿斑,后扩展为淡褐色至红褐色不规则形斑或向茎内扩展。病情严重时,造成病部以上枯黄,有时不能抽穗或抽出枯黄穗,刮风时病株易被吹折。

(4)穗腐 小麦扬花时,在小穗和颖片上产生水浸状浅褐色斑,渐扩大至整个小穗,小穗枯黄。湿度大时,病斑处产生粉红色胶状霉层。后期其上产生密集的蓝黑色小颗粒 (病菌子囊壳)。用手触摸,有突起感觉,不能抹去,籽粒干瘪并伴有白色至粉红色霉。小穗发病后扩展至穗轴,病部枯褐,使被害部以上小穗,形成枯白穗。茎基腐:自幼苗出土至成熟均可发生,麦株基部组织受害后变褐腐烂,致全株枯死。秆腐:多发生在穗下第一、二节,初在叶鞘上出现水渍状褪绿斑,后扩展为淡褐色至红褐色不规则形斑或向茎内扩展。病情严重时,造成病部以上枯黄,有时不能抽穗或抽出枯黄穗。

3.病征

枯死部位在气候潮湿时可见粉白色至粉红色霉层,即病菌分生孢子和子座。

三、病原特征

由多种镰刀菌引起。包括禾谷镰孢 *Fusarium graminearum*、燕麦镰孢 *F. avenaceum*、黄色镰孢 *F. culmorum*、串珠镰孢 *F. moniliforme* 等,均属于半知菌亚门镰刀菌属真菌。优势种为禾谷镰孢,其大型分生孢子镰刀形,有隔膜 3~7 个,顶端钝圆,基部足细胞明显,单个孢子无色,聚集在一起呈粉红色黏稠状。小型孢子很少产生。

病菌有性态为 *Gibberella zeae*,称玉蜀黍赤霉,属子囊菌亚门赤霉属真菌。有性态产生子囊壳,散生或聚生于感病组织表面,卵圆形或圆锥形,深蓝至紫黑色,表面光滑,顶端有瘤状突起为孔口。子囊无色,棍棒状,两端稍细，内生 8 个子囊孢子，呈螺旋状排列。子囊孢子无色，弯纺锤形，多有 3 个隔膜。

四、发生规律

1.侵染循环

小麦赤霉病菌腐生能力强，在北方地区麦收后可继续在麦秸、玉米秆、豆秸、稻桩、稗草等植物残体上存活，并以子囊壳、菌丝体和分生孢子在各种寄主植物的残体上越冬。土壤和带病种子也是重要的越冬场所。病残体上的子囊壳和分生孢子以及带病种子是下一个生长季节的主要初侵染源。种子带菌是造成苗枯的主要原因，而土壤中如有较多的病菌则有利于产生茎基腐症状。小麦抽穗后至扬花末期最易受病菌侵染。子囊孢子借气流和风雨传播，潮湿条件下病部可产生分生孢子，借气流和雨水传播，进行再侵染。

2.发病条件

小麦赤霉病的发生和流行与气象条件、菌源数量、寄主抗病性及生育时期、栽培条件等因素有密切关系。充足的菌源，适宜的气候条件以及和小麦扬花期相吻合，就会造成赤霉病流行。

(1) 气象条件 气候因素对小麦赤霉病的影响，在前期主要是影响基物上接种体的产生，后期则主要影响病原菌的侵入、扩展和发病。一般气温不是决定病害流行强度变化的主要因素，而小麦抽穗扬花期的降雨量、降雨日数和相对湿度才是病害流行的主导因素，其次是日照时数。小麦抽穗期以后降雨次数多，降雨量大，相对湿度高，日照时数少是构成穗腐大发生的主要原因，尤其开花到乳熟期多雨、高温，穗腐严重。此外穗期多雾、多露也可促进病害发生。

(2) 菌源数量 菌源量大病害加重，因此有充足菌源的重茬地块和距离菌源近的麦田发病严重。另外，影响苗期发病的主要因素是种子带菌量，种子带菌量大，或种子不进行消毒处理，病苗和烂种率高。土壤带菌量则与茎基腐发生轻重有一定关系。在我国北方麦区，近年普遍实施秸秆还田，菌源量较多，对发病十分有利。

(3) 品种抗病性和生育时期 据各地鉴定，小麦品种间对赤霉病抗病性存在有一定差异，但尚未发现免疫和高抗品种，特别是目前生产上大面积推广的主栽品种对赤霉病抗性均较差。从生育期来看，小麦整个穗期

均可受害，但以开花期感病率最高，开花以前和落花以后则不易感染。

(4)栽培条件 地势低洼,排水不良,或开花期灌水过多,造成田间湿度较大,有利于发病;麦田施氮肥较多,植株群体大,通风透光不良或造成贪青晚熟,也能加重病情。作物收获后不能及时翻地，或翻地质量差，田间遗留大量病残体和菌源,来年发病重。

五、防治技术

1.抗病品种

目前虽未找到免疫品种,但各地发现有一些农艺性状良好的耐病品种，如苏麦 3 号、苏麦 2 号、扬麦 4 号、扬麦 5 号、西农 88、西农 881、周麦 9 号、矮优 688 系、绵麦 26 号、皖麦 27 号、郑麦 9023、川育 19、生抗 2 号、新麦 9 号、山东 1355 等,各地可因地制宜地选用。

2.农业防治

播种时要精选种子,减少种子带菌率。播种量不宜过大,以免造成植株群体过于密集和通风透光不良;要控制氮肥施用量，实行按需合理施肥,氮肥作追肥时也不能太晚;小麦扬花期应少灌水，更不能大水漫灌，多雨地区要注意排水降湿。采取必要措施消灭或减少初侵染菌源,小麦扬花前要尽可能处理完麦秸、玉米秸等植株残体;上茬作物收获后应及时翻耕灭茬,促使植株残体腐烂,减少田间菌源数量。小麦成熟后要及时收割,尽快脱粒晒干,减少霉垛和霉堆造成的损失。

3.化学防治

种子处理是防治芽腐和苗枯的有效措施。可用菌大夫(50%多菌灵可湿性粉剂)或托上托(70%甲基硫菌灵可湿性粉剂)，每 100 公斤种子用药 100~200 克湿拌。也可利用 2%立克秀湿拌剂 1:1000 拌种，或 3%敌委丹悬浮种衣剂 1:500 包衣,或 2.5%适乐时悬浮种衣剂 1:500 包衣，均有较好的防治效果。

防治穗腐的最适施药时期是小麦齐穗期至盛花期，施药应宁早勿晚。各地应根据菌源情况和气象条件,适时作出病情预测预报,并及时进行喷药防治。比较有效的药剂是多菌灵和甲基硫菌灵等内吸杀菌剂。在小麦出花期至盛花期,用 80%多菌灵微粉剂 50 克/亩，或 40%多菌灵胶悬剂 50~75 克/亩或菌大夫(50%多菌灵可湿性粉剂)100 克/亩，托上托(70%甲基硫菌灵可湿性粉剂)50~75 克/亩或 50%甲基硫菌灵可湿性粉剂 75~100 克/亩分别对水 30~40 公斤喷雾或加水 10~15 公斤进行低容量喷雾。如果扬花期间连续下雨,第一次用药后 7 天下雨趁间断时再用药一次。喷药时一定要喷匀,要对准麦穗侧喷。

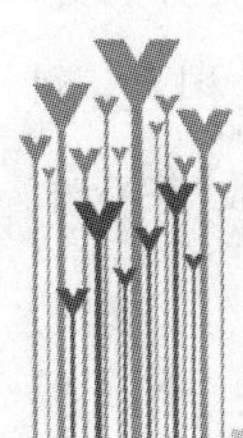

病害:黑胚病

一、发生为害特点

1.病害分布及为害程度

黑胚病又被称为黑点病,是一种世界范围内的小麦籽粒病害。自 20 世纪 80 年代以来,随着小麦品种的更替,土壤肥力的提高及肥水条件的改善,我国小麦黑胚病日趋严重。据调查,目前河北省推广的大部分小麦品种都不同程度的有黑胚病,一般病粒率为 10%左右,严重的高达 42.8%。山东省大面积推广的小麦品种山东辐 63、鲁麦 8 号等,一般年份发病率达 20%~40%。在河南省主要麦区,小麦黑胚病发生普遍,有些品种病粒率高达 40%以上。该病造成小麦籽粒外观及品质受损,商品粮登记下降。黑胚籽粒作为种子使用还会导致发芽势和发芽率降低,出现幼苗芽腐、苗枯现象和根系变褐腐烂。

2.病害类型

该病属既可土壤传播,又可种子传播的真菌病害。

3.难防指数★★★

4.难防原因

(1) 病原物及其传播方式复杂,并可以长期在土壤中及病残体上存活;

(2) 近年普遍实施秸秆还田,病菌基数大;

(3) 缺乏高抗品种,大多数品种感病;

(4) 对病害为害缺乏足够重视,防治不力。

二、诊断要点

1.为害部位

主要侵染小麦的籽粒,引起黑胚或花粒症状。

2.症状特点

小麦黑胚病可以引起两种类型的症状：(1)黑胚型：由链格孢侵染引起。通常是在小麦胚部或其周围出现深褐色的斑点，这种褐色的斑点或黑斑代表典型的“黑胚”症状。其籽粒一般饱满，大小和形状正常。(2)花粒型：由麦类根腐德氏霉侵染引起。一般籽粒带有浅褐色不连续斑痕，其中央为圆形或椭圆形的灰白色区域，这种斑点大多位于籽粒中间或远离种子胚，而很少靠近另一端。在大多数情况下单个籽粒可见多个斑痕，通常这些斑痕连接在一起，占据较大的籽粒表面，造成花粒，严重者籽粒全部变成黑褐色。

3.病征

潮湿时或保湿情况下病粒上可产生灰黑色霉层，即病菌分生孢子梗和分生孢子。

三、病原特征

由多种病原菌引起。主要包括链格孢(*Alternaria alternate*)和麦根腐蠕孢(*Bipolaros sorokiniana*)，其中黄淮麦区病原菌以链格孢为主，二者均属于半知菌亚门真菌。

链格孢菌落灰绿色至墨绿色，分生孢子梗单生或丛生，直立，黄褐色，从气孔伸出。分生孢子多方向次生产孢，分生孢子顶部一般不延伸，形成孢子之间无明显间隔的树状分枝的分生孢子短链。分生孢子暗褐色，卵圆形或椭圆形，喙较短，一般1~6个横隔膜，0~4个纵隔膜。

麦根腐蠕孢菌落鼠灰色至浅黑色，菌丝密绒状，略有起伏，气生菌丝白色，疏絮状，呈放射状。分生孢子梗丛生或单生，直立，直或呈屈膝状弯曲或扭曲，浅褐色或暗褐色，基部膨大。分生孢子广梭形或椭圆形，略弯，暗橄榄褐色，隔膜多为6~10个，脐部明显但不突出，端平截。

四、发生规律

1.侵染循环

病菌可随病残体在土壤中营腐生生活，或以分生孢子附在种子表面或以菌丝体潜伏于种子内部越夏或越冬，并随种子传播。大气中的链格孢菌也是小麦种子黑胚病的主要初侵染源。病原多于开花后小麦灌浆期侵染种子，小花上残留的花药为病菌提供营养，随着籽粒成熟黑胚率相应增加。一般认为，开花后籽粒形成期是黑胚病菌侵染期，而面团期是侵染最佳时期。

2.发病条件

小麦黑胚病的发生受气候、栽培条件和品种抗性等因素影响较大。

据研究，大气和土壤湿度对黑胚发生的影响最大，小麦生育期间尤其是籽粒发育期间降雨、灌溉和露水强烈地影响着黑胚的发生。籽粒发育期间降雨有利于黑胚病原菌侵染籽粒，从而提高发病率，开花期或开花后空气湿度大有利于提高黑胚的严重度。温度对该病发生也有一定影响，籽粒灌浆期间较低的温度有利于黑胚的发生，而高温则相反。这主要是因为低温延迟小麦成熟从而延长了病原菌侵染期，而高温则缩短了病原菌的侵染期。

栽培条件对小麦黑胚病的发生有较大影响，高水肥地种子黑胚率高于旱地。种植过密，灌溉次数多，偏施氮肥等均有利于病害发生。

品种间抗性差异很大，有些品种抗性较好，黑胚率很低，但有些品种抗性则较差，黑胚率高达20%以上。

五、防治技术

1.选用抗病丰产品种

小麦品种对黑胚病的抗性有较大的差异，在生产上选用抗病品种可以有效的控制该病的发生。目前发现比较抗病的品种有豫麦 47、豫麦 50、皖麦 38、小偃54、中育 5 号、豫 9705、郑麦 98、濮优 938、陕麦 253、豫麦 49、偃展 4110 等，各地可加以选用。

2.农业防治

选用无病种子。病粒影响种子发芽率，且后代黑胚率高，所以黑胚率高的小麦不宜留作种子。合理调节播期、播量，控制群体密度；控制田间水肥条件，合理施肥，氮、磷、钾科学平衡施肥，促使植株健壮生长，增强抗病力；发病重的地块，要尽量实行轮作倒茬和深耕灭茬，减少田间病残体及菌源基数。

3.化学防治

播种时实行种子处理，较有效的方法是用种子量 0.2%的麦翠(25%三唑酮可湿性粉剂)拌种，或利用适乐时、敌委丹、立克秀等种衣剂处理种子，可减少苗期为害。后期喷药要抓住防治适期，小麦扬花后 10 天左右是化学防治的关键时期，过早或过迟效果都不佳。对小麦黑胚病防效较好的是敌力脱，其次为三唑酮、烯唑醇等。

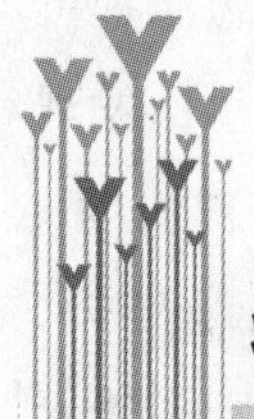

病害：黄矮病

一、发生为害特点

1.病害分布及为害程度

也叫“黄叶病”，该病1950年在美国加利福尼亚州的大麦上首先发现。我国1960年首先在陕西、甘肃的小麦上报道，目前主要分布在西北、华北、东北、华中、西南及华东等冬麦区、春麦区及冬春麦混种区。受害小麦一般减产10%~20%左右，严重的可达50%以上。

2.病害类型

由麦蚜类传播的一种病毒病害。

3.难防指数 ★★★

4.难防原因

(1)病毒病害，缺乏高效防治药剂；

(2)缺乏高抗品种，多数品种感病；

(3) 毒源植物丰富，气候变暖，有利于传播介体蚜虫越冬存活；

(4) 防治重视不够，一些地方小麦不拌药即白籽播种。

二、诊断要点

1.为害部位

为害全株，主要在叶片上表现症状。

2.症状特点

苗期感病时，叶片失绿变黄，植株严重矮化。病重的叶片往往不能越冬，或越冬后不能拔节抽穗。感病较晚的植株矮化不明显，上部幼嫩叶片从叶尖开始发黄，逐渐向下扩展，发黄的叶片呈亮黄色，鲜艳有光泽，叶脉间有黄色条纹。穗期感病的植株仅旗叶发黄。有的品种感病后叶片变紫色。

3.病征

无病征。

三、病原特征

病原为大麦黄矮病毒(*Barley yellow dwarf virus, BYDV*)，属黄症病毒属Luteovirus病毒。病毒粒体为等轴对称的正二十面体。病毒致死温度为70℃,稀释限点为1:10^3。该病毒只能由蚜虫传播,不能由土壤、病株种子、汁液等传播。主要传毒蚜虫包括麦二叉蚜、荻草谷网蚜、及玉米蚜等。*BYDV*可侵染小麦、大麦等禾本科作物及野燕麦、鹅冠草等100多种禾本科杂草。

四、发生规律

1.侵染循环

此病的侵染循环在冬麦区和冬春麦混种区有所不同。5月中、下旬,各冬麦区小麦渐进入黄熟期,麦蚜因植株老化,产生大量有翅蚜向越夏寄主如自生麦苗、其他禾谷类作物、野燕麦、虎尾草等禾本科杂草等上迁移,在越夏寄主上取食、繁殖和传播病毒。秋季小麦出苗后,麦蚜又迁回麦地,特别是在田边的小麦上取食、繁殖和传播病毒,并以有翅成蚜、无翅成若蚜在麦苗基部越冬,有些地区也可产卵越冬。冬前感病的小麦植株是第二年早春的发病中心。

对于冬、春麦混种区,如甘肃河西走廊一带,5月上旬,冬小麦上的麦蚜逐渐产生有翅蚜,向春小麦、大麦、玉米、高粱及禾本科杂草上迁移。晚熟春麦、糜子和自生麦苗是麦蚜和*BYDV*的主要越夏场所。9月下旬,冬小麦出苗后,麦蚜又迁回麦田,在冬小麦上产卵越冬,*BYDV*也随之传到冬小麦麦苗上,并在小麦根部和分蘖节里越冬。

2.发病条件

此病的发生与栽培条件、气候因素及品种的抗病性密切相关。一般冬小麦早播,阳坡地、路边地头、旱地,缺肥、缺水、盐碱瘠薄地,发病严重。温度和降雨对病害发生有很大影响。上一年10月平均气温和降雨量及当年1、2月两个月的平均气温与麦蚜及小麦黄矮病发生程度有密切关系。如上一年10月的平均气温高,降雨量小,当年1、2月的平均气温高,则对麦蚜取食繁殖、传播病毒、安全越冬及早春提早活动等均较有利,这样就容易导致麦蚜与小麦黄矮病的大发生和流行。小麦在拔节孕穗期遇低温,倒春寒,生长发育受影响,抗、耐病性减弱,也容易发生黄矮病。小麦品种对黄矮病抗、耐性差异十分明显。四川发现繁6较抗病,江苏发现宁麦9号、宁麦10号高抗,河南鉴定发现小偃5号、陕农7859等比较抗病。

五、防治技术

1.选用抗病丰产品种

生产上有一些抗病性较好,耐病性强的品种则较多,应结合当地条件,加以选用。

2.农业防治

要加强栽培管理。重病区应着重改造麦田蚜虫的适生环境,清除田间杂草,减少毒源寄主植物。要增施有机肥,扩大水浇面积,创造不利于蚜虫繁殖,而有利于小麦生长发育的生态环境。适期播种,避免早播,以减轻为害。

3.化学防治

(1)药剂拌种治蚜防病　可用乐果、甲基异柳磷等杀虫剂进行拌种,堆闷3~5h播种,对控制苗期感染十分有效。

(2)药剂喷雾　秋苗期喷雾抗毒丰(0.5%菇类蛋白多糖水剂)重点防治未拌种的早播麦田;春季喷雾重点防治发病中心麦田及蚜虫早发麦田,可喷施乐果、吡虫啉、啶虫脒、高效氯氰菊酯等杀虫剂。

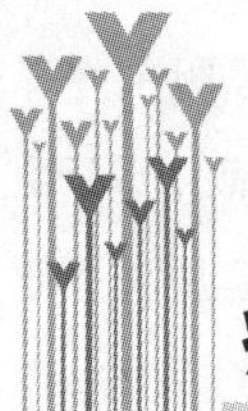

病害:黄花叶病

一、发生为害特点

1.病害分布及为害程度

小麦黄花叶病在世界主要产麦国如美国、加拿大、巴西、阿根廷、意大利、日本、埃及等国均有分布。我国分布也比较广泛,以河南、山东、四川等省受害较重。山东省常年发病面积达2万公顷,发病田块减产30%~70%。河南豫南地区驻马店、信阳市发生普遍,估计病田面积达上百万亩。该病除为害小麦外,此病还可以为害大麦、黑麦等作物。

2.病害类型

属土传病毒病害。

3.难防指数 ★★★★

4.难防原因

(1)病毒病害,缺乏高效防治药剂;

(2)缺乏高抗品种,多数品种感病;

(3) 传播介体为禾谷多黏菌,难以防治;

(4) 诊断困难,防治重视不够。

二、诊断要点

1.为害部位

整个植株的各个部位均可感病。

2.症状特点

小麦土传花叶病一般在秋苗上不表现症状或症状不明显,春季植株返青后逐渐显症,拔节期达到高峰。受害植株心叶上产生褪绿斑块或不规则的黄色短条斑,返青后叶片上形成黄色斑块,拔节后下部叶片多变黄枯死,中部叶片上产生大量黄色斑驳或条纹。病株发黄,似缺肥状,常矮化,分蘖枯死,成穗少,穗小粒秕,千粒重明显下降。

3.病征

无病征。

三、病原特征

病原为小麦黄花叶病毒(*Wheat yellow mosaic virus, WYMV*)。病毒粒体为线状,致死温度为55~60℃,稀释限点为10^{-3}。在感病植株细胞内,病毒可形成风轮状内含体。目前发现只为害小麦。

四、发生规律

1.侵染循环

黄花叶病毒主要靠寄存土壤中的低等真菌禾谷多黏菌的游动孢子携带传播侵染,也可汁液摩擦传播,但不能经种子、昆虫等媒介传播;自然传播主要靠病土、病根茬、病田流水和农事操作(耕、耙)。禾谷多黏菌是一种习居于土壤中的低等真菌,该真菌本身并不对小麦生长造成为害。小麦苗期,病土和病根茬里的禾谷多黏菌休眠孢子萌发成游动孢子,游动孢子侵染麦苗根部,在小麦根细胞内发育成原质团,病毒随之侵入根部增殖并向上扩展。小麦越冬期,病毒处于潜伏侵染状态,于翌年麦苗返青阶段开始发病。一般在拔节高峰期而且温度持续在18℃以下的特殊情况下才会发生。小麦生长后期,这种低等真菌原质团形成休眠孢子,麦收后病毒随休眠孢子过夏。病毒可随休眠孢子在土地中存活10年以上。

2.发病条件

此病的发生与土壤温度和湿度、质地、栽培条件和品种抗病性等因素有关。土壤低温高湿有利于病害发生。春季多雨低温,地势低洼,重茬连作,土质砂壤,播种偏早等条件均会

使病情加重。不同小麦品种对黄花叶病毒的抗病性存在较大差异，经鉴定小偃6号、郑麦9023、豫麦70、鑫麦998等则比较抗病。

五、防治技术

1.抗性品种

首先要选育推广抗病品种，压缩感病品种的种植面积。研究发现，小麦品种中存在着丰富的抗病资源，通过种植抗病品种在生产上取得了良好的防病效果，如郑麦9023、豫麦70等。

2.农业防治

(1) 轮作倒茬　小麦黄花叶病仅感染小麦，病田与大麦、油菜等非禾本科作物实行3~5年轮作，病情能明显减轻，由于病毒可随休眠孢子在土壤上存活10年以上。

(2)适当迟播　根据当地气候，适当晚播，避开病毒侵染的最适时期，减轻病情。

(3) 增施肥料　在施足基肥的基础上，发病初期及时追施速效氮肥和磷肥，促进植株生长，减少为害和损失。

(4) 田间卫生　麦收后应尽可能清除病残体，避免通过病残和耕作措施传播蔓延。

3.化学防治

对初发田块和发病轻的地块，可追施尿素5公斤/亩以补偿营养，再加5%氨基寡糖素75毫升或抗毒丰(0.5%菇类蛋白多糖水剂)20~40克，也可按说明书加入菌克毒克或病毒快克等药剂，加水50公斤喷雾。即可促进小麦生长，加速苗情转化，又可有效降低病毒活性，加快病苗转青，兼治条锈病、纹枯病、叶枯病、白粉病等多种病害。

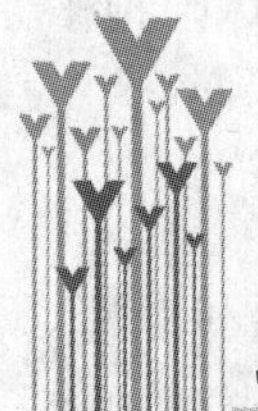

虫害：麦蚜

一、发生为害特点

1.虫害分布及为害程度

蚜虫是小麦上的主要虫害之一，影响小麦正常发育，造成大幅度的减产。小麦蚜虫有荻草谷网蚜(麦长管蚜)(*Sitobion mscanthi*)、麦二叉蚜(*Schizaphis graminum*)、禾谷缢管蚜(*Rhopalosiphum padi*)等多种,全国各麦区均普遍发生,但常以荻草谷网蚜和麦二叉蚜发生数量最多,为害最重。一般麦长管蚜无论南北方密度均相当大,但偏北方发生更重;麦二叉蚜主要发生于长江以北各省,尤以比较少雨的西北冬春麦区频率最高。

2.难防指数　★★★

3.难防原因

(1)繁殖能力强,适宜条件下几天就可以繁殖一代;

(2)缺乏高抗品种,多数品种感虫;

(3)不科学采用化学防治方法,一些地区害虫抗药性增强。

二、诊断要点

1.为害特点

在小麦苗期,麦蚜多以成、若虫集中在小麦背面、叶鞘及心叶处;小麦拔节、抽穗后,多以成、若虫群集在寄主作物的茎秆、叶片及嫩穗上刺吸为害,吸取汁液使叶片出现黄斑或全部枯黄,生长停滞,灌浆不足,分蘖减少,籽粒秕瘦,严重时麦穗枯白,不能结实,严重影响产量。此外,麦二叉蚜还能传播小麦黄矮病。

三、形态特征

1. 荻草谷网蚜

有翅成蚜体长为2.4~2.8毫米;体色,头胸部黄、褐色,腹部为绿色;体背两侧具4、5个褐斑;触角一般比体长,暗褐色,第三节有圆形次生感觉孔6~18个,第五、六节各生1个,第六节鞭部较基部长4~5倍;前翅中脉分3支;腹管长,圆筒形,端半部有网纹,末端黑色;尾片长大。

2.麦二叉蚜

有翅成蚜体长:1.4~1.7毫米。体色:头胸部灰黑色,腹部绿;体背中央具浓绿清晰纵线;触角一般比体短,约为体长的3/5,第三节有圆形次生感觉孔5~9个,排成一行。前翅中脉分2支;腹管较短,圆管形,顶端稍膨大,暗黑色,基部有横皱纹;尾片短小。

3. 禾缢管蚜

有翅成蚜体长:1.4~1.8毫米。体色:头胸部黑色,腹部暗绿各有带紫褐色;体背两侧及腹管后方中央有黑色斑点;触角短,约为体长的一半,黑色,第三至六节覆瓦状,第六节鞭部

较基部长4倍；前翅中脉分2支；腹管中等长，圆筒形，中部膨大，端部细；尾片不长。

四、发生规律

1. 为害规律

一般1年发生20~30代，多数地区以无翅孤雌成蚜和若蚜在麦株根际或四周土块缝隙中越冬。在麦田春、秋两季出现两个高峰，夏天和冬季蚜量少。秋季冬麦出苗后从夏寄主上迁入麦田进行短暂的繁殖，出现小高峰，为害不重。春季返青后，麦苗抽穗时转移至穗部，虫口数量迅速上升，直到灌浆和乳熟期蚜量达高峰。5月中旬，小麦抽穗扬花，麦蚜繁殖极为迅速，至乳熟期达到高峰，对小麦为害最严重。麦蚜主要分布在寄主上部叶片，是黄矮病的主要传病媒介昆虫。

五、防治技术

1.抗性品种

选种抗、耐蚜丰产小麦品种，如安96-8、豫麦47、西农979、中育8号、济宁12号等，可在一定程度上减轻蚜虫为害。

2.农业防治

(1)适时播种，清除田间杂草，麦田早春耙压，及时浇水等，都可减少蚜害，提高植株的抗逆性。

(2)调整作物布局，控制和改变麦田适蚜生境。

(3)保护利用自然天敌控制麦蚜，天敌种类较多，主要有瓢虫、食蚜蝇、草蛉、蜘蛛、蚜茧蜂等，其中以瓢虫及蚜茧蜂最为重要。

3.化学防治

在小麦黄矮病流行区重点是苗期治蚜，可用40%乙酰甲胺磷15毫升，对水1.5~25公斤，拌麦种15~25公斤，拌后堆闷12小时后播种，或用35%丁硫克百威种子处理剂以种子重量0.8%的药剂拌种，还可兼治地下害虫及麦蜘蛛。

在非黄矮病流行区重点是防治穗蚜，当达到繁殖指标时(500头/百穗)喷洒燕化毒吡(22%毒·吡乳油)、2.5%吡虫啉可湿性粉或10%吡虫啉可湿性粉剂1000~2000倍液，或农地乐(522.5克/升毒·氯乳油)或2.5%高渗吡虫啉可湿性粉剂2000倍液，或50%抗蚜威可湿性粉剂2000~4000倍液，或40%氧化乐果乳油1000倍液，或2.5%溴氰菊酯乳油2000倍液等。低于防治指标且天敌与麦蚜比在1:150以上时，可以不进行防治。

虫害:小麦吸浆虫

一、发生为害特点

1.虫害分布及为害程度

我国小麦上发生的吸浆虫有麦红吸浆虫(*Sitodiplosis mosellana*)和麦黄吸浆虫(*Contarinia tritici*)两种。小麦吸浆虫广布于全国主要产麦区。红吸浆虫的发生区主要在:平原地区的河流两岸,特别是陕西的渭水流域,河南的伊、洛河流域,安徽的淮河流域以及长江,汉水和嘉陵江沿岸的产麦区,成为自西北向东南的一条横带,横亘我国东部大平原的中部。黄吸浆虫的主发区一般在高山地区和高山地带,如青、甘等高山区。有些地区则为两种吸浆虫混生地带,如甘、青、川、黔等省,成为自南向北的一条带状,介于青藏高原和东部大平原之间。一般被害麦地减产30%~40%,严重者减产70%~80%,甚至造成绝收,是小麦生产上一种毁灭性害虫。

我国小麦主产区河南省2005年吸浆虫分布范围已扩大到16个市105个县(市、区),有虫面积达2300多万亩,其中达到防治标准的面积1700多万亩,该年防治后损失仍达17万吨以上。

2.难防指数 ★★★

3.难防原因

(1) 小麦吸浆虫具有突发性、隐蔽性、毁灭性,越冬存活率高,防治难度大等特点,在目前一家一户分散经营的情况下,防治质量很难保证;

(2) 缺乏高抗品种,多数品种感虫;

(3) 群众对小麦吸浆虫为害的严重性缺乏认识,思想麻痹,组织不力,放松防治;

(4) 六六六、林丹等高残留农药禁用,缺乏对吸浆虫特效的农药新品种,使防治效果降低。

二、诊断要点

1.为害部位

该虫主要以幼虫为害小麦花器

和乳熟籽粒，吸食浆液，造成瘪粒而减产。

2.为害症状

以幼虫潜伏在颖壳内吸食正在灌浆的麦粒汁液，造成秕粒、空壳。小麦吸浆虫以幼虫为害花器、籽实和或麦粒，是一种毁灭性害虫。

三、形态特征

小麦吸浆虫分红吸浆虫和黄吸浆虫两种。

1. 红吸浆虫

成虫体长2~2.5毫米，翅展约5毫米，体橘红色。雄虫抱雌器基节有齿，端节细，腹瓣狭，比背瓣长，前端有浅刻。雌虫产卵器不长，伸出时不超过腹长之半，末端有2瓣。幼虫体长3~3.5毫米，橙黄色，头小，无足，蛆形，体表有鳞状突起，前胸腹面有“Y”形剑骨片，前端有锐角深陷，末节末端有4个突起。

2.黄吸浆虫

成虫与红吸浆虫相似，主要区别为体鲜黄色，雄虫抱雌器基节无齿；雌虫产卵器很长，伸出时同身体一样长。幼虫体长2~2.5毫米，黄绿色，入土后为鲜黄色，体表光滑，前胸腹面有剑骨片，剑骨片前端有弧形浅裂，腹末端有2个突起。

四、发生规律

1 为害规律

两种吸浆虫每年发生1代，以老熟幼虫在土壤中结圆茧越夏或越冬。翌年小麦进入拔节期，越冬幼虫破茧上升到表土层，小麦孕穗时，再结茧化蛹，成虫于4月中下旬至5月初小麦开始抽穗扬花时开始羽化出土，当天交配后把卵产在未扬花的麦穗上，各地成虫羽化期与小麦进入抽穗期一致。卵期5天左右。幼虫孵化后侵入小穗内进行为害，吮吸幼嫩麦粒内的浆液致使麦粒空秕，严重减产。幼虫期约20天，在小麦乳熟后老熟，在雨天或潮湿时从麦穗中伸出，弹落地面，入土10~14厘米结圆茧开始越夏。小麦吸浆虫抗逆力强，条件不适时可在土壤中休眠6~12年。

2.发生条件

小麦吸浆虫发生与气候、虫源基数和品种抗性等因素具有密切关系。

(1)气候条件　小麦吸浆虫喜湿怕干，对湿度敏感。土壤含水量较大，是幼虫化蛹、成虫羽化出土的先决条件，因此吸浆虫在沿河流域及水浇地发生较重。春季多雨，土壤含水量在20%以上，对幼虫化蛹、成虫羽化均为有利，多雾和露水也有利于成虫产卵和幼虫孵化侵入，发生量就大；反之，

3~4月干旱少雨，土壤板结。幼虫就不再化蛹，继续保持休眠状态在土壤中生存多年，成虫也很少羽化，当年发生较轻。小麦抽穗扬花期为害较重。如雨水充沛、气温适宜常会引起吸浆虫的大发生。

(2)虫源基数　近年来因复种指数提高、耕翻次数减少、水利条件改善，加上长效杀虫剂的禁用，为吸浆虫生存及田间繁殖提供了良好条件，虫口密度逐年提高，是造成近年小麦吸浆虫严重发生的主要原因之一。

(3)品种抗性　品种间抗性差异很大，一般感虫品种具有内外颖扣合不紧、开花期长、籽粒皮薄等特点，有利于吸浆虫幼虫的侵入、取食和成活，连续种植能使吸浆虫迅速繁殖，蔓延成灾。

五、防治技术

1.选用抗虫品种

不同小麦品种对小麦吸浆虫抗性差异很大，一般芒长多刺，口紧小穗密集，扬花期短而整齐，果皮厚的品种，对吸浆虫成虫的产卵、幼虫入侵和为害均不利。因此要选用麦芒长、多刺、挺直，穗形紧密，内外颖缘毛长而密，麦粒皮厚，浆液不易外流的小麦品种。如鲁麦14、豫麦34、豫麦47、郑麦004、郑麦9023、郑麦366、科优1号、豫农981、豫麦18号、众优201等均表现较好的抗虫性，各地可根据具体情况加以选用。

2.农业防治

(1)轮作倒茬　通过调整作物布局，实行轮作倒茬，使吸浆虫失去寄主。麦田连年深翻，把潜藏在土里的吸浆虫暴露在外，促其死亡，如小麦与油菜、豆类、棉花和水稻等作物轮作，对压低虫口数量有明显的作用。在小麦吸浆虫严重田及其周围，可实行棉麦间作或改种油菜、大蒜等作物，2年后再种小麦，就会减轻为害。

(2)栽培管理　可实行土地连片深翻，同时加强肥水管理，春灌是促进吸浆虫破茧上升的重要条件，要合理减少春灌，尽量不灌，实行水地旱管。施足基肥，春季少施化肥，促使小麦生长发育整齐健壮，减少吸浆虫侵害的机会。

3.化学防治

(1)土壤处理　在小麦播种前撒毒土防治土中幼虫，于播前进行土壤处理。每亩用40%甲基异柳磷乳油或50%辛硫磷乳油200毫升，对水5公

斤，喷在20公斤干土上，拌匀制成毒土撒施在地表，消灭吸浆虫于出土前，减少对幼虫体内寄生蜂的杀伤作用。

(2)撒毒土　在小麦孕穗期撒毒土防治幼虫和蛹，减少成虫羽化，是防治该虫关键时期。小麦孕穗阶段，每亩用40%甲基异柳磷或50%辛硫磷乳油150毫升、斯达速(480克/升毒死蜱乳油)或农地乐(522.5克/升毒·氯乳油)，按上法制成毒土，均匀撒在地表后，进行锄地，把毒土混入表土层中。如施药后灌一次水，效果更好。也可在小麦抽穗前3~5天，于露水落干后撒毒土，毒土制法同上，可有效地灭蛹和刚羽化在表土活动的成虫。成虫期防治喷雾可用40%乐果乳油、50%辛硫磷乳油1500~2000倍液。

(3)喷雾防治　小麦抽穗开花期要及时防治成虫。此时可结合防治麦蚜，喷施40%乐果乳油、50%辛硫磷乳油、80%敌敌畏乳油1000倍液，2.5%溴氰菊酯乳油或20%氰戊菊酯乳油2000倍液。该虫卵期较长，发生重时可连续防治2次。

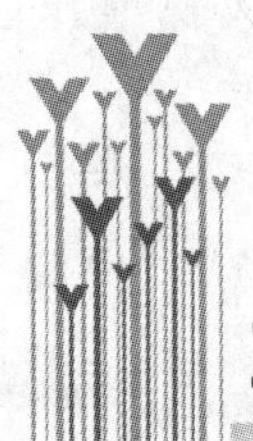

草害：野燕麦

一、发生为害特点

1.草害分布及为害程度

属禾本科燕麦属，一年生或越年生草本植物，别名铃铛麦。该属有34种，广泛分布全国各地。主要为害春小麦、大麦、莜麦、玉米、马铃薯、油菜、大豆等作物。

2.难防指数 ★★★★

3.难防原因

(1)与麦类作物共生，前期不易区分；

(2)繁殖能力和生活力强，生长旺盛；

(3)多数除草剂对该杂草选择性不强，麦田使用除草剂，易对麦类作物造成药害。

二、诊断要点

第一片真叶带状，具11条直出平行叶脉，叶舌先端齿裂，光滑无毛；第二片叶带状披针形，叶缘具睫毛。野燕麦的上部叶被有茸毛，而小麦叶面无茸毛。野燕麦的叶子比小麦宽，叶上的茸毛倒生。野燕麦无叶耳，小麦有叶耳。

三、形态特征

秆直立单生或丛生，有2~4个节，株高60~120厘米。须根，茎丛生，叶鞘松弛，叶鞘光滑或基部被柔毛；叶舌膜质透明；叶片宽条状。圆锥花序呈塔形开展，分枝轮生，小穗疏生；小穗生2~3朵小花，梗长向下弯；两颖近等长，一般9脉；外稃质地坚硬，下部散生粗毛，芒从稃体中间略下伸，2~4厘米长，膝曲扭转，内稃短。颖果长圆形，被浅棕色柔毛，腹面有纵沟。种子繁殖。

四、发生规律

1. 为害规律

稻茬小麦田野燕麦多于播种后5~8天出苗，呈秋季单峰型，野燕麦在拔节期以前生长速度比小麦慢，拔节后生长速度加快，与小麦共生到拔节期。严重的共生到返青期。一些麦区为害较重在东北和西北麦区，野燕麦于4月上旬出苗，4月中、下旬达到出苗高峰，出苗时间可持续20~30天，6月下旬开始抽穗开花，7月中、下旬种子成熟或脱落。成熟种子经90~150天休眠后才萌发。在冬麦区，野燕麦于9~11月出苗，4~5月开花结实，6月枯死。

2.发生条件

野燕麦喜潮湿多肥的微酸性至中性土壤，发芽适温为10~20℃，当温度高于25℃时，发芽率显著下降，在土层中出苗深度为0~20厘米，最深达30厘米，因地中茎的调节野燕麦的分蘖节一般都在地表下1~5厘米。

五、防治技术

1.建立种子田，精选种子

当季为害野燕麦主要来源为种子中混杂的野燕麦种子，所以在小麦留种田严格防除野燕麦，确保种子中无杂草种子。播种之前，精选种子，确保种子中无杂草种子混杂。

2.农业防治

(1)轮作倒茬 实行水旱轮作，使残留在土壤中的杂草种子丧失发芽能力。小麦与阔叶类作物如油菜、蚕豆等轮作，以便选择适用除草剂杀灭

野燕麦等禾草类杂草。

(2) 栽培管理 结合田间管理麦田发现杂草植株,及时拔除。小麦收获后,重发病地可休耕、深翻,进行灭草。

3.化学防治

在播种之前,可用40%燕麦畏乳油150~200毫升/亩或极玛(69克/升精噁唑禾草灵乳油)40~50毫升亩,对水30~40千克,均匀喷施于土表,也可混土撒施。

播后苗前用40%燕麦畏乳油200毫升/亩,对水喷雾,施药后立即进行浅混土2~3厘米,以不耕出小麦种子为宜,或用40%燕麦畏乳油200毫升/亩拌细土,撒施,但随施药随浇水。也可用骠马40~50毫升/亩,或40%燕麦枯200克/亩,或36%禾草灵160~180克/亩,对水喷雾防除。野燕麦和双子叶杂草混合发生的麦田,骠马或野燕枯可与2,4-D丁酯混合使用。

小麦冬前期或小麦返青期,对于野燕麦为主的地块,在野燕麦3~4片叶到分蘖期,可用下列除草剂:

50%异丙隆可湿性粉剂125~175克/亩;

64%野燕枯可湿性粉剂80~120克/亩;

15%炔草酯可湿性粉剂15~20克/亩;

亨达美麦(100克/升精噁唑禾草灵乳油)50~60毫升/亩;

3%甲基二磺隆油悬剂25~30毫升/亩加入助剂。

适量对水,茎叶喷雾处理,除草效果良好。

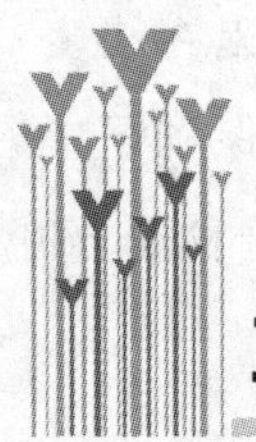

草害:猪殃殃

一、发生为害特点

1.草害分布及为害程度

茜草科拉拉藤属小草本,又名锯锯草、拉拉藤、锯锯藤等,据说猪食之则病,故名猪殃殃,一年生或两年生蔓状或攀援状草本。为夏熟旱作物田恶性杂草。在我国分布广泛,长江流域和黄河中下游各省区,东北、西北均有发生。以黄淮海冬小麦产区,特别是黄淮海中南部麦区,麦田猪殃殃发生为害严重,通常可以造成减产10%~20%,草害严重时减产达50%以上,甚至颗粒无收。

2.难防指数 ★★★★

3.难防原因

(1)营养体易附着于交通工具进行远距离传播;

(2)生命力顽强,不易根除;

(3)单一除草剂品种的长期使用,使猪殃殃产生了一定的抗药性。

二、诊断要点

幼苗子叶阔卵形,先端微凹。上胚轴四棱形,并有刺状毛。初生叶亦阔卵形,4片轮生,后生叶与前生叶相似。幼根呈橘黄色。茎多自基部分枝,四棱形,棱上和叶背中脉及叶缘均有倒生细刺,近无柄,顶端有刺尖,表面疏生细刺毛;花序聚伞形腋生或顶生,花萼有钩毛,花冠辐射状,花瓣黄绿色,较小;果球形,密生钩状刺毛。

三、形态特征

蔓生或攀援状草本。茎四棱形,棱上和叶背中脉及叶缘均有倒生细刺,触之粗糙。叶6~8片轮生,线状倒披针形,长1~3厘米,宽2~4毫米,顶端有刺尖,表面疏生细刺毛,无柄。花3~10朵组成顶生或腋生的聚伞花序;花萼有钩毛;花冠辐射状。果球形,密生钩毛,果柄直生。花果期4~6月。蔓攀援状草本,茎4棱形,棱和叶背中脉及叶缘具倒生的细刺。种子繁殖。

四、发生规律

1. 为害规律

以幼苗或种子越冬。杂草萌发均在冬前10月下旬,一般比小麦晚10~20天,成熟期在5月上旬,比小麦早20天左右,生育历期比小麦短。杂草冬前生长缓慢,苗期时间长。春季二月底气温回升,各种杂草开始速生,鲜重增加很快,并陆续开花结籽,此期与小麦争水肥、夺光照十分激烈,对小麦影响较大。

2.发生条件

在湿润且肥沃的农田长势良好,一般覆土越深出苗率越低。猪殃殃草种在1~5厘米土层中出苗率在86%以上,超过10厘米出苗率仅7%。猪殃殃发育温度为3~4℃,最适温度10~14℃,20℃以上明显减少。小麦播种期间,雨量充沛年份,土壤湿度适宜,杂草发生密度大;干旱少雨年份,杂草发生较少。肥沃麦田,杂草发生量大,土壤三要素缺乏麦田,杂草发生量小。

五、防治技术

1.农业防治

(1)精筛细选,确保种子纯度;

(2)精耕细作,减少杂草种子残留;

(3)深翻土壤,深埋杂草种子。

2.化学防治

(1) 小麦2叶期至返青拔节期,以杂草2~4叶期:每公顷用力威尔麦乐有效成分15~22.5克。

注意事项:①施药应严格控制用量,配制好药液应立即使用。②春季用药的小麦田不能套种花生、大豆,轮作花生、大豆的冬小麦田应在冬前使用,施药与后茬作物安全间隔期90天。③施药防止药液飘移到阔叶农作物上。

(2)亨达穗乐(10%苯磺隆可湿性粉剂)9~15克/亩,对水茎叶喷雾。

(3) 每亩用20%使它隆乳油20~30毫升加56%2甲4氯钠粉剂35~45克,加水30千克喷雾。

注意:2甲4氯钠只能在小麦4叶期至拔节前施用,春季化除时应注意小麦拔节后不能再施用2甲4氯钠,否则容易产生药害。

(4) 用69克/升骠马水乳剂40~50毫升/亩,对水40千克茎叶喷雾。

(5)用亨达隆歌(200克/升氯氟吡氧乙酸乳油)50~66毫升/亩,对水茎叶喷雾。

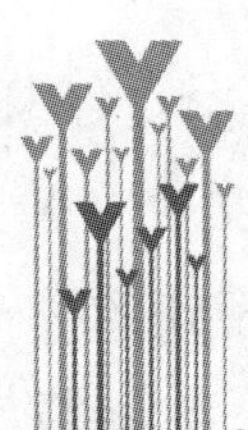

草害:硬草

一、发生为害特点

1.草害分布及为害程度

禾本科硬草属,约数种,常分布于欧洲和东亚,我国有1种,产江苏、安徽、江西等省。据报道发病麦田平均每平方米有硬草635.4株,高的达1万株以上,已成为麦田密度最高、发生面积最大的一种恶性杂草。

2.难防指数 ★★★★

3.难防原因

(1)生命力旺盛,耐药性强;

(2) 苗期与小麦相似,不宜区分。

二、诊断要点

幼苗第一片真叶带状披针形,有3条直出平行脉,叶舌干膜质2~3齿裂,叶鞘亦有3脉。第二片真叶与前叶不同,叶缘有极细的刺状齿,有9脉,叶鞘下部闭合。硬草秆直立或基部偃卧,高15~40厘米,节较肿胀。

三、形态特征

一年生。秆直立或基部偃卧,高15~40厘米,具3节,节较肿胀。叶鞘平滑,有脊,叶舌干膜质,长2~3.5毫米;叶片长4~14厘米,宽约3~4.5毫米。圆锥花序较密集而紧缩,坚硬直立,长达12厘米,宽1~3厘米;分枝双生,常一长一短,长者长达3厘米,短者仅具1~2枚小穗,粗壮而平滑;小穗柄粗壮,侧生者长0.5~1毫米;小穗含2~7朵小花,长3~3.5毫米,小穗轴节间粗壮,长约1毫米;颖长卵形,第一颖长约1.5毫米,第二颖长2~3毫米;外稃宽卵形,顶端尖或钝,具5脉,中脉较粗壮而隆起成脊,基部光滑无毛,边缘具狭的干膜质,第一外稃长约3毫米;花药长约1毫米;颖果纺锤形,长约1.4毫米。

四、发生规律

1 为害规律

硬草发生为害期长。一般10月份出土,一直为害到第2年的5月下旬。冬前出土量占发生量的80%~90%,冬后春季继续出土,占发生量的10%~20%。硬草以种子进行传播蔓延,其主要传播途径一是硬草种子夹杂在小麦种子中随麦种引进而扩散;二是随意将田间拔除的硬草穗头、麦场中清理出的硬草种子乱扔,随着灌溉水、风雨、土杂肥等传入田间;三是田间、地边、沟渠等场所的硬草植株脱落的种子,造成本田再次侵染。硬草在麦田中有两个出草高峰,分别在大麦、小麦播种后15~20天和返青拔节期。

2.发生条件

硬草主要分布在田边地头和田间地势低洼处,密度高、危害重。稻麦连作田块的发生量显著高于水旱轮作田块。秋播时阴雨天多或田间湿度大,杂草发生量大。春季麦田出草高峰受播种期、土壤温湿度等条件的影响,出现的时间和出草数量会发生较大变化。

五、防治技术

1.农业防治

(1)硬草发生严重田实行轮作换

茬，积极推广小麦—油菜、小麦—蔬菜轮作，减缓硬草发展进度，延缓抗药性的产生。

(2) 抓好种子精选，减少杂草种源。

(3)精量播种，促苗早发，达到以苗压草的生态控治效应。

(4)清除沟、渠、埂等特殊环境杂草。

(5)结合麦田管理，中耕锄草，人工拔草。

2.化学防治

(1)播后芽前化除。抓好播后芽前土壤处理。以每亩用50%异丙隆WP 150~175 克或 25%绿麦隆 WP 300~350 克，对水 40~50 千克 进行土壤喷雾。

(2)苗后冬前化除。施药时间为10月底至11月下旬杂草2~3叶期的效果最佳。选用药剂为10%精噁禾草灵 EC(精骠)或极玛(69 克/升精噁禾草灵乳油)，每亩用50毫升，对水 30千克均匀喷雾。

(3)春季化除补治。于2月中旬至3月上旬，用精骠或骠马等除草剂补治，必须加大用药量，每亩至少120毫升，均匀喷雾。随着春季气温回升，杂草生长旺盛，抗药性增强，要严格化除时间，最迟不超过3月15日，以免降低防除效果。

此外，在硬草分蘖盛期到末期，使用15%TOPIK WP 6.67~13.3 克亩，对水33千克亩，均匀喷雾，有良好防治效果；冬后用15%麦极 WP 24 克亩以上，对硬草的防效较好，株防效达94%以上，鲜重防效达90%以上。这两种除草剂在上述剂量下对小麦安全。

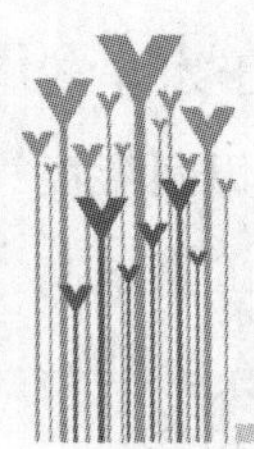

草害：早熟禾

一、发生为害特点

1.草害分布及为害程度

禾本科早熟禾属，一年生或多年生小草，约300种，别名稍草、小青草、小鸡草、冷草、绒球草。分布于温带和寒带地区，欧洲、亚洲及北美均有分布。我国约100种以上，分布甚广。主要为害小麦、油菜、蔬菜、果树等。一般轻发生田块杂草株数占小麦株数的3%~5%，中等发生田块为10%，重发生田块达29.3%，严重发生田块达187.5%，其发生数量已超过了小麦。据研究表明，平均密度为10株/平方米时，将致小麦减产12%~15%，平均密度达15株/平方米时，将减产17%~20%，平均密度达30株/平方米时，每亩穗数减少0.47万个，穗粒数减少3.95粒，千粒重降低5.75克，减产达38%以上，同时小麦品质也显著下降。

2.难防指数 ★★★

3.难防原因

(1)种子小而轻，数量大，易于传播；

(2)种子寿命长，可达十年之久。

(3)植株适应广，生命力顽强，对绝大多数常用茎叶处理除草剂具有较高的耐药性。

二、诊断要点

幼苗第一片真叶带状披针形，先端锐尖，有3条直出平行脉，叶片与叶鞘间有一片三角形膜质叶舌，叶鞘亦有3条脉。茎秆细弱、丛生、直立或稍倾斜，株高8~30厘米，较小麦矮。叶鞘多从植株中部以下闭合，无毛；叶舌圆头膜质；叶片质地较软；圆锥花序呈开展状，每节具分枝1~3枝，小穗有花3~5朵；颖果近纺锤状。

三、形态特征

一年或二年生，除小穗和叶片边缘外，全株平滑无毛。秆丛生，质软而细弱，高8~30厘米。叶鞘至少自中部以下即闭合，长于或上部者短于节间；叶舌膜质，长1~2毫米；叶片质柔软，长2~10厘米，宽1~5毫米。圆锥花序开展，长2~7厘米；分枝每节1~2条，罕为3条。小穗含3~5花，长3~6毫米；颖质薄，具有宽膜质的边缘，第一颖具1脉，长1.5~2毫米，第二颖具3脉，长2~3毫米；外稃卵圆形，边缘及顶端膜质，具显明的5脉，但不延伸至顶端膜质部分，脊下部1/2或2/3具长柔毛，基盘不具绵毛，第一外稃长3~4毫米；内稃与外稃等长或稍短，脊上具长柔毛；花药淡黄色，长0.7~0.8毫米。颖果纺锤形，长约2毫米。4~5月开花，种子繁殖。

四、发生规律

1. 为害规律

麦田通常有两个出草高峰，第一个出草高峰出现在冬前的10月下旬

至11月下旬，出草量占总出草量的65%~85%；次年2月下旬至3月中旬出现第二个出草高峰，出草量占总出草量的10%~25%。春季麦田出草高峰受播种期、土壤温湿度等条件的影响，出现的时间和出草数量会发生较大变化。如果冬季及返春气温持续偏高，麦田杂草生长较快，易造成较严重的草害。

2.发生条件

早熟禾最低发芽温度为2~5℃，最适在30℃以下。土壤湿度达到田间持水量40%~100%时均可发芽。生在较湿润的草地、路旁或阴湿地块。温暖潮湿的天气有利于杂草萌发和生长，出苗高峰期提前。

五、防治技术

1.农业防治

(1) 轮作 通过轮作降低伴生性杂草的密度，改变田间优势杂草群落，降低田间杂草种群数量。

(2)耕翻 土壤通过多次耕翻后，可使杂草种子被翻埋在地下，不能萌发，达到除草目的。

(3) 人工除草 适于小面积或大草拔除。

2.化学防治

每亩可用亨达美麦（100克/升精噁唑禾草灵乳油）50~60毫升或50%异丙隆可湿性粉剂喷雾。也可用3.6%阔世玛水分散粒剂300克/公顷。

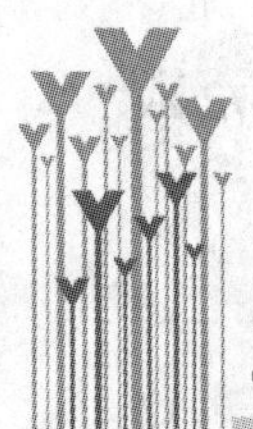

草害：看麦娘

一、发生为害特点

1.草害分布及为害程度

禾本科看麦娘属，约30种，生于海拔较低之田边及潮湿之地。分布于北温带，我国有6种，分布在我国长江以南温暖多雨的地区。东起江苏，西至四川，南达广东省都有。一年生或多年生草本。主要为害小麦、油菜、绿肥等。据调查，一般麦田平均每平方米达675株，严重的麦田可达1095株，部分麦田已造成严重的损失。

2.难防指数 ★★★

3.难防原因

(1) 看麦娘根系发达,富含根毛,耐旱、耐淹,抗逆性强;

(2) 种子成熟后脱落到田间,不断更新补充土壤种子库。同时,通过土壤、土杂肥、麦种、风力、人力、流水进行传播;

(3)由于同一草剂品种的连续使用,使看麦娘产生较强抗药性。

二、诊断要点

幼苗第一片真叶呈带状披针形,长1.5厘米,具直出平行脉3条,叶鞘也有3条叶脉,叶及叶鞘均光滑无毛,叶舌膜质,2~3深裂,无叶耳。

三、形态特征

多年生草本。具根状茎。秆直立,高50~120厘米,单生或少数丛生,具3~5节。叶鞘松弛,叶舌膜质,叶片斜面上升,长5~20厘米,宽3~7毫米,上面粗糙,下面平滑。圆锥花序圆柱状,长3~7厘米,宽6~10毫米,灰绿色或成熟后呈黑色,小穗长4~5毫米,颖基部约四分之一互相连合,两侧无毛或疏生短毛,外稃较短于颖。芒长1~5毫米,从桴体的中部伸出,隐藏或稍外露。颖果纺锤形,长约2毫米,黄褐色。花粉粒圆球形,颗粒较小,花粉粒表面为颗粒状纹饰。

四、发生规律

1. 为害规律

看麦娘是麦田主要杂草,常与猪殃殃、野燕麦、野油菜、大巢菜、播娘蒿等构成群落,出现频率为41.2%~100%,为害率达25.5%~55.3%。种子发芽温度为5~25℃,最适温度15~20℃;出土深度为2~3厘米,0.6~2厘米出苗数占总出苗数的80%;最适土壤含水量为15%~30%,9月中旬开始出苗,10~11月达到发生高峰期。越冬后于翌年早春继续生长。早茬冬小麦田,看麦娘在冬前发生量大,越冬后发生量小;晚茬冬小麦,在冬前发生量少,越冬后发生量较大。因此,早茬冬小麦田在看麦娘3叶期前用药防除,晚茬冬小麦田在翌年3月中、下旬出苗盛期用药防除较为适宜。

2.发生条件

种子成熟后经2~3个月休眠即可发芽,种子发芽温限5~23℃,以15~20℃最适,种子在旱田土壤中仅能存活1年,水田达2~3年,能在0~5厘米土层内出苗。看麦娘是比较典型的中生性植物,适应范围较广,耐轻

度盐碱、水涝、寒冷等特点。

五、防治技术

1.农业防治

人工拔除是除治看麦娘最有效的物理方法，冬小麦种植区最适宜时期掌握在每年10~11月达到发生高峰期和翌年3月中、下旬出苗盛期较为适宜。人工拔除应连根拔除，集中销毁。

2.化学防治

可选用9%速骠在麦苗3~4叶期，杂草2~3叶期，除草效果显著，有效用药量应为67.5克/亩，也可选用亭达美麦(100克/升精噁唑禾苗灵乳油)50~60毫升/亩对水茎叶喷雾。

15 %麦极 WP l6~24 克/亩以上，对看麦娘有理想的防效。施药期宽(冬前2~4叶期，或春后5~9叶期)，对小麦安全性高，喷药液量较低(对水15~30升/亩)、可与苯磺隆或异丙隆等阔叶除草剂混用兼除阔叶杂草，无土壤残留，不影响后茬作物。

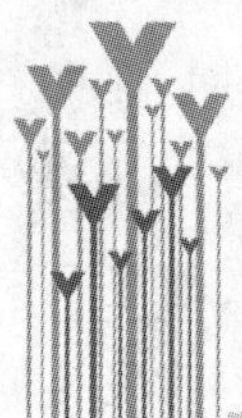

草害：泽漆

一、发生为害特点

1.草害分布及为害程度

大戟科大戟属植物。别名五朵云、猫儿眼草、奶浆草。分布于除新疆、西藏以外的全国各省区。一年生或二年生草本，原为沟边路旁常见杂草，但随耕作条件及诸多因素的变化，已侵入麦田为害，发生和为害逐年加大，密度达6~126株/平方米。

2.难防指数★★★

3.难防原因

(1)泽漆种子抗逆性强，适应范围广；

(2) 泽漆种子重量轻、密度小，易随水流和风传播。泽漆为害地区，沟边路旁生长的泽漆是麦田泽漆的重要来源。

(3) 单一除草剂品种的长期使用，使其产生了一定的抗药性。例如，对2甲4氯、阔叶净、百草敌等除草剂抗性较强。

二、诊断要点

麦田进行识别时主要从泽漆的形态特征着手,出苗时2片子叶一出土同时平展,短圆形,深绿色,背面紫红色,子叶背面和幼茎上有稀疏的白色绒毛,叶缘锯齿状,呈紫红色。叶无柄,肉质,叶片倒卵形或匙形,茎健壮无毛,直立,圆形,下部淡紫红色,上部淡绿色。切断茎叶有白色乳汁流出。花序为聚伞状顶生,种子卵形,暗褐色,表面有网纹。

三、形态特征

泽漆为1年生 (越年生) 有毒草本植物。2片子叶一出土同时平展,短圆形,深绿色,背面紫红色,子叶背面和幼茎上有稀疏的白色绒毛,叶缘锯齿状,呈紫红色。基部分枝2~10个,斜生。叶无柄,肉质,叶片倒卵形或匙形,茎健壮无毛,直立,圆形,下部淡紫红色,上部淡绿色。切断茎叶有白色乳汁流出,茎顶端有5片轮生的叶状苞,与茎叶相似。花序为聚伞状顶生,有5个伞梗,每伞梗分出2~3个小伞梗,每小伞梗又分为二叉状,杯状总苞钟形,顶端4裂,子房3室,花柱3个。种子卵形,暗褐色,表面有网纹。

四、发生规律

1. 为害规律

冬小麦田冬前有2个明显的出苗高峰期。适期播种的小麦田内,播后5~6天开始出苗,10~15天达出苗最高峰,20~30天为第2出苗高峰期,小麦越冬期停止出苗,翌春后不再出苗。早茬麦出草高峰期为10月上中旬,中茬麦为10月下旬,晚茬麦为11月中下旬,早、中、晚相差近30天。冬前以营养生长为主,12月20~25日基本停止生长,与小麦的越冬期同步。翌年2月上旬返青,4月上旬为初蕾期,4月中旬为盛蕾期,4月下旬为盛花期,5月上中旬结果,5月底种子成熟,全生育期生长最快的时间为4月中旬至5月上旬。

2.发生条件

淤土田块的发生量重于两合土,两合土重于砂碱土。离土表5厘米以内土层中的种子有利于发芽。

五、防治技术

1.农业防治

(1)对丘陵山区泽漆发生量大的

地区,每隔1~2年深翻土壤,将含草籽量大的地表土翻深至10厘米以下,以压低泽漆的出苗基数。

(2)推广机条播,增施有机肥(基肥),适当增加播种量,早施苗肥及微肥,提高小麦植株素质,促使小麦早发快长,以苗压草。

(3)有条件的进行水旱轮作,当泽漆种子淹水70天以上,发芽率极低,从而形成不利于泽漆发生蔓延的环境。

2.化学防治

(1)根据晚秋气温高、小麦覆盖度低、泽漆易于接触药剂的特点,用亨达穗乐(10%苯磺隆可湿性粉剂)9~15克/亩,对水茎叶喷雾,也可用亨达隆歌(200克/升氯氟吡氧乙酸乳油)50~66毫升/亩,于小麦4叶期喷施,能获得理想的除草效果。

(2)小麦2叶期至返青拔节期,以杂草2~4叶期:每公顷用力威尔麦乐有效成分15~22.5克。

注意事项:①施药应严格控制用量,配制好药液应立即使用。②春季用药的小麦田不能套种花生、大豆,轮作花生、大豆的冬小麦田应在冬前使用,施药与后茬作物安全间隔期90天。③施药防止药液飘移到阔叶农作物上。

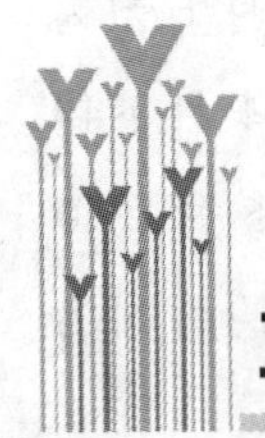

草害:节节麦

一、发生为害特点

1.草害分布及为害程度

节节麦属禾本科山羊草属,是世界性的恶性杂草,主要分布在欧洲及西亚的伊朗。我国原无节节麦,后在陕西渭河流域、沿黄河流域、河南、山东及山西发现。部分地块发生严重,个别严重发生麦田,节节麦的发生数量已超过小麦,成为当地麦田的恶性杂草,造成小麦严重减产。节节麦严重影响小麦产量。一般产量损失达10%~25%。

2.难防指数 ★★★

3.难防原因

(1) 节节麦分蘖、繁殖能力强,易传播。每株节节麦一般10~20个分蘖,有时多达40个分蘖。节节麦繁殖能力强,1粒节节麦种子当年即可产生100~800粒种子。由于适应性强,适生范围广,随人畜、农机具、灌溉水流和未腐熟的有机肥可进行远距离扩散蔓延;

(2) 节节麦根茎发达、抗逆性高,再加上节节麦与小麦的遗传基础、生长习性非常接近,生产上缺乏成熟有效的选择性除草剂。

(3)与麦类作物共生,前期不易区分;

(4) 节节麦种子能够在本地麦田越夏,且不断积累,种子成熟后自然脱落到土中越夏存活。

二、诊断要点

一般情况下,节节麦比小麦发芽得迟,成熟得早,过熟后会一节一节地自动掉落。节节麦的根茎处为红褐色或紫红色,而小麦根茎是白色的。节节麦的叶上被有茸毛,而小麦叶面无茸毛。

三、形态特征

越年生或一年生杂草,秆丛生,斜上或近直立,有时伏地,高20~40厘米,株高达90厘米。叶鞘紧密包茎,平滑无毛而边缘具纤毛;叶舌薄膜质,长0.5~1毫米;叶片微粗糙,上面疏生柔毛。穗状花序圆柱形,含小穗7(5) ~10(13)个,长约10厘米(包括芒在内)。小穗圆柱形,长约9毫米,含3~4(5)花;颖草质,长4~6毫米,通常具7~9脉或可达10脉以上,顶端截平而具一、二微齿,外稃先端略截平,顶具长0.5~4厘米的芒,具5脉,脉仅于顶端显著,第一外稃长约7毫米;内稃约与外稃等长,脊上具纤毛。花、果期5~6月。靠种子繁殖。节节麦与小麦同科不同属,外部形态无论苗期、成株期还是种子与小麦极为相似,特别是生长前期难以辨认。

四、发生规律

1 为害规律

小麦种子调运、串换是节节麦发生区扩大的主要原因。生长过程中种子脱落是主要再侵染源。种子随风或灌溉进入农田,造成相邻田块及下游麦田遭受为害。未腐熟有机肥再入农田致使为害严重。收割机跨区作业传播,造成节节麦为害面积扩大。

2.发生条件

冬小麦田节节麦出苗有2个主要时期：一是秋季出苗期，二是翌年2月下旬至3月，仍有部分出苗。出苗的节节麦种子主要集中在3~8厘米土层中。秋季出苗的节节麦冬前一般产生分蘖3~4个，多者10个以上。幼苗越冬后存活率高。生长旺盛，分蘖能力强，一般分蘖10~20个/株，最多可达32个/株，发生量随水肥条件的改善而增加，一般地块为50~110株/平方米，高水肥地块可达150~200株/平方米。

五、防治技术

1.建立种子田

必须先严守种子关，抓好种子精选。凡混杂有节节麦的种子都必须进行精选，以杜绝侵染尚未发生区。发生草害田块所收获的籽粒不宜再做种子，必须更换无节节麦的小麦良种。

2.农业防治

(1)人工拔除结合麦田管理和中耕锄草，在节节麦成熟之前及时拔除，不留后患。拔掉的节节麦必须带出田外，晒干粉碎或集中烧毁。同时清除田埂沟渠的杂草，减少传播扩散源。

(2)轮作倒茬：节节麦严重的地块，可种植双子叶植物，油菜、蚕豆等，用精稳杀得等选择性除草剂，杀灭节节麦等禾本科杂草。

(3) 栽培管理 用麦苗生态抑制合理密植，科学施肥，争取苗齐苗壮，形成麦苗的群体生长优势，起到生态抑草、以麦压草的效果。

(4) 施用腐熟有机肥麦秸壳、畜禽肥须经堆肥沤制，高温发酵腐熟后再施入农田。畜禽饲料也要经过加工粉碎，使草籽失去活力。

3.化学防治

在小麦越冬前、杂草出齐后，用3%世玛油悬乳剂300~450毫升/公顷，加助剂伴宝900毫升50%异丙隆可湿性粉剂2250~5400克/千克，对水450千克喷雾防治；也可于春季小麦返青后、节节麦开始生长前，用3%世玛油悬乳剂450~525毫升/公顷加助剂伴宝900毫升，对水600千克喷雾，可收到理想防治效果。

还可用亨达隆歌(200克/升氯氟吡氧乙酸乳油)50~66毫升/亩或亨达穗乐（10%苯磺隆可湿性粉剂)9~15克/亩，对水茎叶喷雾。

第二部分
水稻田疑难病虫草害防控指南

病害:纹枯病

一、发生为害特点

1.病害分布及为害程度

水稻纹枯病为我国水稻三大病害之一。在我国各水稻产区均有发生，长江流域和南方稻区发生较重，尤其以密植矮秆杂交稻的高产田发生最为普遍而严重，致叶片枯死，结实率降低，千粒重减轻，一般造成损失10%~20%，严重地块可达50%以上。

2.病害类型

为典型的土传真菌性病害。

3.难防指数 ★★★

4.难防原因

(1)土传病害，病原菌可以长期在土壤中存活，稻田多年种植，病菌基数大；

(2)缺乏高抗品种，多数品种感病；

(3)水肥条件改善，高密度栽培，有利于病害发生；

(4)难以实施轮作等农业措施。

二、诊断要点

1.为害部位

该病主要为害叶鞘，其次是叶片，严重时也可以侵害稻穗。

2.症状特点

水稻苗期到穗期都可发生纹枯病，但以分蘖到抽穗期受害最重。

(1)叶鞘 首先在近水面处产生暗绿色水渍状小斑点，以后逐渐扩大呈椭圆形，似云纹状，病斑增多，并相互汇合成不规则大形云纹状斑。病斑边缘明显，褐色，中间褪为淡绿色或淡褐色，最后变成灰白色，湿润状，常致叶片发黄枯死。

(2)叶部 中后期扩展到叶片上，在叶片上形成的病斑呈云纹状，边缘褪黄，发病快时病斑呈污绿色叶片很快腐烂，影响水稻抽穗、灌浆、结实。病害由下向上扩展，严重时可侵染剑叶和穗部，造成穗部发病，大片倒伏。轻者减产，严重可绝收。茎秆受害 症状似叶片，后期呈黄褐色，易折。

(3)穗颈部 初为污绿色，后变灰褐色，常不能抽穗，抽穗的秕谷较多，千粒重下降。

3.病征

湿度大时病部长出白色菌丝,后汇聚成白色菌丝团,后期产生菌核,菌核深褐色,易脱落。

三、病原特征

无性态为立枯丝核菌(*Rhizoctonia solani*),属半知菌亚门真菌。病菌一般只产生菌丝和菌核,菌丝初期无色,后变淡褐色,有分枝,分枝处明显缢缩,离分枝不远处有分隔,菌核深褐色圆形或不规则形,附在病部的一面略凹陷,表面粗糙多孔如海绵状。

四、发生规律

1.侵染循环

病菌主要以菌核在土壤中越冬,也可以菌丝体在稻草或杂草等其他寄主上越冬。翌春春灌时菌核飘浮于水面,插秧后菌核黏附于稻株近水面的叶鞘上,在适温、高湿条件下生出菌丝侵入叶鞘组织为害。水稻拔节期病情开始激增,病害向横向、纵向扩展,抽穗前以叶鞘为害为主,抽穗后向叶片、穗颈部扩展。

2.发病条件

纹枯病的发生发展与菌源基数、品种抗性、气候及栽培管理等因素有密切关系。

(1)菌源基数 田间越冬菌核残留数量与稻田初期发病轻重程度关系密切。凡上年轻病田,或当年移栽前灌水时打捞较彻底的地块,发病轻;反之菌核越冬数量大,发病重。

(2)品种抗性 一般糯稻病重于籼稻,籼稻重于粳稻;矮秆品种重于高秆品种;早熟品种重于晚熟品种。

(3)气候条件 水稻纹枯病适宜在高温、高湿条件下发生和流行。生长前期雨日多、湿度大、气温偏低,病情扩展缓慢,中后期湿度大、气温高,病情迅速扩展。田间相对湿度小于85%,发病迟缓或停止发病。

(4)栽培管理 水肥管理对菌丝生长和稻株抗病性的影响是决定发病轻重的主要因素之一。浅水浇灌、适时晾田的发病轻;长期深水灌田,发病重:一是深水影响根系发育,植株抗病性差,二是稻丛中湿度大,有利于菌的扩展;肥料的管理中,以氮肥影响大:氮肥过多,易徒长,抗病性差,发病重。

五、防治技术

1.抗性品种

尽管目前尚未发现免疫和高抗的品种,但品种间抗性存在明显差

异，在病情特别严重的地区可以种植一些中抗品种。较抗病的品种有D优68、龙粳7号、中籼898、宝农12、水晶3号等。

2.农业防治

(1)消除菌源　这是一项有效的措施：一般应在稻田春耕灌水整地时进行，此时70%~80%的菌核漂浮在水面上，可彻底打捞被风吹或冲至田边或地头的浪渣，带出田外烧掉或深埋。同时还应及时清除田边杂草及病稻草等。

(2) 加强栽培管理　按照水稻不同生育期对水分的不同要求，严格水位管理，贯彻“前浅、中晒、后湿润”的用水原则，避免长期深灌或晒田过度，做到“浅水分蘖，够苗晒田促根，肥田重晒，瘦田轻晒，浅水养胎，湿润保穗，不提前断水，防止早衰”；配方施肥，巧施追肥，贯彻“施足基肥，早施追肥，灵活追肥”的原则，使禾苗前期不披叶，中期不徒长，禾根深扎，叶直骨硬，叶色褪淡不过黄，后期不贪青，收获时青枝蜡秆；合理密植，改善群体通透性。

3.化学防治

在水稻的分蘖至拔节期控制病害水平扩展，孕穗至抽穗期控制病害垂直扩展，保护功能叶不受侵害。要抓住防治适期，分蘖后期病穴率达到15%即可施药防治。可以用托上托(70%甲基硫菌灵可湿性粉剂)50克/亩或菌大夫(50%多菌灵可湿性粉剂)100克/亩或5%井冈霉素100毫升/亩，或用20%三唑酮乳油50~76毫升/亩，或菌寂(40%多菌灵·菌核净可湿性粉剂)50~75克/亩，对水50公斤喷雾或对水400公斤泼浇；也可用10%多氧霉素可湿性粉剂8000~1500倍液，或23%噻氟菌胺悬浮剂14~25毫升/亩，每亩用50公斤药液喷雾。

病害：稻瘟病

一、发生为害特点

1.病害分布及为害程度

我国凡有水稻生长的地区均有发生。流行年份一般减产10%~20%，严重的减产40%~50%，甚至颗粒无收。

2.病害类型

为典型的气传真菌性病害。

3.难防指数 ★★★

4.难防原因

(1) 稻田生态环境特别是南方稻区条件适宜病害的发生发展;

(2)病原真菌产孢能力强,在适宜的温、湿度条件下可产生大量孢子;

(3) 推广品种抗病性较差。

二、诊断要点

1.为害部位

稻瘟病在水稻各个生育期都可发病。由于其为害时期和部位的不同,可分为苗瘟、叶瘟、节瘟、稻颈瘟和谷粒瘟,其中以叶瘟发生最为普遍,穗颈瘟为害则最严重。

2.症状特点

(1)苗瘟　发生于秧苗三叶期前,主要由种子带菌引起,芽和芽鞘出现水浸状斑点,病苗基部灰黑色,上部黄褐色或淡红褐色,卷缩枯死。潮湿时病苗表面常有灰绿色霉层。3叶期后发生的多在叶片上形成明显病斑,与叶瘟症状相同,称苗叶瘟。

(2) 叶瘟　发生于三叶期后的秧苗或成株叶片上,一般从分蘖至拔节期盛发,叶上病斑常因天气和品种抗病力的差异,在形状、大小、色泽上有所不同,可以分为4种类型:

① 慢性型是稻瘟病的典型症状,病斑先呈近圆形的暗绿色或褐色,以后逐渐扩大,颜色变成暗褐色,形状由圆形、椭圆形变成梭形,两端常有沿叶脉延伸的褐色坏死线,边缘褐色,中间灰白色,外围有黄色晕圈。潮湿时背面长有灰绿色霉层,叶上病斑多时,可连接形成不规则大斑,发病严重的叶片枯死。

② 急性型发生在适宜的发病条件下,感病品种的叶片常产生暗绿色近圆形至椭圆形水浸状的病斑,无光泽,正反两面都有大量灰色霉层,这种类型的病斑多发生于流行盛期,天气阴雨多湿,氮肥施用过多,在抗病性弱的植株或高度感病品种上易见;当天气转晴或稻株抗病性增强时,可转变为慢性型病斑。

③ 褐点型多在气候干燥时抗病品种上产生,呈褐色小斑点,局限于叶脉间,有时边缘出现黄色晕圈,常发生在抗病品种或植株下部的老叶上,不产生分生孢子,无霉层。对稻瘟病的发展基本不起作用。此外,叶舌、叶耳和叶节也可发病。

④ 白点型多在感病品种嫩叶上出现,呈近圆形或短梭形白色小点,

不产生孢子,无霉层,这种白点型病斑又可随气候条件的变化而转变为普通型或急性型。

(3) 节瘟　最初在节上生针头大的褐色小点，以后逐渐绕节扩展,最后使全节变黑腐烂，干燥时凹陷,易折断、倒伏。有时病斑仅在节的一侧发生,干缩后造成茎秆弯曲。节瘟在抽穗期发生时,由于营养水分不能向穗部正常输送,影响开花结实,严重时形成"白穗"或瘪粒。潮湿时生灰绿色霉状物。

(4) 穗颈瘟　穗颈和枝梗感病后变褐坏死,穗颈、穗轴易折断,发病早而重的穗子枯死呈白穗,发病晚的则秕谷增多。

(5) 稻粒瘟　在稻粒的护颖及颖壳上发生。发生在稻粒上有两种情况：一是在水稻开花前后受侵染,多不能正常结实而成暗灰色的秕谷;二是受侵染较迟的,在颖壳处呈现暗灰或褐色、梭形或不整形斑,影响结实,严重的可使米粒变黑。护颖发病时多呈灰褐或黑褐色。

3.病征

潮湿时病部产生灰绿色霉状物,为病菌的分生孢子梗和分生孢子。

三、病原特征

稻瘟病菌为稻梨孢(*Piricularia oryzae*),属半知菌亚门真菌。菌丝内生，分生孢子梗 3~5 根丛生，具 2~4 个隔膜,直或稍弯曲,顶端曲状,上生分生孢子。分生孢子无色,洋梨形,常有 1~3 个隔膜;基部钝圆,并有脚胞,无色或淡褐色,具 2 隔膜。

四、发生规律

1.侵染循环

病菌以分生孢子和菌丝在稻草和稻谷上越冬。翌年气温回升产生分生孢子借风雨传播到稻株上,萌发并直接侵入表皮,形成中心病株。条件适宜时病部可很快形成分生孢子,借风雨传播进行再侵染。

2.发病条件

稻瘟病是一种气流传播、具多次再侵染、与环境和品种关系密切的病害。

(1) 品种抗病性　水稻品种间对稻瘟病菌的抗性差异极大。尽管品种的抗病性有明显的地域性和特异性,但有些品种能在较广的稻区或较长时间种植而不感病。水稻品种抗病性也因生育期而异,秧苗 4 叶期、分蘖期和抽穗期易感病，穗期以始穗时抗病性弱。同一生育期叶片抗病性亦随出叶后日数的增加而增强，出叶当天最感病，5天后抗病性迅速增强，13天后就很少感病。水稻分蘖末期出新叶最多，因此也是叶瘟出现的最高峰期。稻穗以始穗期最易感病。

(2)气象因素 在菌源具备、品种感病的前提下，气象因素是影响病害发生与发展的主导因子。在气象因素中，以温、湿度最为重要，其次是光和风。水稻处于感病阶段，气温在20~30℃，尤其在24~28℃，阴雨天多，相对湿度保持在90%以上，易引起稻瘟病严重发生；反之，连续出现晴朗天气，相对湿度低于85%，病害则受抑制。阴雨连绵，光照不足，田间湿度大，有利病原菌分生孢子的形成、萌发和侵入。

(3) 栽培管理 栽培管理技术既影响水稻的抗病力，也影响病菌生长发育的田间小气候。其中，以施肥和灌水尤为重要。氮肥施用过量或偏迟会导致稻株徒长，表皮细胞硅质化程度下降，有利于病菌侵染。另外，过多施用磷、钾肥对病害的发展有一定的促进作用。长期深灌的稻田、冷浸田以及地下水位高、土质黏重的黄黏土田，土壤内缺乏空气，氧化作用差，降低根系活力，并使根系呼吸作用和吸收养分的能力减弱，造成土壤缺氧，产生有毒物质，妨碍根系生长，也会加重发病。对已经发病田块，进行短期晒田，会使稻株体内含氮量增加，光合作用降低，碳同化作用减小，对病害也有一定的促进作用。晒田过度，亦不利于稻株生长，而加重发病。

(4) 地理条件 我国山区和沿海地区稻瘟病的为害较重，山区地势高，因光照少、水温低、气流强、云雾多、结露时间长，水稻生活力减弱，往往发病重于平原稻区。

五、防治技术

1.抗性品种

选用抗病、高产的良种是防治稻瘟病的一项经济有效的措施。我国各稻区生态条件、耕作制度和品种类型颇有不同，而且稻瘟菌小种组成又因地而异因时而变，因此，选用抗瘟良种必需因地因时制宜。

2.农业防治

(1) 加强肥水管理 合理施肥灌水，既可改善环境条件控制病菌的繁殖和侵染，又可促使水稻生长健壮，提高抗病性，从而获得高产稳产。一般应当注意氮、磷、钾三要素的配合施用，以及有机肥与化肥配合使用，适当施用含硅酸的肥料（如草木灰、

矿渣、窑灰钾肥等），做到施足基肥，早施追肥，中后期看苗、看天、看田巧施肥，避免后期施用过多的氮肥；冷浸田应注意增施磷肥；灌水必须与施肥密切结合，应搞好农田基本建设，开设明沟暗渠，降低地下水位，实行合理排灌，以水调肥，促控结合。

（2）减少菌源　一是不用带病种子。二是处理病稻草。对病田的病谷、病稻草应分别堆放，尽早处理室外堆放的病稻草，春播前应处理完毕，不要用病草催芽、捆秧把。三是带菌种子消毒：可用56℃温汤浸种5分钟。用10%401抗菌剂1000倍液或80%402抗菌剂2000倍液、70%甲基托布津（甲基硫菌灵）可湿性粉剂1000倍液浸种2天。也可用2%福尔马林浸种20~30分钟，然后用薄膜覆闷种3小时。

3.化学防治

发病初期喷洒燕化三环唑（75%三环唑可湿性粉剂）22~27克/亩或40%稻瘟灵乳油1000倍液、40%敌瘟磷乳油1000倍液、50%异稻瘟净乳剂500~800倍液、2.0%灭瘟素可湿性粉剂500~1000倍液喷雾，或7%氰菌胺颗粒剂30公斤/公顷、40%稻瘟净乳油500克，加水250~400公斤泼浇。叶瘟要连防2~3次，间隔期为7~10天。防治叶瘟，于发病初期，田间见急性病斑；防治穗瘟，要着重在抽穗期进行保护，特别是在孕穗期（破肚期）和齐穗期是防治适期。喷施45%硫环唑可湿性粉300倍液，或燕化三环唑（75%三环唑可湿性粉剂）22~27克/亩，或三环唑悬浮剂400~600倍液，或13%三环唑·春雷霉素350~400倍液，或40%敌瘟磷乳油600倍液，或瘟必克，一瓶药剂对水喷施，一亩地，可与大多数杀虫剂或杀菌剂混用，注意喷匀喷足。

病害：稻曲病

一、发生为害特点

1.病害分布及为害程度

稻曲病是水稻生产上的一种常见病害，原本发生较轻，但随着杂交稻的发展和施肥水平提高，此病发生有逐年上升之势，现已扩展到东北、黄淮、长江流域及南方各稻区，不少地方造成较大损失。由于其病粒有毒，若用作饲料，含量达0.5%以上时，会引起禽畜慢性中毒，内脏发生病变甚至死亡。

2.病害类型

以土传和种传为主的一类真菌性病害。

3.难防指数 ★★★

4.难防原因

(1)杂交稻大面积推广，此类品种抗性较差；

(2)高水肥田块有利发病；

(3)高效防治药剂不多，有机锡类药剂长期使用易造成残留与药害。

二、诊断要点

1.为害部位

主要为害稻穗和籽粒，多是一穗中仅几粒颖壳变成稻曲病粒。

2.症状特点

稻曲病在开花后至乳熟期发生，仅发生于穗部，为害部分谷粒。病菌在颖壳内生长，初时受侵害谷粒颖壳稍张开，露出黄绿色的小型块状突起，后逐渐膨大，内外颖裂开，露出淡黄色块状物，即孢子座，后包于内外颖两侧，呈黑绿色。一穗中仅几个或十几个颖壳变为稻曲病粒。病粒中心为菌丝组织密集构成的白色肉质块，其外围因产生厚垣孢子的菌丝成熟度不同，可分为三层：外层最早成熟，呈墨绿色或橄榄色；第二层为橙黄色；第三层为黄色。

3.病征

病粒初外包一层薄膜，渐变为绿色后龟裂，散布出黑绿色粉末，即病菌的厚垣孢子。

三、病原特征

病菌为稻绿核菌(*Ustilaginoidea virens*)，属子囊菌亚门真菌。分生孢子座表面墨绿色，内层橙黄色，中心白色。分生孢子表面有瘤突，近球形，灰绿色。菌核从分生孢子座生出，长椭圆形，黑色，在土表萌发产生子座，有长柄。头部外围生子囊壳，子囊壳瓶形，子囊无色，圆筒形，子囊孢子无色，单胞，线形。

四、发生规律

1.侵染循环

病菌以菌核在地面或以厚垣孢子在稻粒上越冬。翌年菌核萌发产生厚垣孢子，由厚垣孢子再生小孢子及子囊孢子进行初侵染。气温24~32℃病菌发育良好，26~28℃最适，低于

12℃或高于36℃不能生长，稻曲病侵染的时期有的学者认为在水稻孕穗至开花期侵染为主，有的认为厚垣孢子萌发侵入幼芽，随植株生长侵入花器为害，造成谷粒发病形成稻曲。

2.发病条件

(1) 气候条件　气候条件是影响稻曲病菌发育和侵染的重要因素。稻曲病菌在温度为24~32℃均能发育，以26~28℃最为适宜，34℃以上不能生长。同时，稻曲病菌的子囊孢子和分生孢子均借风雨侵入花器，因此影响稻曲病菌发育和侵染的气候因素以降雨为主，在水稻抽穗扬花期雨日、雨量偏多，田间湿度大，日照少一般发病较重。

(2) 寄主抗性　一般晚熟品种比早熟品种发病重；秆矮、穗大、叶片较宽而角度小，耐肥抗倒伏和适宜密植的品种，有利于稻曲病的发生。此外，颖壳表面粗糙无茸毛的品种发病重；抽穗速率慢、抽穗期长的品种发病时间也长，发病重。杂交稻重于常规稻品种，糯稻、优质稻、香稻、粳稻重于一般籼稻。

(3)栽培管理　栽培管理粗放，密度过大，灌水过深，排水不良，尤其在水稻颖花分泌期至始穗期，稻株生长茂盛，若氮肥施用过多，造成水稻贪青晚熟，剑叶含氮量偏多，会加重病情的发展，病穗病粒亦相应增多。

五、防治技术

1.抗病品种

根据水稻品种对稻曲病抗性差异明显，选择种植抗稻曲病的品种为防治稻曲病经济有效的措施。如水晶3号、东繁1号、金优77、Ⅱ优95、金优974、窄叶青、D优68、鄂宜105、牡粘3号、雪光、牡840、牡19、合江23等。重病田应尽量避免种植晚熟品种。避免在病田留种，尤其是重病田留种。

2.农业防治

加强栽培及肥水管理，针对各种品种，适时移栽，使水稻开花期与雨期、高温天气错开。选择合理的种植密度，改善田间小环境，增强通风透光能力，以降低发病率。改进施肥技术，施足基肥，早施追肥，慎用穗肥，采用配方施肥，适施保花肥，氮、磷、钾合理搭配，增强稻株抗病能力，切忌迟施、偏施氮肥。在水分管理上，浅水勤灌，宜干干湿湿灌溉，适时适度晒田，增强稻株根系活力，降低田间湿度，提高水稻的抗病性。

3.化学防治

(1)浸种　催芽时用2%福尔马林

或0.5%硫酸铜浸种3~5分钟，然后闷种12h，用清水冲洗催芽。

(2)喷雾　在大田防治中，波尔多液和硫酸铜液防效高于井冈霉素和多菌灵，但抽穗后使用硫酸铜液易发生药害。大田防治第一次在破口前8天左右，每亩用1:1:500的石灰倍量式波尔多液、晶体硫酸铜50克加水50公斤喷雾、86.2%氧化亚铜可湿性粉剂2000倍液、30%氧氯化铜悬浮剂300~400克/亩、30%碱式硫酸铜可湿性粉剂400~500倍液喷雾；第二次在始穗期用托上托（70%甲基硫菌灵可湿性粉剂)50克/亩或菌大夫（50%多菌灵可湿性粉剂)100克/亩或用5%井冈霉素150克加水50公斤、每亩用14%络氨铜水剂250克、50%琥胶肥酸铜可湿性粉剂100~150克，对水60~75升、40%禾枯灵可湿性粉剂60~75克/亩，对水60升、20%三苯基醋酸锡可湿性粉剂100克/亩，对水30公斤喷雾，还能兼治纹枯病，如兼防穗颈稻瘟病，可同时加入适量的三环唑或多菌灵等药剂。施用络氨铜时用药时间提前至抽穗前10天，进入破口期因稻穗部分暴露，易致颖壳变褐，孕穗末期用药则防效下降。

病害:条纹叶枯病

一、发生为害特点

1.病害分布及为害程度

分布在华东、云南、山东、北京、辽宁等地。

2.病害类型

由介体昆虫灰飞虱传播的病毒病。

3.难防指数 ★★★★

4.难防原因

(1)病毒病害，缺乏高效防治药剂；

(2) 毒源复杂，传毒昆虫灰飞虱难于控制；

(3)缺乏高抗品种，多数品种感病；

(4) 防治重视不够。

二、诊断要点

1.为害部位

全株性病害。

2.症状特点

苗期发病,心叶基部出现褪绿黄白斑,后扩展成与叶脉平行的黄色条纹,条纹间仍保持绿色。不同品种表现不一,糯、粳稻和高秆籼稻心叶黄白、柔软、卷曲下垂、成枯心状。矮秆籼稻不呈枯心状，出现黄绿相间条纹,分蘖减少,病株提早枯死。病毒病引起的枯心苗与三化螟为害造成的枯心苗相似,但无蛀孔,无虫粪,不易拔起，别于蝼蛄为害造成的枯心苗。分蘖期发病 先在心叶下一叶基部出现褪绿黄斑,后扩展形成不规则黄白色条斑,老叶不显病。籼稻品种不枯心,糯稻品种半数表现枯心。病株常枯孕穗或穗小畸形不实。拔节后发病 在剑叶下部出现黄绿色条纹,各类型稻均不枯心，但抽穗畸形，结实很少。

3.病征

无。

三、病原特征

病原为水稻条纹叶枯病毒(*Rice stipe virus*, *RSV*),属水稻条纹病毒组病毒。病毒粒子丝状,大小400纳米×8纳米,分散于细胞质、液泡和核内,或成颗粒状、砂状等不定形集块,即内含体，似有许多丝状体纠缠而成团。病叶汁液稀释限点1000~10000倍，钝化温度为55℃ 3分钟，零下20℃,体外保毒期(病稻)8个月。

四、发生规律

1.侵染循环

主要由灰飞虱传播。白背飞虱、白带飞虱和背条飞虱也能传播。2龄若虫在病株上吸毒24小时，部分若虫可获毒，在虫体中循回期一般为7天左右，在稻体内的潜育期为13~17天,毒虫接触健株30分钟即可致病。灰飞虱以3~4龄若虫越冬,晚稻收割后将移到田边杂草或沟埂上缝。翌年3月转至冬作物田间杂草，羽化后迁飞到早稻秧苗。带毒虫终身保毒并经卵传毒。自然寄主除水稻外,有小麦、玉米、谷子、狗尾草、看麦娘、马唐、画眉草。在华东地区一般麦田中发生的第1代虫是早稻的发病来源,6、7月份在早稻田内繁殖2、3代,引起水稻再次感染,早稻收割前后,第3代成虫又迁入连作晚稻秧田和本田,由于高温等原因,虫口急剧下降,对晚稻的侵染作用不大。

2.发病条件

水稻条纹叶枯病的发生与流行受耕作制度、品种抗病性、灰飞虱带毒虫量以及气候等因素的影响。

(1) 耕作制度 以麦类为前作的单季晚粳稻发病重,而油菜—稻或蚕豆—稻对病害有明显的抑制效应。耕作制度的改变和感病水稻品种的单一化大面积种植是近年来水稻条纹叶枯病在我国部分稻区多次暴发流行的主要原因,如我国江苏广泛的稻麦套种,为介体灰飞虱提供了极好的越冬场所和连续不断的食物来源,极大地增加了迁入稻田的带毒灰飞虱种群量。此外,该病发生程度还与水稻播种期和秧苗移栽期有关,一般早栽田发病均较重。

(2) 品种抗病性 一般糯稻发病重于晚粳,晚粳重于中粳,籼稻发病最轻。籼稻品种中,一般矮秆品种发病重于高秆品种,迟熟品种重于早熟品种。同一品种不同生育期中,幼苗期最感病,拔节后基本上不感病。

(3) 灰飞虱数量及带毒率 发病株率与灰飞虱发生量无显著相关性,而与灰飞虱的带毒率有显著相关性。由于灰飞虱发生量年度间变化很大,灰飞虱带毒率又随着流行年后时间的延长而逐渐递减,因而,发病率与带毒虫量间有极显著的相关性,即带毒虫量大,发病率高。

(4)气候条件 早春气温高,灰飞虱发育快, 成虫迁入秧田为害时间早,传毒天数延长,发病较重。早春气温低则发病较轻。气温高于30℃时对灰飞虱的生长发育不利,故在热带和亚热带高温区病害很少流行。

五、防治技术

坚持“预防为主,综合防治”的植保方针,采取“切断毒源,治虫防病”的防治策略,狠治灰飞虱,控制条纹叶枯病。

1.抗性品种

目前对条纹叶枯病抗性较好的粳稻和糯稻品种有:合系 12、农虎 6 号、盐粳 20、甬粳 31、粳稻 8169-33 等;杂优稻有:汕优 3 号、威优 6 号、D 优 527 和岗优725 等, 可因地制宜选用。此外,条纹叶枯病主要为害粳稻和糯稻,籼稻发病较轻,重病区可适当压缩粳稻和糯稻种植面积,扩种籼稻。

2.农业防治

加强健身栽培,如从肥水管理方面改善稻田生境,增强稻株的抗病虫

能力，抑制飞虱和病毒的孳生繁殖。选好秧田位置,避免安排在紧靠麦田和绿肥田的地方,防止灰飞虱就近迁入传毒为害。

3.化学防治

重点是抓好灰飞虱防治。稻麦轮作区可结合防治小麦穗期蚜虫,开展灰飞虱防治,清除田边、地头、沟旁杂草,减少初始传毒媒介。南方稻区主要是抓住两个关键时期,在秧田期防治第一代成虫、若虫是关键,本田期在第二代若虫、成虫期和第三代若虫期各施1~2次杀虫剂,可取得较好防效。防治灰飞虱的药剂很多,常用的有燕化毒吡(22%毒·吡乳油)、斯达速(480克/升毒死蜱乳油)噻嗪酮、锐劲特、异丙威、速灭威、混灭威等。

条纹叶枯病发生初期可用真洁,一瓶药剂对水喷施一亩地,或用抗毒丰(0.5%菇类蛋白多糖水剂)600~800倍液喷雾进行防治，或宁南霉素、施特灵、病毒必克等抗病毒剂,也有一定的效果。

病害:水稻细菌性条斑病

一、发生为害特点

1.病害分布及为害程度

水稻细菌性条斑病是一种世界性病害，在我国主要发生于南部稻区。发病后造成叶片早枯,一般水稻减产10%~20%，重则可达40%~60%,对我国南方杂交稻威胁较大。

2.病害类型

属风雨和种子的细菌性病害。

3.难防指数　★★★

4.难防原因

(1)流行性强,一旦发生,病情发展非常迅速;

(2) 品种抗性普遍较差;

(3) 群众防治意识较差，防治有效药剂有限。

二、诊断要点

1.为害部位

水稻细菌性条斑病主要为害叶片、叶鞘,在秧苗期即可出现典型的条斑型症状。

2.症状特点

病斑初呈暗绿色水渍状半透明小斑点，后逐渐沿叶脉方向扩展。扩展时受叶脉限制，病斑呈细线状或短虚线状，暗绿至黄褐色，大小约1毫米×10毫米。发病严重时，条斑融合成不规则的黄褐色至枯白色大斑块，对光观察，病斑呈半透明，水浸状。病害流行时，叶片卷曲，完全呈一片白色。病害严重时能引起稻株早期死亡或不能抽穗，即使能够抽穗结实，秕谷增多，千粒重降低。

3.病征

田间湿度大时，病部表面常分泌出许多露珠状的蜜黄色菌脓，密密集生，数量多且形小，干结后呈黄色树胶状小粒，呈鱼籽状。形如虚线，不易脱落。

三、病原特征

病原菌为稻生黄单胞菌条斑致病变种（*Xanthomonas oryzae* pv.*oryzicola*)，属黄单胞杆菌属细菌。菌体单生，短杆状，极生单鞭毛，革兰氏染色阴性，不形成芽孢荚膜，在肉汁胨琼脂培养基上菌落圆形，周边整齐，中部稍隆起，蜜黄色，生长适温28~30℃。该菌与水稻白叶枯病菌的致病性和表现性状虽有很大不同，但其遗传性及生理生化性状又十分相似。

四、发生规律

1.侵染循环

病菌主要在病谷和病稻草中越冬，成为翌年初次侵染源。带菌种子的调运是病害远距离传播的主要途径。病谷播种后，病菌侵染幼苗，移栽时又将病秧带入本田。如用病稻草催芽、覆盖秧板、扎秧把、堵塞涵洞或盖草棚等，病菌也会随水流入秧田或本田而引起发病。病菌主要通过风、雨、露等途径接触秧苗，从气孔或伤口，有时亦可从机动细胞处侵入，侵入后在气孔下室繁殖并在薄壁组织的细胞间扩展。叶脉对病菌扩展有阻挡作用，故在病部形成条斑。病斑上的菌脓可借风雨、雨露、水流等途径传播，进行多次再侵染。

2.发病条件

在有菌源存在的条件下，条斑病的发生与流行主要决定于寄主、病原和环境条件三者相互作用的结果。

(1) 寄主抗性　目前尚未发现对条斑病免疫的水稻品种，但品种间抗病性差异明显。杂交稻比常规稻易发病；糯稻比籼稻和粳稻明显抗病；小叶型品种较大叶型品种抗病。

(2)环境条件　病菌主要借雨水、

流水等传播,高温多雨、特别是台风暴雨频繁的年份易诱发本病。

(3) 栽培条件 一般情况下,深施、串灌、偏施和迟施氮肥,均会加重发病率。

水稻细条病在国内的发生流行可分为3个区域: ①华南流行区:即浙江、江西、湖南以南的籼稻区;②江淮流域适生偶发区:即江苏、安徽、湖北等沿江与淮河之间的单季籼稻区,尚未普发,只是在个别县零星发生;③北方未见病区:主要指黄河以北的单季粳稻区,至今未见有病害发生的报道。长江下游地区一般6月中旬至9月中旬最易流行。不同年份间流行程度的差异主要取决于此期的雨湿条件。

五、防治技术

1.加强植物检疫

严禁从病区调种、引种,防止病区扩大。加强产地检疫,轻病田的种子要单收、单存,严防与无病种子混杂,不准作种用;重病田生产的种子一律销毁。

2.推广使用抗病品种

不同品种的感病和损失程度不同,选育和推广具有中等抗性兼丰产性状的良好组合,可以有效减少发病的机会。籼稻品种中,抗病性较好的有:BJ1、IR26、DV85、特青2号、协优49、秀恢1号等;粳稻品种中,抗病性较好的有:武育粳2号、武育粳3号、武复粳、R917、农垦57、六优1号、泗稻4271和双晴等。另有报道, 花11以及金两优36、优86等品种也比较抗病。

3.农业防治

选择地势较高,排灌方便的田块作秧田,培育无病壮秧。加强栽培管理,做好排灌工作,避免风雨后造成涝害;严控发病稻田田水串流,以免病菌蔓延;提倡配方施肥,施肥要适时适量,氮、磷、钾搭配,施足基肥,早施追肥, 增施磷钾肥和有机肥料,防止过量、过迟施用氮肥,以提高植株抗病性。

3.化学防治

目前生产上使用的杀菌剂,对控制病害流行作用不大;药剂防治只能作为防病保产的辅助措施。

(1) 浸种 对带菌或可疑带菌的种子,应于播种前结合浸种进行种子处理, 方法可用0.1%盐酸水溶液浸种。也可先将种子用清水预浸12~24h, 再用85%强氯精300~500倍液浸种12~24小时,捞起洗净后催芽播种。

(2) 喷雾 秧苗在3叶期时统一用药,保护苗期不受侵染。大田孕穗期间喷药1~2次,对抑制病害有重要作用。目前常用的杀菌剂有:25%敌枯双、20%叶青双、10%叶枯净、中生菌素、农用链霉素等。始病期用药,防治效果可达80%左右。施药次数视病情发展决定,施药后如遇雨应补施。

虫害:稻纵卷叶螟

一、发生为害特点

1.虫害分布及为害程度

稻纵卷叶螟(*Cnaphalocrocis medinalis*)又名卷叶虫、刮青虫,属鳞翅目螟蛾科,是一种迁飞性害虫,在我国东北至海南岛,各稻区均有分布,尤以华南、长江中下游及黄淮稻区受害最为严重。一般发生田可减产10%~20%,严重时达30%以上。

2.难防指数 ★★★

3.难防原因

(1) 暴发性强,1年可发生4~5代,为害时期长;

(2)卷叶为害,加上害虫抗药性增强,群众在防治时往往错过防治适期;

(3) 当前推广品种抗性较差,大多水稻品种为矮秆品种,叶色浓绿,叶片宽,叶肉厚,这极利于成虫产卵和幼虫结苞为害。同时,株型矮,分蘖强,遮荫性好,田间湿度大,为稻纵卷叶螟发生又创造了良好的小气候条件,有利于害虫繁衍和为害。

二、诊断要点

1.为害部位

主要为害水稻叶部。

2.为害特点

初孵幼虫取食心叶,出现针头状小点,随虫龄增大,吐丝缀稻叶两边叶缘,纵卷叶片成圆筒状虫苞,幼虫藏身其内啃食叶肉,留下表皮呈白色条斑,造成白叶,致水稻千粒重下降,秕粒增加,造成减产。

三、形态特征

1. 成虫

雌成虫体长8~9毫米,翅展17毫米,体、翅黄褐色,前翅前缘暗褐

色，外缘具一暗褐色宽带，翅面上有3条黑褐色横线，内横线、外横线斜贯翅面，中横线短，后翅也有2条横线，内横线短，不达后缘。雄蛾体稍小，色泽较鲜艳，前、后翅斑纹与雌蛾相近，但前翅前缘中央具1个略凹下的黑色眼状纹，其上有暗黑色毛簇。后翅有黑色横线2条，外缘也有黑色横带。

2. 卵

卵长1毫米，宽0.5毫米，近椭圆形，扁平，中部稍隆起，表面具细网纹，初产时乳白色，后渐变浅黄色。

3.幼虫

5~7龄，多数5龄。末龄幼虫体长14~19毫米，头褐色，体黄绿色至绿色，老熟时为橘红色，中、后胸背面具8个明显的小黑圈，前排6个，后排2个。

4. 蛹

长7~10毫米，圆筒形，体色初为浅黄色，后变为红棕色至褐色，腹部第5节至7节近前缘处，有一黑色细横隆起线，末端尖削，具钩刺8个。

四、发生规律

东北年发生1~2代，河南年发生4~5代，湖南、江西、浙江年发生5~6代，广东、广西、福建年发生6~8代，海南年发生9~11代。南岭以南以蛹和幼虫在再生稻、稻桩及李氏禾、双穗雀麦等禾本科杂草上越冬，南岭以北有零星蛹越冬。在我国北纬30度以北地区，任何虫态不能越冬。该虫有远距离迁飞习性，每年春季，成虫随由南向北而来的季风，随气流下沉和雨水拖带，成为非越冬地区的初始虫源。秋季，成虫随季风回迁到南方进行繁殖，以幼虫和蛹越冬。生产上以2、3代发生为害重。

成虫白天在稻田里栖息，夜晚活动、交配，把卵产在稻叶的正面或背面。成虫有趋光性和趋向嫩绿稻田产卵的习性，喜吸食蚜虫分泌的蜜露和花蜜。幼虫活泼，剥开虫苞查虫时，迅速向后退缩或翻落地面。老熟幼虫多爬至稻丛基部，在无效分蘖的小叶或枯黄叶片上吐丝结成紧密的小苞，在苞内化蛹，蛹多在叶鞘处或位于株间或地表枯叶薄茧中。

2.发生条件

该虫喜温暖、高湿。气温22~28℃，相对湿度高于80%利于成虫卵巢发育、交配、产卵和卵的孵化及初孵幼虫的存活，30℃以上或相对湿度70%以下，则不利于它的生长。6~9月雨日多，湿度大时有利于其发生，田间灌水过深，施氮肥偏晚或过多,引起水稻徒长,为害重。

品种叶色会影响稻纵卷叶螟的发生，稻纵卷叶螟有趋绿的特性,因此叶色嫩绿的品种一般发生较重。凡叶片厚硬,主脉坚实的品种,低龄幼虫卷叶困难则为害轻。一般粳稻比籼稻受害重,矮秆品种比高秆品种受害重，阔叶品种比窄叶品种受害重,优质稻比普通稻受害重。

田间种植过密,灌水过深,施氮肥偏晚或过多,引起水稻徒长,为害重。

天敌对其数量的抑制,常有重要的作用。卵期以稻螟赤眼蜂和拟澳洲赤眼蜂寄生为主,寄生率可高达80%以上,幼虫期有稻纵卷叶螟绒茧蜂等多种寄生蜂。捕食性天敌中多种蜘蛛、步甲、隐翅虫等,都能控制其种群数量。

五、防治技术

1.抗性品种

目前对抗虫品种报道很少,一般叶片厚硬、较窄的品种抗性较好。重发生区可根据当地情况进行调查和筛选，找出适合当地的丰产抗虫品种。

2.农业防治

(1) *合理施肥* 在水稻田间管理上需做到足施基肥,早施追肥,配施磷、钾肥,避免偏施、重施氮肥。提倡用有机肥或复合肥或新型腐殖酸复混肥作底肥，追肥要尽可能早施,不能过迟或偏施单一氮肥,使水稻生长发育健壮,防止前期猛发旺长,后期贪青迟熟。

(2)*合理灌溉* 适时灌水,做到浅水分蘖,苗够晒田,深水孕穗,干湿壮籽,以水调肥,促控结合,满足水稻各生育期的要求。一般保水返青后,在分蘖期浅灌，分蘖末期及时晒田,减少无效分蘖的发生，后期干干湿湿，控制稻苗正常生长，叶片挺直而硬，植株色泽适度变淡,以减少其产卵数量和不利于幼虫取食,使植株健壮提高抗虫害的能力。

3.化学防治

一般在分蘖期采用的防治指标较宽,穗期稍窄,穗期有效虫量20头/100丛,分蘖期40头/100丛;同时防治适期以幼虫盛孵期或3龄、4龄幼虫高峰期为宜 (以往一般掌握在2龄幼虫高峰期，但此时为寄生蜂高峰期,不利于保益控害)。可用药剂及用量为：虫寂 (2%阿维菌素乳油)70~120毫升/亩、锐鹰 (阿维菌素+毒死

蜱)、斯达速(480克/升毒死蜱乳油)80~100毫升/亩、雷通(24%甲氧虫酰肼悬浮剂)14~21毫升/亩、80%杀虫单粉剂35~40克/亩、5%氟虫腈胶悬剂20毫升/亩、10%吡虫啉可湿性粉剂10~30克/亩，对水60公斤；或用90%晶体敌百虫600倍液喷雾；也可泼浇50%杀螟松乳油100毫升对水400公斤。此外,也可于2~3龄幼虫高峰期，用10%吡虫啉10~20克/亩与80%杀虫单40克/亩混配，主防稻纵卷叶螟,兼治稻飞虱。对于抗性卷叶螟,可使用全铲,一般发生时,50~60毫升/亩,严重时,100毫升/亩。

4. 生物防治

在稻纵卷叶螟产卵始盛至高峰期分期分批释放赤眼蜂,每次3万~4万头/亩,每3天1次,连续3次。也可施用生物农药杀螟杆菌、青虫菌或苏云金杆菌菌剂 (100亿以上孢子/克) 200克/亩,对水75公斤喷雾。

虫害:稻飞虱

一、发生为害特点

1.虫害分布及为害程度

稻飞虱是水稻主要害虫,以褐飞虱(*Nilaparvata lugens*)、白背飞虱(*Sogatella furcifera*) 和灰飞虱(*Laodelphax striatellus*) 最为常见。褐飞虱为南方型种类,在长江流域以南各省发生较重；白背飞虱比褐飞虱分布更为广泛,但仍以长江流域为主;灰飞虱全国均有分布,但以华东、华中、华北、西南等地发生较重。

褐飞虱和白背飞虱是迁飞性害虫,具有远距离迁飞及群集为害水稻的特点。近年已成为我国各地水稻产区的重要害虫之一,发生频次以及所造成的损失极为突出。有些地块百株虫量达到数万头,对水稻生产危害很大。

2.难防指数 ★★★★

3.难防原因

(1)台风频繁,许多稻区“盛夏不热、晚秋不凉”以及秋旱的气候十分有利于稻飞虱的大暴发。

(2)稻区种植结构复杂,单双季

稻混栽面积大,同一地区水稻栽插期不一致;优质稻面积大,重氮肥轻钾肥,这种种植结构和管理方式上的不合理对稻飞虱发生有利。

(3)长期连续使用三唑磷、甲胺磷和菊酯类农药来防治水稻害虫,刺激了稻飞虱产卵,导致稻飞虱短期内迅速再猖獗;同时吡虫啉的长期和增大剂量连续使用,导致稻飞虱产生了较强的抗药性。

(4)防治技术不到位。如往往错过了防治关键时期、选择的药剂不对路、施药部位不正确、用水量不足,造成田间防治质量低,防治效果差,加重了稻飞虱的发生为害。

二、诊断要点

1.为害部位

为害方式有直接为害和间接为害两种。稻飞虱直接为害是由于其通常寄居在水稻茎基部或穗部,以成、若虫刺吸水稻汁液为害。另外,由于稻飞虱还可以传播条纹叶枯病等一些病毒,引起条纹叶枯病的流行。

2.症状特点

稻飞虱主要通过其刺吸性口器,吸取水稻汁液为害,严重时导致水稻下部叶片枯萎黄、成团枯死。在水稻孕穗期,为害严重时表现为不出穗;在水稻灌浆期,则造成千粒重减轻,瘪谷率增加,严重减产或枯死。

三、形态特征

1. 白背飞虱

成虫有长翅型和短翅型两种。长翅型成虫体长4~5毫米,灰黄色,头顶较狭,突出在复眼前方,颜面部有3条凸起纵脊,脊色淡,沟色深,黑白分明,胸背小盾板中央长有一五角形的白色或蓝白色斑,雌虫的两侧为暗褐色或灰褐色,而雄虫则为黑色,并在前端相连,翅半透明,两翅会合线中央有一黑斑;短翅型雌虫体长约4毫米,灰黄色至淡黄色、翅短,仅及腹部的一半。卵尖辣椒形,细瘦,微弯曲,长约0.8毫米,初产时乳白色,后变淡黄色,并出现2个红色眼点。卵产于叶鞘、中肋等处组织中,卵粒单行排列成块,卵帽不外露。若虫近梭形长约2.7毫米,初孵时乳白色,有灰斑,后呈淡黄色,体背有灰褐色或灰青色斑纹。

2.褐飞虱

成虫有长翅型和短翅型两种。长翅型体长4~5毫米,黄褐、黑褐色,有油状光泽,颜面部有3条凸起的纵

脊，中脊不间断，雌虫腹部较长，末端呈圆锥形，雄虫腹部较短而瘦，末端近似喇叭筒状。短翅型成虫翅短，余均似长翅型。卵产于稻株叶鞘组织中，卵帽外露，2~3 粒至 20 粒为一卵块；卵块中卵粒前端单行排列，后端挤成双行，卵粒细长，微弯曲，若虫有 5 个龄期，形均似成虫。1 龄灰白色，2 龄淡黄褐色，无翅芽，后胸后缘平直，腹背面中央均有一淡色粗“T”形斑纹；3 龄体褐至黑褐色，翅芽显现，第 3 节背上各出现一对白色蜡粉的三角形斑纹，似 2 条白色横线。4~5 龄时体斑纹均似 3 龄，但体形增大，斑纹更明显，与短翅型成虫的区别是短翅型左右翅靠近，翅端圆，翅斑明显，腹背无白色横条纹。

3.灰飞虱

成虫有长、短两种翅型。长翅型连翅长雄虫为 3.5 毫米，雌虫约 4 毫米；短翅型雄虫长 2.3 毫米，雌虫长 2.5 毫米，均较褐飞虱略小。成虫额、颊黑色。雌虫头顶、前胸背板黄色，中胸背板淡黄色，两侧暗褐色，在整体上可见头胸部背面有黄色或淡黄色纵带；雄虫仅头顶、前胸背板黄色，中胸背板深黑色。卵长椭圆形，稍弯曲，前端细于后端。若虫 5 龄，胸背面沿正中有纵行浅色部分，后端与腹部背面中央浅色的中纵线相连，腹部第四、五节有“八”字形浅色斑纹，附近有一个较周围色浅的区域，腹部各节分界明显，腹节间有白色的细环圈，落水若虫后足向后伸呈“八”字形。

四、发生规律

1. 灰飞虱

在北方稻区一年发生 4~5 代，长江流域稻区发生 5~6 代，田间世代重叠。以 3~4 龄虫在麦田、紫云英或沟边杂草上越冬。在稻田出现远比褐飞虱、白背飞虱早。华北稻区越冬若虫 4 月中旬至 5 月中旬羽化，在迟嫩麦田繁殖 1 代后迁入水稻秧田和直播本田、早栽本田或玉米地，6~7 月份大量迁入本田为害，至 9 月初水稻抽穗期至乳熟期第四代若虫数量最大，为害最重；南方稻区越冬若虫 3 月中旬至 4 月中旬羽化，以 5~6 月份早稻中期发生较多。灰飞虱有较强的耐寒能力，但对高温适应性差，生长发育最适温度为 23℃，超过 30℃，发育速率延缓、死亡率高、成虫寿命缩短。卵历期最短 5~7 天，若虫期 13~16 天，雌虫产卵前期 4~8 天。雌虫一般产卵数十粒，越冬代较多，可达 500 余粒。卵产于植株组织中，喜在生长嫩绿、高大茂密的植株上产卵，每一卵块多含5~6粒卵。天敌对该虫的发生有较大的抑制作用。另外，灰飞虱还有趋光、趋嫩绿和趋边行的习性。

2.褐飞虱

一年发生数代，有明显的世代重叠现象，不同地区随气温上升而增加，能以各种虫态在再生稻上过冬。成虫喜欢荫蔽、潮湿的环境，有趋光、趋嫩绿、趋密和迁飞的习性。成虫、若虫常群集在稻丛下部活动，在茎基部刺吸汁液，受害处呈褐色斑点，严重时全蔸枯死，甚至大面积倒伏，损失极为严重。早、晚稻孕穗后期至抽穗扬花期是褐飞虱为害最严重的时期。褐飞虱一般在稻丛下部未发黄的叶鞘内产卵，虫口密度高时，也有产在叶片基部的中肋内，晚稻乳熟期后，也有将卵产入嫩的穗颈部。其成虫产卵量极大，一般每雌产卵量达400~800多粒。褐飞虱生长的最适温度为20~30℃，相对湿度在80%以上，故夏秋多雨、盛夏不热、晚秋不凉的年份常易暴发褐飞虱为害。高温干旱可抑制它的生长发育。

3.白背飞虱

发生于水稻生育的中后期，不能在北方越冬，为迁飞性害虫。常于每年7月中旬前后随副热带高压气流从南方陆续迁飞而来，田间发生和为害盛期为7月下旬、8月中旬，白背飞虱的食性较广，直接刺吸为害，减产较为严重。白背飞虱成虫趋光性强，喜在稻丛下部叶鞘及嫩茎组织内产卵。长翅型雌成虫可产卵300~400粒，短翅型产卵量约高20%。少数产卵于叶片基部中脉内，产卵痕开裂。白背飞虱对温度适应幅度较褐飞虱宽，能在15~30℃下正常生存。要求相对湿度80%~90%。初夏多雨、盛夏长期干旱，易引起大发生。天敌类群与褐飞虱相似。

五、防治技术

1.抗性品种

充分利用国内外水稻品种的抗虫基因，选择对稻飞虱具有较强抗性的杂交稻组合和常规稻品种，并因地制宜推广种植。

2.农业防治

(1)消灭越冬虫源，及时拔除田间地头稗草和杂草，以利于控制稻飞虱的发生和发展。

(2)加强田间肥水管理，合理密植，根据水稻生长需肥规律，平衡施

用氮、磷、钾等肥料，并适时露田，避免长期浸水，增强稻株抗性。

3.化学防治

达到防治指标的稻田可用燕化毒吡（22%毒·吡乳油）800~1000倍液、克螟特（480克/升毒死蜱乳油）1500~2000倍液、10%吡虫啉可湿性粉剂1500倍液、50%杀螟松乳油1000倍液、20%扑虱灵乳油2000倍液等进行喷洒，在药液中加0.2%中性洗衣粉可提高防效。也可用蚜虱毕克，预防时期1瓶药剂4~5亩地，大发生时1瓶药剂3亩地，一般在稻飞虱大发生前一代，若虫高峰期施药，可有效控制稻飞虱大发生世代为害。对吡虫啉产生抗性的地区应大力推广阿克泰、噻嗪酮、啶虫脒等防治新药剂。喷药时间严格掌握在小若虫初盛期至高峰期的上午10时之前或下午15时以后，保证用药安全。还要注意喷雾时，宜将药均匀喷洒在稻丛茎部，特别是茎基部。为延缓飞虱抗药性的产生，做到噻嗪酮、阿克泰、吡虫啉、叶蝉散等交替使用，配合使用。同时，要控制稻田有机磷及菊酯类农药的使用。

4.其他措施

（1）物理防治　利用稻飞虱的趋光性和趋绿性等，在稻田内设置黑光灯、频振式杀虫灯来诱杀害虫，既起到控制基数、减轻化防压力，又起到减少环境污染、保护利用天敌、恢复稻田生态平衡的作用。

（2）生物防治　保护天敌，如青蛙、稻田蜘蛛、黑肩绿盲蝽和多种缨小蜂等。早熟水稻收获后，可于田中散布草把，然后灌浅水，逼蜘蛛上草，人工助迁到迟熟水稻田内，能有效控制稻飞虱的种群数量。湖北推广利用田埂种豆和稻鸭共栖模式对飞虱防治效果很好。

草害：稗草

一、发生为害特点

1.草害分布及为害程度

稗草是一年生禾本科稗属植物的总称。别名芒早稗、水田草、水稗草等。目前全世界已发现约有15种稗草。我国各地均有分布。主要为害水稻、小麦、玉米、谷子、大豆、蔬菜、果树等农作物。各地水稻田发生的稗草主要有旱稗、稗、长芒野稗等。

2.难防指数 ★★★★

3.难防原因

① 世界性恶性杂草;

② 种子繁殖量大,生命力顽强;

③ 单一除草剂品种的长期使用,产生抗性稗草。

二、诊断要点

在稻田识别稗草主要也是从形态着手,秆丛生,基部膝曲或直立,叶片条形,无毛;叶鞘光滑无叶舌。圆锥花序稍开展,直立或弯曲;总状花序常有分枝,斜上或贴生;颖果米黄色卵形。种子卵状,椭圆形,黄褐色。

三、形态特征

秆丛生,基部膝曲或直立,株高50~130厘米。叶片条形,无毛;叶鞘光滑无叶舌。圆锥花序稍开展,直立或弯曲;总状花序常有分枝,斜上或贴生;小穗有2个卵圆形的花,长约3毫米,具硬疣毛,密集在穗轴的一侧;颖有3~5脉;第一外稃有5~7脉,先端具5~30毫米的芒;第二外稃先端具小尖头,粗糙,边缘卷。颖果米黄色卵形。种子繁殖。种子卵状,椭圆形,黄褐色。

四、发生规律

1 为害规律

东北、华北稗草于4月下旬开始出苗,生长到8月中旬,一般在7月上旬开始抽穗开花,生育期76~130天。在上海地区5月上、中旬出现一个发生高峰,9月还可出现一个发生高峰。

2.发生条件

生于湿地或水中,是沟渠和水田及其四周较常见的杂草。平均气温12℃以上即能萌发。最适发芽温度为25~35℃,10℃以下、45℃以上不能发芽,土壤湿润,无水层时,发芽率最高。土深8厘米以上的稗籽不发芽,可进行两次休眠。在旱作土层中出苗深度为0~9厘米,0~3厘米出苗率较高。

五、防治技术

1.农业防治

(1) 实行轮作 即对有稗草的水稻田实行水旱轮作,减少稗草的发

生,或实行改水稻直播为移栽、抛秧,在芽前防除抗性稗草。

(2) 实行免耕 使上季的稗草尽量萌发,然后用杀草机理不同的除草剂防除,减少土壤抗性稗草种子的总数量。

2.化学防治

(1)亨达稗帝(50%二氯喹啉酸可湿性粉剂):在秧田、直播田于秧苗2叶1心期后即可施药,30~50克/亩,对水50千克均匀喷雾处理。抛秧田、移栽大田于栽后5~7天秧苗活棵返青时用本品30~50克/亩对水喷雾。

注意事项:①施药前先排干田水,保持田中湿润,以利药液直接接触稗草茎叶,药后1~2天恢复灌水并保持3~5厘米的浅水层5~7天。②秧苗2叶期间禁止施药。③本品对茄科、伞形花科、葫芦科、豆科、锦葵科、藜科、旋花科等作物敏感,施药时应注意飘移。

(2)二氯喹啉酸:插秧田稗草1~7叶期均可施用,每亩用13.5~26克有效成分,喷雾,药前将水排干,药后放水回田,保持3~5厘米水层。直播田,秧苗2~5叶期以后施药。

注意事项:①土壤中残留量较大,对后茬易产生药害,后茬可种水稻、玉米、高粱。②茄科(烟草、马铃薯、辣椒等)、伞形花科(胡萝卜、芹菜)、藜科(菠菜、甜菜)锦葵科、葫芦科(各种瓜类)、豆科、菊科、旋花科作物对该药敏感。③可与杀草丹、苄嘧磺隆、敌稗等混用。

3.其他防治措施

有报道:用麦根腐平脐蠕孢和薏苡平脐蠕孢防治稻田稗草;尖角突脐孢菌与化学除草剂混用对稻田稗草有较好的防治效果。

草害:莎草

一、发生为害特点

1.草害分布及为害程度

为害稻田的莎草主要有异型莎草和水莎草。异型莎草又名球花碱草,分布于我国各稻区,尤以低洼保水的田块发生较多。由于生长期短,生长迅速,发生严重的田块往往高出水稻,构成单一群落,造成减产。水莎草别名三棱草,产温带地区,我国各稻区均有分布。20 世纪 90 年代以来,随着栽培制度的不断改变,水直播稻面积逐年扩大,一般稻田病草率为 10%~30%,严重稻田甚至超过 50%。

3.难防指数 ★★★★

3.难防原因

(1) 水莎草为多年生草本,可通过根状茎、种子进行防除,一旦发生很难根除;

(2) 杂草竞争力强,为害严重;

(3) 杂草发生期早,与水稻共生期长。

二、诊断要点

稻田诊断主要依据杂草形态特征。

三、形态特征

异型莎草秆丛生,株高 2~65 厘米,扁三棱状,叶基生线形,先端渐尖,长 4~30 厘米,宽 1~4.5 毫米,叶鞘紫绿色,伞形花序,苞叶 2~3 片,具 3~8 个不等伞柄,顶端着生多数小穗。小穗长圆形,黄褐色,具红棕色膜质鳞片。雄蕊 1~2 个,柱头 3 裂。每株可产生数万至数十万小坚果。坚果三棱状倒卵形,浅黄色。靠种子繁殖。

水莎草为一年生或多年生草本,有或无根状茎。茎秆散生或丛生,直立,下部生叶、叶线形,先端渐尖,具叶鞘而不具叶舌,苞片叶状。花序为长侧枝聚伞形,简单或复出。小穗排列为穗状或头状花穗;小穗轴宿存。鳞片两行排列,脱落,无尖头,最下 2 片中空,其余各具 1 朵两性花;无下位刚毛或鳞片状花被;雄蕊 2~3 枚,花药长圆状线形;花柱基部紧接于小坚果,不膨大,脱落;柱头 2 稀 3 个。小坚果平凸状、双凸状或凹凸状,腹扁,面向小穗轴。

四、发生规律

1.为害特点

异型莎草为典型的水生杂草,休眠易解除,但由于部分种子未完成后熟作用,因而休眠期不整齐,最长可达 2~3 个月。生活周期较短,从种子到种子,一般 2~3 个月即可完成,长江流域,5 月上旬虽有发生,但高峰期在 6~7 月,从 6 月到 10 月均可开花结实。通常水稻栽插后 2 天出苗,5 天进入盛期,10 天进入高峰;3 叶后开

始分蘖,5 叶进入分蘖盛期，种子借风、水传播,落入表土层中。水莎草种子具休眠期,种皮坚硬,休眠不易打破,田间实生苗极少见。地下块茎无休眠期,在生长季节将新形成的块茎切断,条件适宜,即可萌发。块茎萌发温度范围较宽,起点温度为 10℃左右,3 月中下旬即开始萌发,最适温度20~30℃之间,5~6 月是其发生高峰,35~40℃仍可出芽,但受到抑制。稻田如在水稻封行前不能高出水稻,生长则受到明显抑制,分株萎缩,停止生长,如封行前高于水稻,则株高始终超过水稻。8 月下旬以后开花结实。

2.发生条件

异型莎草种子的发芽条件要求较严格，种子萌发的起点温度为15℃,但高温、变温有利于萌发。以30~40℃变温状态最有利于萌发。另外,萌发需要较高的水分,在淹水及饱水的条件下才能发生,湿润及干燥均不萌发。萌发还需要光照,土表的种子易于萌发,埋土的种子只有在耕翻见光后才能萌发,在日夜光周期的条件下萌发最好。出芽的深度仅有0.5 厘米，在 1 厘米以下的土层中不会萌发,但深层的种子因被迫环境休眠可保持数年的发芽力。在干湿的田块,异型莎草株高一般不到 20 厘米，而在水肥充足的稻田，株高可达 80~100 厘米以上。

水莎草是典型的湿生杂草。水莎草块茎的出土深度与土壤湿度有关，块茎萌发的适宜湿度为土壤含水量30%~40%，在低湿的旱田中,10~15厘米土层下均可出苗;而在土壤水分饱和或超饱和的稻田中,如水层及土壤含水量低于 10%的条件下 5 厘米以下则未见出苗,这是因为块茎的萌发需要充足的氧气供应。以土质疏松、持水量中等、渗透性较好的沙土、砂壤土分布较多,又以连作稻田为害较重。

五、防治技术

1.农业防治

(1)要抓好种子质量关,精选稻种,清除混杂在稻种中的一些杂草种子;

(2)精耕细作,减少杂草种子残留;

(3)深翻土壤,深埋杂草种子。

2.化学防治

化学防除应把握运用土壤封闭处理,抓住播前、播后苗前有利时机。

(1)直播稻田　在水稻播种后 2~

3天，亩用40%丙·苄WP 60克，或30%丙·苄WP 80克，加水30~50千克均匀喷雾。药后3天内保持田面成湿润状态，田块须保持平整，不能板结，3天后恢复正常田间管理。(注意：稻种必须浸种催芽后播种)。

(2)抛秧稻田 ①秧盘化学除草。亩用40%丙·苄WP 60克在播后2~3天均匀喷雾。稻种必须浸种催芽后播种，施药时注意有平沟水，土表有水膜，3天后恢复正常管理。②抛秧稻大田化除。可在抛秧后3~5天亩用53%苯噻·苄WP或稻翠(50%吡嘧·苯噻酰可湿性粉剂)50~60克拌细土或化肥均匀撒施，施药时田间应有3~5厘米浅水层，注意水层不能没过水稻心叶，保水5~7天后正常管理。

(3)移栽稻田 ①秧田。经催芽落谷后2~3天 亩用40%丙·苄WP 60克 或30%丙·苄WP 80克加水30~50千克均匀喷雾，用药时秧板保持湿润状态，沟内有水，并开好平水缺口。②移栽大田。秧苗移栽后3~5天 亩用53%苯噻·苄WP或稻翠(50%吡嘧·苯噻酰可湿性粉剂)50~60克，拌细土或化肥均匀撒施，施药时田间要有3~5厘米水层，保水5~7天后正常管理，注意水层不能淹过秧苗心叶。

(4)补除 通过以上化除措施后，如后期仍有一定量杂草，可用2.5%五氟磺草胺乳油悬浮剂40~60毫升/亩，加水40千克均匀喷施。

草害：千金子

一、发生为害特点

1.草害分布及为害程度

千金子为禾本科千金子属杂草，别名小巴豆、续随子。在我国多分布于黄河流域以南，如华东、华中、华南、西南及陕西等地。主要生于水田、低湿旱田及地边，以排水良好的砂质壤土发生较多。发生量大，为害重，主要为害水稻、豆类、棉花等多种作物，是为害水稻的恶性杂草之一。一般田块平均有千金子0.6株/平方米，个别严重田块达15.4株/平方米。

2.难防指数 ★★★

3.难防原因

(1)种子繁殖率高,生产上通常错过压基的关键时期;

(2)连年免少耕,导致种子集中于表层;

(3) 水稻三叶期后的用水不适宜,可能导致出现高峰期;

(4)某些除草剂对千金子效果不佳,导致数量增加过快。

二、诊断要点

幼苗第一片真叶长椭圆形, 具7条直出平行脉; 叶舌白色膜质环状,顶端齿裂;叶鞘短,叶缘薄膜质,叶脉7条;叶片、叶鞘均被极细短毛。植株折断有乳汁流出,全株被白粉。

三、形态特征

有乳汁,全株被白粉。根须状,秆丛生,直立,基部膝曲或倾斜,着土后节上易生不定根, 高30~90厘米,平滑无毛。叶鞘无毛,多短于节间,叶舌膜质,长0.1~0.2厘米,撕裂状,有小纤毛。叶片扁平或多少卷折,先端渐尖,长5~25厘米,宽0.2~0.6厘米。圆锥花序长椭圆形,长10~30vm,分枝细长,多数,长2~9厘米,小穗多带紫色,长0.2~0.4厘米,具3~7小花,无柄,呈两行着生于穗轴的1侧。颖果长圆形,长约0.1厘米。种子椭圆形或卵圆形,长3~4毫米,直径2~4毫米。表面灰棕色,有网状皱纹,皱纹凹下部灰黑色,形成细斑点,一侧具有沟状种脊, 顶端有圆形微突起的合点,基部有类白色突起的种脊。 幼苗淡绿色;第一叶长2~2.5毫米,椭圆形,有明显的叶脉, 第二叶长5~6毫米;7~8叶出现分蘖和匍匐茎及不定根。

四、发生规律

1. 为害规律

休眠与萌发 种子休眠期2~3个月,田间5月萌发较少,6月中下旬至7月上旬为萌发高峰,发生期长,9~10月仍有发生。千金子于8月11日抽穗结实,穗期较长,稻田田间以8月下旬为开花盛期,9月上旬为结实盛期,成熟的种子在水稻收割前即已脱落土中。

2.发生条件

萌发温度需15℃以上,最适温度20~25℃。种子萌发湿度要求较宽,土壤湿润至饱和均可萌发,以土壤持水量20%~30%为最适宜,即使是薄的水层亦能抑制萌发,在低湿旱田及排水良好的稻田大量发生。 种子出土深度较浅, 一般均在土层1~2厘米之间。千金子在湿润条件下生长良好，浸水及干燥均抑制其生长。千金子属阳生杂草，生长发育需较强的光照，与水稻的相对高度以1.2~1.3生长最好，前期发生的千金子为害严重，往往构成单一群落或与稗草共同构成群落。较稗草耐干旱，耐盐碱。

五、防治技术

1.农业防治

(1)压基　千金子繁殖率高，因此必须加强稻田中后期千金子的人工去除。

(2)水控　千金子的化学防除必须与灌溉技术相协调，科学合理的水管理是提高化学防除效果和有效控制中后期千金子发生的关键。直播稻田的水管技术应做到：播种后湿润灌溉，三叶期后灌浅水，六叶期后当苗数发足300苗/平方米左右时开始多次轻搁，剑叶露尖后开始灌活水，齐穗后实行间歇搁田。对千金子而言，最为关键的是水稻三叶期后应及时灌上浅水。

2.化学防治

(1)直播稻田　①播前处理。在播种前3天整好田板，灌上浅层水，采用12%噁草灵WS 2.25升/公顷直接甩施，或用35%丁·苄WP(丁草胺加苄磺隆) 1.5升/公顷或60%丁草胺EC 1.5升/公顷，加水600千克喷施(或拌细土撒施)。施药后3天排水落谷。②播后处理。播种当天每公顷用35%丁·苄2.25千克、播后6天用35%丁·苄2.25升或30%丙草胺EC 1.5升，在田板湿润状态下，加水600千克喷施；或在播后15天每公顷采用35%丁·苄2.25千克或10%吡嘧磺隆WP 225克加水600千克，在浅水状态下（以水淹千金子植株为度）喷施。

(2)移栽稻田　在水稻移栽后5~7天，每公顷应用35%丁苄225千克或12%噁草灵2.25升，或60%丁草胺1.5升，或10%吡嘧磺隆225克，或亨达稻禾老（50%苯噻酰草胺可湿性粉剂)70~80克/亩拌细土或尿素适量均匀撒施，药后保水5天以上。

草害:李氏禾

一、发生为害特点

1.草害分布及为害程度

禾本科假稻属植物，又名秕壳草、游草、假稻，为多年生草本植物。产于广西、广东、海南、台湾、福建。生于河沟、田岸水边湿地。近年来，各水稻种植区均有不同程度的发生。稻田李氏禾密度为80株/平方米时水稻减产60%~80%，若100株/平方米以上，则水稻减产90%左右，甚至可导致绝产。

2.难防指数 ★★★

3.难防原因

(1)多年生，具发达匍匐茎和细瘦根状茎，一旦大发生，很难控制；

(2)种子的成熟早于水稻，大量种子遗落田间；

(3)种子可借风力或随水传播。而根茎则可通过耕作在稻田蔓延。

二、诊断要点

通过形态特征进行田间诊断。稻李氏禾是多年生草本，具有地下横走根茎和匍匐茎，秆基部倾斜或伏地，叶披针形，叶背有刺毛，茎节有毛，花序圆锥状。

三、形态特征

多年生，具发达匍匐茎和细瘦根状茎。秆倾卧地面并于节处生根，直立部分高40~50厘米，节部膨大且密被倒生微毛。叶鞘短于节间，多平滑；叶舌长1~2毫米，基部两侧下延与叶鞘边缘相愈合成鞘边；叶片披针形，长5~12厘米，宽3~6毫米，粗糙，质硬有时卷折。圆锥花序开展，长5~10厘米，分枝较细，直升，不具小枝，长4~5厘米，具角棱；小穗长3.54毫米，宽约1.5毫米，具长约0.5毫米的短柄；颖不存在；外稃5脉，脊与边缘具刺状纤毛，两侧具微刺毛；内稃与外稃等长，较窄，具3脉；脊生刺状纤毛；雄蕊6枚，花药长2~2.5毫米。颖果长约2.5毫米。

四、发生规律

1. 为害规律

稻李氏禾以根茎和种子繁殖。种子和根茎发芽，气温需要稳定至12℃,一般在5月中、下旬出苗,6月上旬抽穗、开花,8月上旬至9月上旬颖果成熟，稻李氏禾繁殖能力较强,大约每株可生8~14个蘖，每穗可结150~250粒种子，在水稻直播田与水稻种子同时发芽出土,进入4叶期后株高迅速超过水稻，可单独形成群落。李氏禾种子成熟早于水稻,在水稻收割前全部落光。种子可借风力或随水传播。而根茎则可通过耕作在稻田蔓延。

2.发生条件

通常生于河边、湖边，属湿生杂草。生长发育因耕作制度、农事操作时间不同而略有差异 再生苗在5月上中旬发生，种子在5月底发生。生长期的生长速度较慢,随着气温的上升迅速生长。

五、防治技术

1.农业防治

(1) 及时秋翻 发生稻李氏禾的地块应进行秋翻,将地下根茎翻到地面,经过一冬冻死,干死,减少第二年的来源。

(2)春季打捞 早春灌水整地后，稻李氏禾的种子和地下根茎漂浮在水面集中的池角,应及时打捞出并处理。

2.化学防治

(1) 直播田防除 水稻直播田采用10%农美利悬浮剂防效比较显著。在稗草3~5叶期应用,每亩用量为20毫升,加展着剂20毫升,现配现用,对水16.7升均匀喷雾。喷药时撤浅水使杂草充分露出水面,喷药后1~2天正常灌水，农美利除防治稻李氏禾外,对已发生的稗草、雨久花、慈姑、泽泻、眼子菜、三棱草等均有好的防效。

(2)插秧田防除 插秧田应采用:①威农2次封闭除草。水稻插秧返青后第一次用药可与杀稗剂混用,每亩用量为30%威农10克，第二次在间隔10~15天,每亩用30%威农10克。采用毒土法,田面水层3~5厘米保持3~5天。②亨达稗帝(50%二氯喹啉酸可湿性粉剂)。该产品对稻李氏禾有一定的防效和抑制作用。采用毒土法,用量为30~50克/亩,施药时水层为3~5厘米,保水5~7天,水层不足时,可缓慢补水,不能串灌,避免出现药害。

第三部分 玉米田疑难病虫草害防控指南

病害:青枯病

一、发生为害特点

1.病害分布及为害程度

青枯病又称玉米茎基腐病,是玉米生产上重要病害之一。该病属于世界性病害,在我国主要玉米产区均有发生。一般年份发病率5%~10%,严重年份可达20%~30%,个别地区可高达50%~60%,减产25%左右,重者甚至绝收,对玉米产量影响甚大。

2.病害类型

为典型的土传真菌性病害。

3.难防指数 ★★★★★

4.难防原因

(1)土传病害,病原复杂,且病原菌可以长期在土壤中和病残体上存活;

(2)发病盛期恰逢高温、高湿的有利发病条件;

(3)缺乏高抗品种,多数品种感病;

(4)多年秸秆还田,病菌基数大,难以实施有效轮作等农业措施;

(5)缺乏有效防治药剂。

二、诊断要点

1.为害部位

主要为害根及茎基部,但造成全株表现症状。

2.症状特点

该病多在玉米灌浆期开始发病,乳熟期到蜡熟期为发病高峰期。茎基部节间产生纵向扩展的不规则状黄褐色病斑,呈水渍状腐烂,后变软或变硬,遇风易折倒,根系发育不良,根少而短。有的病株茎基1~3节变褐色,剖开茎基维管束间隙常见红色粉状霉或白色绒毛状霉。叶片症状主要有三种类型:青枯型、黄枯型和混合型,以前二种为主。青枯型发病后叶片自下而上迅速枯死,呈灰绿色、水烫状或霜打状,历期短,主要发生在感病品种上和条件适合时。黄枯型病发生后叶片自下而上逐渐黄枯,该病主要发生在抗病品种上和条件不适

合时。三种类型症状都是根部受害引起的。

茎腐病发生后期，果穗下垂，苞叶青灰色干枯，呈松散状，穗柄柔韧，果穗下垂，不易掰离，穗轴柔软，籽粒干瘦，无光泽，脱粒困难，千粒重显著下降。

3.病征

剖开茎基维管束间隙可见红色粉状霉或白色绒毛状霉。

三、病原特征

该病病原比较复杂，主要包括腐霉菌和镰刀菌两大类。

1. 腐霉菌

包括瓜果腐霉（*Pythium aphanidermatum*）、肿囊腐霉（*P. inflatum*）和禾生腐霉（*P. graminicola*）等多个种，均属鞭毛菌亚门真菌。

2. 镰刀菌

包括禾谷镰孢（*Fusarium graminearum*）和串珠镰孢（*F. moniliforme*）等，均属半知菌亚门真菌。禾谷镰孢有性态为玉蜀黍赤霉（*Gibberella zeae*）；串珠镰孢有性态为藤仓赤霉（*G.fujikuroi*），均属子囊菌亚门真菌。

四、发生规律

1.侵染循环

玉米茎基腐病属于土传病害。镰刀菌以菌丝和分生孢子、厚垣孢子，腐霉菌以卵孢子在病株残体组织内外、土壤中存活越冬，成为第二年的主要侵染源。种子可携带串珠镰孢的分生孢子。病菌孢子和菌丝体借风雨、灌溉、机械和昆虫传播，在温暖潮湿条件下进行再侵染。病菌多自伤口侵入，也可直接侵入根颈、中胚轴和根，使根腐烂。地上部叶片和茎基由于得不到水分的补充而萎蔫，最终导致叶片呈现黄枯和青枯、茎基缢缩、果穗倒挂、整株枯死。

玉米茎基腐病以苗期和生长前期侵染为主，但全生育期均可侵染。从侵染过程来看，品种间对两类病菌侵入时间无显著差异，而对同一品种，镰孢菌和腐霉菌侵入的时间不同，并受温度、湿度条件制约。一般低温、低湿条件下禾谷镰孢侵染，而高湿有利于腐霉菌侵染。

2.发病条件

玉米抽雄期至成熟期高温、高湿是茎腐病发生流行的重要条件。从病原来看禾谷镰刀菌在高湿、中湿、低湿条件下都能致病，高湿、中湿条件下发病率高。串珠镰刀菌在高湿时不发病，而腐霉菌只在高湿条件下才发病。一般认为玉米散粉期至乳熟初期遇大雨，雨后暴晴发病重，久雨乍晴，气温回升快，青枯病状出现较多。在夏玉米生长前期干旱，中期多雨，后期温度偏高年份发病较重。

品种间抗性差异较大，一般早熟品种发病重于中、晚熟品种。土壤质地黏重，地势低洼、透水性差，地下水位高的地块发病就重。排水不畅、易积水的地块发病相对较重。底肥不足，氮肥偏多致使植株的机械性能降低，对病菌的侵染及扩展也有利。

五、防治技术

1.抗性品种

不同品种间茎基腐病发生程度显著不同，选用抗病品种是一项最经济有效的防治措施。近几年来对我国选育和鉴定出的抗病品种有豫玉22、丹玉16、沈单7、冀丰58、农大108、安玉5号、丹玉39、东单60、铁单18、铁单19、龙单13、沈单10、鲁单50、鲁单981、吉单209、联创2号、郑单34、强盛9号、周单401、金玉8号、浚单18、蠡玉18、中科11等。

2.农业防治

(1)合理轮作 重病地块与大豆、甘薯、花生等作物进行2~3年的轮作换茬，减少重茬，可减轻病害发生。

(2) 消灭菌源 收获后及时清除病残体，深翻深埋或集中烧毁，可避免病害传播，减少田间侵染来源。重病田应避免进行秸秆还田。

(3)加强田间管理 增施肥料，在施足基肥，合理灌溉的基础上，于玉米拔节期或孕穗期增施钾肥或氮、磷、钾配合施用，避免偏施氮肥，及时中耕松土，防病效果好。

(4) 适期晚播 各地要因地制宜的选择播种期，适期播种能有效减轻茎腐病的发生。

3.化学防治

在玉米播种前可用2.5%适乐时或3%敌委丹悬浮种衣剂1:300~500包衣，或麦翠（25%三唑酮可湿性粉剂）、15%粉锈宁可湿性粉剂按种子量0.2%拌种，有一定防病效果。

病害:叶斑病

一、发生为害特点

1.病害分布及为害程度

玉米叶斑病是一大类病害的总称,包括大斑病、小斑病、弯胞霉叶斑病、灰斑病、褐斑病等。玉米叶斑病种类复杂,分布较广,在世界各地和我国各玉米产区均有发生,但各种叶斑病的分布情况有所差异,如大斑病主要分布在东北和冷凉山区,而大斑病、小斑病、弯胞霉叶斑病、灰斑病、褐斑病在温暖潮湿的黄淮地区发生严重。叶斑病对玉米生产危害很大,一般年份病田减产10%左右,感病品种流行年份可减产50%以上。

2.病害类型

为典型的气传真菌性病害。

3.难防指数 ★★★★

4.难防原因

(1)病原复杂,缺乏高抗多抗品种,多数品种感一种或多种叶斑病;

(2)病株残体不能有效处理,多直接秸秆还田,导致田间菌源充足;

(3)气候条件与玉米感病阶段相吻合,有利于发病;

(4)群众对此类病害防治重视不够,加上玉米植株高大,不易施药,生产上易错过防治关键时期,导致防效较差;

(5)生产上缺乏对多种叶斑病都有良好防效且成本较低的化学杀菌剂。

二、诊断要点

1.为害部位

主要为害叶片,有时也可为害叶鞘、苞叶、果穗等部位。

2.症状特点

玉米整个生长期都可以感染叶斑病,但在自然条件下,一般苗期很少发病。到玉米生长中后期,特别是抽穗以后,病情逐渐加重。多由植株下部叶片先开始发病,向上扩展。各种叶斑病症状上有明显差异。

(1) 大斑病 发病部位先出现水

渍状、灰绿色小斑，随后沿叶脉方向迅速扩大，形成黄褐色或灰褐色梭形大斑，病斑中间颜色较浅，边缘较深。病斑一般长5~10厘米，宽1~2厘米，有时可长达20厘米以上，宽可超过3厘米。严重发病时，多个病斑相互汇合连片，致使植株过早枯死。枯死株根部腐烂，果穗松软而倒挂，籽粒干瘪细小。

(2) 小斑病　叶片发病常从下部叶片开始，逐渐向上蔓延。病初为水渍状小点，随后病斑扩大为椭圆形或长椭圆形，渐变黄褐色或红褐色，边缘颜色较深。有时病斑常常相互愈合致使整个叶片干枯，严重整株会提早枯死。天气潮湿或多雨季节，病斑上会出现大量灰黑色霉层。

(3) 弯胞霉叶斑病　病斑初为水渍状或淡黄色半透明小点，之后扩大为圆形、椭圆形、梭形的黄褐色病斑，病斑较小，通常为2~3毫米，有时愈合为不规则大斑。为害严重者，每个叶片上可密生数百个病斑，导致叶片变褐干枯。

(4)灰斑病　早期病斑很小，淡褐色，具褪色晕圈。后病斑变成灰色长条形，与叶脉平行。该病最典型的特征是成熟病斑具有明显的平行边缘，不透明。这种明显边缘主要是由于病菌无法穿过叶片主脉的厚壁组织，限制了病斑扩展。严重时病斑汇合连片，叶片枯死。

(5) 褐斑病　发病早时苗期即可发病，但一般多在玉米大喇叭口末期开始发病，抽穗至乳熟期为显症高峰。病斑主要发生在玉米叶鞘、叶脉和叶片上，以叶和叶鞘交接处病斑最多，常密集成片。叶面先出现褪绿小点至黄色小斑点，逐渐变成红褐色、圆形或椭圆形、隆起成疱状的病斑，有时愈合成片，造成叶片干枯。叶鞘和叶脉上的病斑较大，红褐色，近圆形，严重时病斑枯死，表皮破裂，散出褐色粉末。

3.病征

叶斑病多能产生明显病征。如潮湿时大斑病病斑上还可产生大量的黑色霉层，即病菌的分生孢子梗和分生孢子；小斑病和弯胞霉叶斑病潮湿时可产生灰黑色霉层，但数量不及大斑病多。灰斑病叶在潮湿时两面可产生灰色霉层，以叶背产生的多。褐斑病后期病斑破裂，散出褐色粉末，为病菌的休眠孢子囊。

三、病原特征

1. 大斑病菌

病原无性态为玉米大斑凸脐蠕孢(*Exserohilum turcicum*),属半知菌亚门真菌。分生孢子梗多从气孔伸出,单生或2~6根丛生,一般不分枝,橄榄色,圆筒形,直立或上部膝状弯曲,2~8个隔膜。分生孢子2~8个隔膜,以4~7个隔膜为多数,着生在分生孢子梗顶端或弯曲处;分生孢子直,梭形,灰橄榄色,中间宽,两端渐细,顶端细胞钝圆或呈长椭圆形,基部细胞尖锥形;孢子的脐点明显且突出于基细胞之外。

2. 小斑病菌

病原无性态为玉蜀黍平脐蠕孢(*Bipolaris maydis*),属半知菌亚门真菌,有性态少见。病菌分生孢子梗2~3根束生,从叶片气孔中伸出,直立或曲膝状弯曲,褐色,具3~15个隔膜,不分枝。分生孢子在分生孢子梗顶端或侧方长出,长椭圆形,褐色,两端钝圆,多向一端弯曲,中间粗两端细,具3~13个隔膜,脐点平或凹陷于基细胞之内。

3. 弯孢霉叶斑病菌

病原为新月弯孢霉(*Curvularia lunata*)和不等弯孢霉(*C. inaegualis*),均属半知菌亚门真菌。分生孢子梗单生或数根丛生,暗褐色,不分枝,有隔,顶部多呈屈膝状,顶端和侧生分生孢子。分生孢子淡褐色、灰褐色,棍棒形或椭圆形,多向一端弯曲,多数分生孢子为3个隔膜,中间两个细胞膨大,从基部向上数第三个细胞最大,两端细胞较小。

4. 灰斑病菌

病菌为玉蜀黍尾孢(*Cercospora zeae-maydis*),属于半知菌亚门真菌。菌丝体多埋生,常生小型子座。分生孢子梗3~10丛生,暗褐色,1~4个隔膜,直或稍弯,孢痕明显。分生孢子倒棍棒型,细长,直或稍弯,无色,具1~8个隔膜,基部倒圆锥形,脐点明显,顶端渐细,稍钝。

5. 褐斑病菌

病原为玉米节壶菌(*Physoderma maydis*)是一种专性寄生菌,属鞭毛菌亚门真菌。休眠孢子囊壁厚,近圆形至卵圆形或球形,黄褐色,略扁平,有囊盖,有水滴时可释放出游动孢子。

四、发生规律

1.侵染循环

玉米各种叶斑病菌多以残留在病叶组织中的菌丝体及分生孢子在地表和玉米秸垛内越冬,成为第二年发病的初侵染来源。玉米褐斑病菌则以休眠孢子囊在病残体上越冬。玉米生长季节,越冬菌源产生分生孢子或游动孢子,随雨水飞溅或气流传播到玉米叶片上,适宜温、湿度条件下萌发入侵。潮湿的气候条件下,病斑上可产生大量分生孢子或游动孢子,随气流或雨水传播,进行多次再侵染,造成病害流行。

2.发病条件

此病的发生流行主要决定于玉米品种的抗病性、气候条件、栽培条件等。

(1)品种抗病性 大面积种植感病品种是玉米叶斑病发生的主要因素。在当前生产上推广的杂交玉米中,多数品种对一种或多种叶斑病感病,有的品种则高感多种叶斑病,造成病害流行。

(2)气候条件 各种叶斑病流行的温度有所差异,大斑病流行温度较低,多为20~25℃,相对湿度为90%以上,当温度高于28℃时,对病菌侵入有抑制作用,故该病多发生于气候比较冷凉的地区;其他叶斑病则要求较高温度,故多发生于温度较高的地区。在雨水多、湿度大时,孢子萌发时间缩短、侵染率提高,有利于病菌的传播和侵染,所以多雨高湿的气候条件有利于各种叶斑病流行。

(3)栽培管理 常年连作的地块因土壤中病残体积累病原数量大,发病较重。间作套种的玉米较单作的发病轻,是因为在间作、套种情况下,行间通风透光好,湿度降低。地势低洼、密度过大、肥力不足,玉米生长不良,抗性下降,发病也重。

五、防治技术

玉米叶斑病的防治应以推广抗病品种为基础,加强农业防治,辅之于化学防治和其他措施。

1.推广抗病品种

选用和推广抗病品种是防治各种叶斑病最经济有效的措施。各地应根据病害种类、环境条件及品种情况,尽可能选用丰产抗病品种,压缩感病品种推广面积。目前抗性较好的品种有:永玉3号、强盛9号、豫玉31、泰玉7号、蠡玉18、屯玉65号、聊玉18号、鲁单50、郑单34、中科4号、金海601、豫单222、龙单1号等。

2.农业防治

(1)加强栽培管理 适期早播可以使玉米提早抽雄避开病害;施足基

肥，适时追肥，氮、磷、钾肥要配合施用；实行轮作倒茬制度，可有效减轻病害发生程度。合理密植，使田间通风透光好，降低田间湿度；做好中耕除草和培土工作，使植株生长健壮，提高抗病力。

(2)搞好田间卫生，减少菌源　发病初期可摘除玉米植株底部2~3片叶；用玉米秸秆作堆沤肥，要经过高温发酵杀死病菌；以玉米秸秆为燃料的地方，尽可能在玉米前将玉米秸烧完；秋季玉米收获后要及时清除田间秸秆，并集中烧毁；如进行秸秆还田，应彻底粉碎并深翻，加速病菌分解，减少菌源。

3.化学防治

在发病初期及时喷洒杀菌剂，常用药剂有：蓝代(80%代森锰锌可湿性粉剂)1000倍液、15%三唑酮可湿性粉剂1000倍液、25%敌力脱乳油1500倍液、托上托(75%甲基硫菌灵可湿性粉剂)800倍液、75%百菌清可湿性粉剂800倍液、25%苯菌灵乳油800倍液，久生(80%代森锌可湿性粉剂)600~800倍液，50%敌菌灵可湿性粉剂500倍液等，10~15天喷药1次，连防2次，可收到一定防治效果。

病害:瘤黑粉病

一、发生为害特点

属土壤和气流传播的真菌性病害。

3.难防指数　★★★

4.难防原因

(1) 病株残体不能有效处理，秸秆多直接还田，导致田间菌源充足；多数玉米产区大面积的轮作倒茬很难实施；

(2)玉米生长过程中的各类伤口有利于病菌侵染；

(3)部分品种比较感病；

(4)对该病防治重视不够。

二、诊断要点

1.为害部位

玉米黑粉病是局部侵染性病害，在玉米的整个生育期都可发生，凡是植株地上部分的幼嫩组织和器官,如茎、叶、叶鞘、花、雄穗、雌穗,甚至气生根均可被侵染,产生大小不一、形状不同的肿瘤。

2.症状特点

一般苗期发病较少,抽雄后迅速增加。拔节前后,叶片或叶鞘上可出现病瘤。叶片上的病瘤小而多,如豆粒或花生米大小,有时在中脉两侧出现成串的病瘤;叶鞘上、各节茎的基部或气生根上能产生瘤状物,病瘤大小不一,早期表面为银白色,发亮,内部呈肉质状、白色,后期由白色转变为灰色,进而变成灰黑色。病瘤成熟后破裂,可散出黑粉状物,为病原菌的冬孢子,但冬孢子数量较穗部病瘤少。雌穗和雄穗都能发病,以雌穗发病更为常见。雌穗得病多表现在病穗上半部或个别籽粒上长出病瘤,严重时能使整个果穗形成大的畸形病瘤而不结实。病瘤一般很大,外有白色包膜,圆形或不规则形,内部初期白色,后呈灰色,成熟时外膜破裂,散出大量黑粉(冬孢子)。雄穗发病时局部花器变为角状小瘤,有时成丛的长出角状瘤子,使整穗畸形,角状小瘤内部包有黑粉,成熟时破裂散出。

3.病征

病瘤破裂后散出黑色粉状物,即病原菌的冬孢子。

三、病原特征

病原菌为玉米瘤黑粉病菌(*Ustilago maydis*),属于担子菌亚门真菌。冬孢子球形或椭圆形,表面具细刺,黄褐色至深褐色。适宜温度下在水滴中几小时就可萌发,长出具有4个细胞的担子,在担子顶端和分隔侧生4个无色、单胞、梭形或略弯曲的担孢子。担孢子可以萌殖方式反复产生大量的次生担孢子。

四、发生规律

1.侵染循环

玉米收获后,冬孢子在土壤中或病株残体上越冬,成为第二年侵染来源,混入堆肥中和沾附在种子表面的冬孢子也是初侵染来源。冬孢子在适宜的条件下,萌发产生担孢子和次生担孢子,随风雨、气流传播到玉米的叶片、节、腋节、雄雌穗等幼嫩分生组织,从伤口处侵入寄主。冬孢子萌发也可直接产生侵染丝侵入玉米组织,特别是在水分和湿度不够时,这种侵染方式很普遍。侵入的菌丝只能在侵染点附近的组织内生长蔓延,并产生一种类似生长素的物质,刺激寄主局部组织的细胞旺盛分裂,逐渐肿大形成病瘤。病瘤内充满黑粉状冬孢子,

外面有一层白色包膜,成熟后破裂散出,随风雨传播,进行再侵染。玉米抽穗前后为发病盛期。

2.发病条件

此病的发生和流行与品种抗性、气候因素、菌源数量等密切相关。

(1) 品种抗病性 目前尚未发现免疫品种。品种之间存在抗性差异,一般马齿型玉米较抗病,甜玉米则较感病。早熟品种比晚熟品种发病轻。

(2) 菌源数量 一般连作重茬地中因病原的积累量大,所以发病率高。若能破裂前及时摘除病瘤,收获后进行深耕,土壤内病原数量少,发病就轻。用病残体沤肥,未经腐熟就施用,会加重发病。

(3) 气候条件 雨水多和湿度过大有利于发病;低温、干旱、少雨的地方,土壤中的冬孢子存活率高,存活时间长,发病重。过度密植或灌溉的间隔时间长,造成水分时缺时足,以及偏施氮肥,都会削弱植株抗病力而使病害发生较重。虫害、冰雹、暴风雨以及人工去雄作业等造成伤口,也利于病害发生。

五、防治技术

1.抗性品种

种植抗病品种,如农大60、科单102、嫩单3、辽原1、海玉8等。

2.农业防治

(1) 消灭病菌来源 越冬期间注意清除病株,及时销毁并应在播种前处理完毕,秸秆用作肥料时要充分腐熟,田间遗留的病残组织应及时深埋。在病瘤未变色时及早割除,并带到田外处理,以减少田间菌源。

(2) 实行轮作 尤其是重病地块至少要实行2~3年的轮作。

(3) 加强田间管理及时灌溉 特别是抽雄前后要保证水分供应;合理追肥,增施基肥,避免偏施氮肥,造成植株组织过于幼嫩,适当增施磷、钾肥;合理密植,增加光照,可增强植株抗性。及时防治玉米螟,尽量减少机械损伤。

3.化学防治

用种子量0.3%的麦翠(25%三唑酮可湿性粉剂)拌种,或用3%敌委丹悬浮种衣剂1:500包衣;在玉米出苗前地表喷施麦翠(25%三唑酮可湿性粉剂)750~1000倍液;在玉米抽雄前喷麦翠(25%三唑酮可湿性粉剂)750~1000倍液、12.5%烯唑醇可湿性粉剂750~1000倍液、25%敌力脱乳油1500倍液,可有效减轻病害。

病害:锈病

一、发生为害特点

1.病害分布及为害程度

玉米锈病包括普通锈病、南方锈病、热带锈病及秆锈病等4种,世界各地均有发生。我国发生的多为南方锈病。该病过去主要发生于我国华南地区。但近几年来,我国华中、华北、东北、西北及黄淮平原玉米区的发生面积和为害程度都呈逐年加重趋势,不少地区暴发流行,损失很大。发病后,造成叶片早期干枯,影响产量,轻者减产10%~20%,重者达30%以上,严重地块甚至绝收。

2.病害类型

为典型的气传真菌性病害。

3.难防指数 ★★★

4.难防原因

(1)远距离传播病害,病原菌的来源不确定,难以控制和预测;

(2)流行性强,发病盛期的气候条件非常适合病原菌的繁殖及侵染;

(3)主栽品种抗性普遍较差;

(4)生长后期病害,防治重视不够。

二、诊断要点

1.为害部位

玉米叶片,严重时叶鞘、苞叶也可受害,植株中上部的叶片发病最重。

2.症状特点

发病初期被害叶片两面初生淡黄白色小斑,四周有黄色晕圈,后突起形成黄褐色乃至红褐色疱斑,散生或聚生,圆型或长圆形,即病菌的夏孢子堆。孢子堆表皮破裂后,散出铁锈状夏孢子。后期病斑上或其附近又出现黑色疱斑,即病菌的冬孢子堆,长椭圆形,疱斑破裂散出黑褐色粉状物。

3.病征

前期病部形成黄褐色乃至红褐色夏孢子堆,后期形成黑褐色的冬孢子堆。

三、病原特征

病原为玉米多堆柄锈菌(*Puccinia polysora*)，属担子菌亚门真菌。病部散出的铁锈色粉状物，即病原菌的夏孢子。夏孢子卵圆形，单胞，黄褐色至红褐色，表面具有明显可见的细刺。冬孢子长椭圆形或椭圆形，双细胞，栗褐色，顶端圆，少数扁平，表面光滑，有柄。

四、发生规律

1.侵染循环

病菌在南方温暖地区如海南、广东等地以夏孢子在玉米植株上越冬。翌年借气流传播成为初侵染源，北方地区菌源则是靠大气环流从南方逐渐向北传播而来。田间叶片染病后，产生的夏孢子又可在田间借气流传播，进行多次再侵染，蔓延扩展。田间发病时，先从植株顶部开始向下扩展。

2.发病条件

(1)气候条件　高温、高湿环境有利于孢子的存活、萌发、传播、侵染，发病重。高温、高湿有利于孢子的存活、萌发、传播和侵染，发病重。据研究，日平均温度27℃时最适发病。

(2)栽培管理　地势低洼，种植密度大，通风透气差，发病严重；偏施或多施氮肥的地块发病重。

(3)寄主抗性　品种间抗病性差异很大，但目前推广的品种对南方锈病普遍感病。品种的叶色、叶毛的多少与病害轻重有关。一般叶色黄、叶片少的品种发病重。

五、防治技术

1.抗性品种

鲁单50、农大108、中原单32、鲁单981等品种抗病性较好。

2.农业防治

加强栽培管理，调整播期，使玉米主要发病期避开病菌感染期，以减轻为害。过量的氮肥对玉米锈病的发生有利，不要偏施氮肥。采用配方施肥，增施磷钾肥，避免偏施氮肥，多施腐熟的农家肥，以提高植株的抗病性。适当早播，合理密植，中耕松土，清除田间杂草，适量浇水，雨后注意排渍降湿。适时喷施叶面营养剂，创造有利于作物生长发育的良好环境，提高植株的抗病能力，减少病害的发生。玉米收获后，收集并烧毁病株残体，及时拔出转主寄主酢浆草等，以减少侵染来源。

3.化学防治

在孢子侵染高峰期用药抑制孢子萌发和侵染为害。75%百菌清可湿性粉剂800倍液、久生(80%代森锌可湿性粉剂)600~800倍液、97%敌磺纳原药250~300倍液、50%退菌特可湿性粉剂800倍液喷雾。

在玉米锈病的发病初期用药防治。用麦翠(25%三唑酮可湿性粉剂)800~1500倍液、托上托(70%甲基硫菌灵可湿性粉剂)800倍液、12.5%烯唑醇可湿性粉剂2000倍液、菌大夫(50%多菌灵可湿性粉剂)500~1000倍液、20%萎锈灵乳油400倍液、97%敌磺纳原药250倍液喷雾、30%氟菌唑可湿性粉剂2000倍液、40%氟硅唑乳剂9000倍液、40%多·硫悬浮剂600倍液、叶立青(25%丙环唑乳油)3000倍液喷雾,隔10天左右喷1次,连防2~3次。

病害:细菌性茎腐病

一、发生为害特点

1.病害分布及为害程度

我国玉米生产上的一种新病害,近年在江苏、河南、山东、四川、广西等地均有发生。发病后植株基部变褐腐烂,植株死亡。

2.病害类型

属土传细菌性病害。

3.难防指数 ★★★★

4.难防原因

(1)缺乏高抗品种,多数品种抗性较差;

(2) 玉米生长期常多雨潮湿,有利于病害发生;生长过程中造成的各类伤口,有利于病菌侵入;

(3)新病害,对其发生规律掌握不够,有效防治方法不多;

(4)一旦发病,很难防治。

二、诊断要点

1.为害部位

该病主要为害下部茎秆和叶鞘,常造成茎秆折断或植株死亡。

2.症状特点

当玉米10多片叶时即可受到病菌侵染,叶鞘上初现水渍状病斑,病斑不规则形,边缘浅红褐色,病健组织交界处水渍状尤为明显。湿度大

时，病斑纵横迅速扩展，病部组织开始变软腐烂。发病严重时，植株常 3~4 天后就导致病部以上倒折或植株死亡，病部溢出黄褐色菌液，并散发出恶臭味。干燥条件下扩展缓慢，但病部也易折断，造成植株不能抽穗或结实。

3.病征

病部溢出黄褐色具恶臭味菌液。

三、病原特征

病原为菊欧文氏菌玉米致病变种(*Erwinia chrysanthemi pv. zeae*)，属细菌。菌体杆状，两端钝圆，单生，偶成双链，革兰氏染色阴性，周生鞭毛 6~8 根，无芽孢，无荚膜，菌落圆形，低度突起，乳白色，稍透明。此外，有报道玉蜀黍假单胞菌(*Pseudomonas zeae*)也是该病的病原。

四、发生规律

1.侵染循环

病菌可能在土壤中病残体上越冬，翌年从植株的气孔或伤口侵入，玉米 60 厘米高时组织柔嫩易发病，害虫为害造成的伤口利于病菌侵入。此外害虫携带病菌同时起到传播和接种的作用，如玉米螟、棉铃虫等虫口数量大则发病重。

2.发病条件

该病属高温高湿型病害。高温多雨，日平均温度 30℃以上，相对湿度高于 80%有利于发病。玉米常年连作发病重；地势低洼或排水不良，密度过大，通风不良，施用氮肥过多，伤口多发病重。而实行轮作，高畦栽培，排水良好及氮、磷、钾肥比例适当地块植株健壮，发病率低。

五、防治技术

1.抗性品种

2.农业防治

实行 2~3 年轮作，尽可能避免病田连作。收获后及时清洁田园，将病残株妥善处理，减少菌源。加强田间管理，采用高畦栽培，尽量避免伤口；严禁大水漫灌，雨后及时排水，防止田间湿度过大。

3.化学防治

(1)及时治虫防病。苗期开始注意防治玉米螟、棉铃虫、甜菜夜蛾等害虫，及时喷洒 50%辛硫磷乳油 1500 倍液。

(2)在玉米喇叭口期喷洒 25%叶枯灵或 20%叶枯净可湿性粉剂 600 倍液，或 60%瑞毒铜 600~800 倍液，或70%农用链霉素4000倍液，有一定预防效果。田间发病后马上喷洒5%菌毒清水剂600倍液或70%农用硫酸链霉素4000倍液,有一定防效。

病害:病毒病(矮花叶、粗缩)

一、发生为害特点

1.病害分布及为害程度

矮花叶病和粗缩病是世界性病害,我国20世纪70年代成为玉米生产中的一个主要病害。目前,玉米病毒病受害面积不断扩大,为害日趋严重,全国发病面积达数百万亩,一般病田造成产量损失5%~15%,个别田块达50%以上,甚至绝收毁种。

2.病害类型

为典型的虫传病毒病害。

3.难防指数★★★★

4.难防原因

(1)缺乏高抗品种,多数品种抗性较差;

(2)病毒病害,缺乏有效防治药剂;

(3)毒源丰富,传毒昆虫难以控制;

(4)防治工作重视不够。

二、诊断要点

1.为害部位

全株性病害,整株发病。

2.症状特点

(1)玉米粗缩病 在玉米的整个生育期都可感染发病，以苗期受害最重。玉米幼苗在5~6叶期即可表现症状,初在心叶中脉两侧的叶片上出现透明的断断续续的褪绿小斑点,以后逐渐扩展至全叶呈细线条状;叶背面主脉及侧脉上出现长短不等的白色蜡状突起,又称脉突;病株叶片浓绿,基部短粗,节间缩短,有的叶片僵直,宽而肥厚,重病株严重矮化,高度仅有正常植株的1/2,多不能抽穗,发病晚或病轻的仅在雌穗以上叶片浓绿,顶部节间缩短，基本不能抽雄穗,即使抽出也无花粉,抽穗的雌穗基本不能结实。病株根系少而短,不足健株的1/2。病株轻重因感染时期的不同而异,一般感染越早发病越重。

(2)玉米矮花叶病 玉米整个生长期都可发病,以苗期受害最重,抽穗后发病的受害较轻。玉米3~5叶期即可出现症状。病苗最初在心叶基部叶脉间出现许多椭圆形褪绿小点或斑驳,沿叶脉排列成断续的长短不一的条点。随着病情发展,症状逐渐扩展至全叶,在粗脉之间形成几条长短不一颜色深浅不同的褪绿条纹。叶脉间叶肉失绿变黄,叶脉仍保持绿色,因而形成黄绿相间的条纹症状,尤以心叶最明显,故又称条纹花叶病。随着玉米的生长,病情逐渐加重,叶绿素减少,叶片变黄,组织变硬,质脆易折,从叶尖叶缘开始逐渐出现淡红色条纹,最后干枯。病株黄弱瘦小,生长缓慢,株高常不足健株的1/2。病株多不能抽穗而提早枯死;少数病株能抽穗结籽,但穗小籽粒少而秕。有些病株不形成明显的条纹,而呈花叶斑驳,并伴有不同程度的矮化,因此称矮花叶病。

3. 病征

无病征。

三、病原特征

1. 玉米粗缩病 由玉米粗缩病毒(*Maize rough dwarf virus*,*MRDV*)引起。病毒粒体球形,60~70纳米,内含12条双链*RNA*。*MRDV*寄主范围广泛,除玉米外还可侵染57种禾本科植物。该病毒主要由灰飞虱传播。

2.玉米矮花叶病 由玉米矮花叶病毒(*Maize dwarf mosaic virus*,*MDMV*)引起。病毒粒体线状,750纳米×12~15纳米。国外报道的*MDMV*株系很多,如A、B、C、D、O株系,最主要的是A和B株系。我国*MDMV*的主要株系是B和O株系。*MDMV*主要由玉米蚜、麦二叉蚜、棉蚜、桃蚜等以非持久方式传播,也可由种子传播。主要侵染玉米、高粱、谷子等禾本科作物及虎尾草、狗尾草、马唐、白草等禾本科杂草。

四、发生规律

1.侵染循环

(1)玉米粗缩病 玉米粗缩病毒主要在小麦和杂草上越冬,也可在传毒昆虫体内越冬。当玉米出苗后,小麦和杂草上的灰飞虱即带毒迁飞至玉米上取食传毒,引起玉米发病。在玉米生长后期,病毒再由灰飞虱携带向高粱、谷子等晚秋禾本科作物及马唐等禾本科杂草传播,秋后再传向小麦或直接在杂草上越冬,完成侵染循环。

(2) 玉米矮花叶病 病毒主要在田间多年生禾本科杂草寄主上越冬，作为主要初侵染来源。条件适宜时，蚜虫从越冬带毒的寄主植物上获毒，迁飞到玉米上取食传毒，发病后的植株成为田间毒源中心，随着蚜虫的取食活动将病毒传向全田，并在春、夏玉米和杂草上传播为害，玉米收获后蚜虫又将病毒传至杂草上越冬。

2.发病条件

(1)毒源数量 毒源数量与田间病害流行速度和发病程度密切相关，一般毒源数量大，流行速度快，发病重，反之则轻。据调查，一年生禾本科杂草是病害的初侵染源，狗尾草、马唐、稗草和白茅草等杂草又是蚜虫和灰飞虱的自然寄主，也是玉米整个生育期初侵染的主要毒源。杂草多生长在地边、渠边和路旁，5月中下旬小麦黄熟，介体蚜虫和灰飞虱就转主在禾本科杂草和自生麦苗上取食为害，增加毒源数量和传毒机会，提高传毒效率。

(2) 介体数量 传毒介体蚜虫和灰飞虱的数量与田间发病率成正相关，一般介体传毒后约10~12天发病，这与病毒感染后所需要的潜育期是一致的。5月底至6月上旬是蚜虫在春玉米上的发生高峰期，6月上中旬田间始见玉米矮花叶病病株，7月中下旬为该病发病高峰期；夏玉米在6月下旬玉米出苗后即可见蚜虫，7月底8月上旬为发病高峰期；在病害流行年份，蚜虫和病害的发生期均相应提前。

玉米苗期是否与灰飞虱第一代成虫的盛发期相遇及相遇时间长短是影响玉米粗缩病发病轻重的主要因素。禾本科杂草是灰飞虱重要的取食、产卵和越冬寄主，又是粗缩病毒的自然寄主，杂草多、数量大，丰富了灰飞虱的营养条件，有利于其大量繁殖。同时，飞虱喜欢田间通透性良好的环境，常向田边群集，形成田边虫量多于田心，因而田边发病比田心重。

(3) 播期 造成发病轻重不同的原因与介体蚜虫、飞虱消长密切相关，5月中下旬是蚜虫的发生高峰期，也是灰飞虱第一代成虫的发生盛期，此期播种的玉米出苗后正值小麦黄熟，加之面积少苗小虫多，病毒病发病就重。麦收后播种的玉米，由于播种面积普遍，出苗后避开了蚜虫、灰飞虱的发生盛期，病害就显著减轻。

(4)栽培条件　管理粗放，土地瘠薄，干旱缺水，土壤板结，杂草发生多的田块发病重，这种环境下玉米苗期的生长周期长，杂草同玉米苗共生为传毒介体提供了稳定的栖息场所，故发病重。过量施氮，苗期生长嫩绿，易感病，发病也重。一般套种玉米田的发病重于单播田，套种田的玉米一般播期偏早，小麦和玉米的共生期较长，小麦黄熟后，传毒介体就近迁移到玉米上为害，增加了传毒机会和数量。

(5)气候因素　温度高，光照充足，发病率高，病毒的潜育期短；一般平均气温在20~25℃时对玉米矮花叶病发生极为有利，因为在16℃以上时蚜虫繁殖快，蚜量高峰期出现早；玉米粗缩病毒在25℃左右时潜育期为15天，在7~21℃时潜育期长达40天。

(6)品种抗病性　品种抗病性的强弱，是影响玉米病毒病发生程度和流行的关键因素。关中地区目前生产上推广种植的玉米品种和杂交种中，均无免疫品种，但不同品种之间的耐病程度差异很大，主要表现在发病始期和高峰期不同。一般高感品种发病早，轻感品种发病晚。

五、防治技术

1.抗性品种

选育推广抗病品种是一项经济有效的防治措施，不同品种间抗病性的差异很大，利用这些差异能有效地控制病害的发生。在生产上应淘汰感病品种，选用丰产性好的高抗和中抗品种。

2.农业防治

(1)适期播种　搞好虫情调查，因地制宜适期播种，以使出苗期尽量避开蚜虫、飞虱的发生高峰期。

(2)培育壮苗　重施基肥，重视氮、磷、钾肥的配合施用，加强管理，及时中耕疏松土层，增加地温，合理浇水，促使苗期健壮生长，增加植株抗病能力。

(3)压低毒源、虫源　玉米播种前认真做好介体蚜虫、飞虱的虫情调查，彻底消除田边、地头和路旁杂草及自生麦苗，进行整地灭茬，玉米出苗后结合中耕除草，拔除病苗、弱苗，可压低毒源和虫源基数，减轻病害。

3.化学防治

播种时，可用燕化毒吡(22%毒·吡乳油)或0.1%吡虫啉拌种，拌后堆闷8~12小时，也可用含有杀虫剂的种衣剂进行包衣，既可防地下害虫，又能控制玉米出苗后介体蚜虫、飞虱的为害。在玉米出苗后3~5叶前,用抗毒丰(0.5%菇类蛋白多糖水剂)600~800倍液、10%吡虫啉可湿性粉剂3000倍液,或20%好年冬乳油4000倍液,可有效减轻病毒病为害。也可将防蚜同麦田治蚜相结合,把蚜虫控制在小麦或杂草上,起到治麦保秋的双重效果。

虫害:玉米螟

一、发生为害特点

1.虫害分布及为害程度

我国玉米螟共有2种,其中以亚洲玉米螟(*Ostrinia furnacalis*)分布最广,危害最重,是一种世界性害虫。玉米螟又是多食性害虫,食性杂,一般发生年份春玉米可减产10%、夏玉米20%~30%,大发生年可超过30%,还常造成籽粒缺损、霉烂,品质下降,对玉米生产威胁很大。

2.虫害类型

属钻蛀性害虫。

3.难防指数 ★★★★

4.难防原因

(1)缺乏高抗品种,多数品种抗性较差;

(2)种植制度复杂,虫源基数大;

(3)生物防治、农业防治措施难以大面积实施;

(4)药剂使用单一,产生较强抗药性。

二、诊断要点

1.为害部位

叶片、茎秆、穗部等地上部位。

2.为害症状

初龄幼虫蛀食嫩叶形成排孔花叶;3龄后幼虫蛀入玉米茎秆,为害花苞、雄穗及雌穗,受害玉米营养及水分输导受阻,长势衰弱、茎秆易折,雌穗发育不良,影响结实。

三、形态特征

1. 成虫

为中型蛾。体色淡黄或黄褐色。雌蛾体躯粗壮。头、胸背面淡黄褐色,腹面及足白色,前翅鲜黄,翅基三分之二部位有棕色条纹和一褐色波纹

状线；外侧有黄色锯齿状线，向外有黄色锯齿状斑，再外有黄褐色斑，后翅翅纹不明显；雄蛾体躯消瘦，翅色比雌蛾稍深。头、胸背面乳白色，前翅黄褐色。前翅内横线暗褐色波纹状，内侧黄褐色，基部褐色。外横线为暗褐色锯齿状纹，外侧黄褐色，再向外有褐色带与外缘平行。内横线与外横线之间有2个褐色斑，缘毛内侧褐色、外侧白色。后翅淡褐色，中央有一宽带，近外缘有黄褐色带，缘毛内半淡褐、外半白色。

2. 幼虫

共5龄。圆筒形，体长25毫米左右，体色黄白至淡红褐色，背部颜色有浅褐、深褐、灰黄等多种。体背有3条褐色纵线，中、后胸背面各有圆形毛瘤4个，每瘤生刚毛2根。腹部1~8节背面各有2列横排毛片，前排4个较大，后排2个较小。第9腹节有毛瘤3个，中央一个较大。腹足趾钩3序缺环。

3. 卵

略呈椭圆形，扁平。初产时乳白色，后转淡黄色或淡绿色，孵化前黑褐色，聚产成不规则形的卵块，呈鱼鳞状排列成块。卵粒表面有大小不同的多角形网状纹。

4. 蛹

为被蛹，纺锤形，长约15~18毫米，体色黄褐至红褐色，腹部第1~7节背面有横皱纹，末端有钩刺5~8根。

四、发生规律

1.为害规律

东北及西北地区一年1~2代，黄淮及华北平原2~4代，江汉平原4~5代，广东、广西及台湾5~7代，西南地区2~4代。均以老熟幼虫在寄主被害部位及根茬内越冬。在北方越冬幼虫5月中下旬进入化蛹盛期，5月下至6月上旬越冬代成虫盛发，在春玉米产卵。一代幼虫6月中下旬盛发为害，此时春玉米正处于心叶期，为害很重。二代幼虫7月中下旬为害夏玉米(心叶期)和春玉米(穗期)。三代幼虫8月中下旬进入盛发，为害夏玉米穗及茎部。

2.发生条件

在春、夏玉米混种区发生重。玉米螟的天敌有赤眼蜂。

五、防治技术

玉米螟的防治要做到四个相结合，即越冬防治与田间防治相结合；心叶期防治和穗期防治相结合；化学防治和生物防治相结合;防治玉米与防治其他寄主作物相结合。

1.抗性品种

2.农业防治

(1)科学的种植方式,合理的间、混、套种能显著减少玉米的被害株数,天敌明显增多。(2)处理越冬寄主秸秆,在春季越冬幼虫化蛹羽化前处理完毕,消灭越冬虫源。(3)人工去雄,在玉米螟为害严重的地区,于玉米抽雄初期,人工去除2/3的雄穗,带出田外烧毁或深埋,可消灭一部分幼虫。(4)种植早播玉米诱集田,加强肥水管理以吸引成虫产卵,集中灭卵。

3.化学防治

施药方法有撒施颗粒剂、药液灌心和药液喷雾等3种。第一代幼虫有集中在心叶内为害,常用的颗粒剂有3%辛硫磷颗粒剂,每株施用1克,3%克百威颗粒剂1公斤加细土8公斤,混匀后每株用1~2克,防效良好。

药液灌心可用斯达速(480克/升毒死蜱乳油)1000~2000倍、50%辛硫磷乳油1000~2000倍、50%久效磷乳油1500~2000倍、50%杀螟丹可湿性粉1000~2000倍、20%氰戊菊酯乳油1500~2000倍,灌在玉米心叶内,每株10毫升。亦可用上述灌心药剂,浓度可稍高一些,喷在玉米上,以心叶为重点。

穗期防治,花丝蔫须后,剪掉花丝,用90%的敌百虫0.5公斤、水150公斤、黏土250公斤配制成泥浆涂于剪口,效果良好;也可用50%或80%的敌敌畏乳剂600~800倍液,或用90%敌百虫800~1000倍液,或75%辛硫磷乳剂1000倍液,滴于雌穗顶部,效果亦佳。

4.其他措施

(1)利用趋光性,在成虫发生期,在发生田块里放置高压汞灯、黑光灯或频振式杀虫灯等,诱杀玉米螟成虫,将大量成虫消灭在田外村庄内,减少田间落卵量,既减轻下代螟虫为害,又不杀伤天敌。

(2)性信息素防治,利用玉米螟雄蛾对雌蛾释放的性信息素具有明显趋性的原理,采用人工合成的性信息素放于田间,诱杀雄虫或干扰雄虫寻觅雌虫交配的正常行为,使雌虫不育,减少下代玉米螟的数量。当越冬代玉米螟化蛹率50%,羽化率10%左右时开始,直到当代成虫发生末期的1个月时间内,在长势好的玉米行间,每亩放1个诱盆,使盆比作物高10~20厘米,把性诱芯挂在盆中间,盆中

加水至2/3处,可以诱杀成虫,减轻下代玉米螟的为害。

(3)保护和利用天敌,在玉米螟产卵始期至产卵盛末期,释放赤眼蜂2~3次,每亩释放1万~2万头,可有效减轻螟害的发生量。

(4)利用B.t乳剂,每亩用每克含100以上孢子的乳剂200毫升,配成颗粒剂撒施或与药剂混合喷雾。

(5)利用白僵菌封垛或丢心,白僵菌可寄生在玉米螟幼虫和蛹上,在早春越冬幼虫开始复苏化蛹前,对残存的秸秆,逐垛喷撒白僵菌粉封垛。或在玉米心叶中期,用500克含孢子量为50亿~100亿的白僵菌粉,对煤渣颗粒5千克,每株施入2克,可有效防治玉米螟的为害。

草害:田旋花

一、发生为害特点

1.草害分布及为害程度

田旋花是旋花科旋花属植物,异名中国旋花、箭叶旋花等,为蔓生或微缠绕的多年生草本。在我国分布于东北、华北、西北及山东、河南、江苏、四川、西藏等省区。为常见的夏熟和秋熟作物农田杂草。生于田间、撂荒地、村舍与路旁。大发生时成片生长,密被地面,缠绕向上,强烈抑制作物生长,造成作物倒伏。

2.难防指数 ★★★★

3.难防原因

(1)多年生宿根杂草,很难根除;

(2)种子生活力强,落入土壤后能够保持较长时间的生活力;

(3)通常缠绕于植物上,人工拔除或用药效果受到限制。

二、诊断要点

幼苗上、下胚轴均很发达,六棱形。初生叶一片,长椭圆形,先端钝状,叶基戟形或耳状。

三、形态特征

多年生草本,根状茎横走。茎平卧或缠绕,有棱。叶互生,叶柄长0.5~2厘米,叶形变化较大,三角状卵形至卵状矩圆形,或为狭披针形,长2.5~7.5厘米,宽1~3.5厘米,先端钝圆或稍尖,基部戟形、箭形或心形,全缘或3裂,侧裂片开展,中裂片卵状椭圆形以至披针状矩圆形。花1~3朵腋生,苞片2,细小,与花萼远离,花冠宽漏斗形,白色或粉红色,5浅裂。蒴果卵状球形或圆锥形。

四、发生规律

1. 为害规律

根芽和种子繁殖。田旋花的物候期因地区不同而异。在北方,4月中旬逐渐返青,5月下旬开花,6月下旬进入结实期。据观察,花果期不明显分开,果实成热后,仍有开花,花期较长,一般可到9月结束。生长期约180天左右。田旋花的再生能力非常强,当地上部分被刈割或家畜采食后,能很快从残留茬上萌生新的枝条。根部受到破坏,也能萌出新芽。种子和根芽进行繁殖,在夏,秋,近地面的根上产生新的越冬芽,翌年长出再生苗。种子产量高,可行有性繁殖。北方,种子5月萌发。田旋花是一种适应性很强,态幅宽的多年生草本植物。

2.发生条件

喜湿润肥沃微酸性土壤。

五、防治技术

1.农业防治

(1)在玉米生长初期,进行人工拔除;

(2) 加强田间管理。实现多铲多趟,在成熟前彻底清除田地周围的杂草,收获后进行深度不少于20厘米的秋翻地。

2.化学防治

春玉米苗前可用亨达玉状员(62%滴丁·乙草胺·莠悬浮剂)200~250克/亩或亨达旱田封(60%2,4-滴丁酯·扑草净·乙草胺乳油)175~200克/亩封喷雾;此外每亩可用33%的除草通乳油200~300毫升,对水35千克,于玉米苗后、一年生禾本科与阔叶杂草2叶期前进行茎叶喷雾处理。每亩用40%阿特拉津胶悬剂175~250毫升,或80%草净津可湿性粉剂100~150克,对水35千克,于苗后3~4叶期、田间一年生禾本科杂草2~4叶期进行茎叶喷雾处理。可用亨达辛情(25%辛酰溴苯腈乳油)春玉米100~140毫升/亩,夏玉米70~100毫升/亩,对水茎叶喷雾。每亩用72%2,4- D丁酯乳油50~100毫升,对水35千克,于玉米苗后4~6叶期进行茎叶喷雾处理。每亩用80%伏草隆可湿性粉剂100克,对水35千克,于玉米喇叭口期、中耕除草后进行土表处理。

草害:马唐

一、发生为害特点

1.草害分布及为害程度

马唐,属禾本科马唐属,别名羊麻、羊粟、马饭、抓根草、鸡爪草等。产西藏、四川、新疆、陕西、甘肃、山西、河北、河南及安徽等地。是旱秋作物、果园、苗圃的主要杂草。对玉米、大豆等为害较重。发生时密度大,生长快,消耗地力和遮光,又能诱发其他病害。

2.难防指数 ★★★★

3.难防原因

(1)由于在不同耕作层,马唐解除休眠的速度有差异,造成从4月下旬开始一直到9月中旬,均可见马唐出苗,给防除带来很大困难。

(2)种子小而轻,易于传播

(3)马唐对多种除草剂产生了一定的抗药性。

二、诊断要点

第一片真叶卵状披针形,有19条直出平行脉,叶缘具睫毛。叶片与叶鞘之间有一不甚明显的环状叶舌,顶端齿裂。叶鞘表面密被长柔毛。第二片叶叶舌三角状,顶端齿裂。

三、形态特征

一年生。秆直立或下部倾斜,膝曲上升,高10~80厘米,直径2~3毫米,无毛或节生柔毛。叶鞘短于节间,无毛或散生疣基柔毛;叶舌长1~3毫米;叶片线状披针形,长5~15厘米,宽4~12毫米,基部圆形,边缘较厚,微粗糙,具柔毛或无毛。总状花序长5~18厘米,4~12枚成指状着生于长1~2厘米的主轴上;穗轴直伸或开展,两侧具宽翼,边缘粗糙;小穗椭圆状披针形,长3~3.5毫米;第一颖小,短三角形,无脉;第二颖具3脉,披针形,长为小穗的1/2左右,脉间及边缘大多具柔毛;第一外稃等长于小穗,具7脉,中脉平滑,两侧的脉间距离较宽,无毛,边脉上具小刺状粗糙,脉间及边缘生柔毛;第二外稃近革质,灰绿色,顶端渐尖,等长于第一外稃;花药长约1毫米。染色体2n=28(*Church*),36 (*Avdulov*,1931;*chop.E-*

tYurts,1977)。花果期6~9月。

四、发生规律

1. 为害规律

旋耕灭茬夏玉米田杂草发生时期较集中,从播种后开始可持续1个多月,出草高峰期在播后15~35天,高峰期的出草量占总出草量的85.71%,其中马唐等禾本科杂草出草速度快,生长迅速,成为后期杂草群落的优势种。板茬夏玉米田杂草出草盛期较早,时间较长,通常第一个出草高峰期在播后5~10天,出草量占总出草量的26.73%,第二个出草高峰期在播后25~35天,出草量占总出草量的49.3%。

2.发生条件

马唐在低于20℃时,发芽慢,25~40℃发芽最快,种子萌发最适相对湿度63%~92%;最适深度1~5厘米。喜湿喜光,潮湿多肥的地块生长茂盛,4月下旬至6月下旬发生量大,8~10月结籽,种子边成熟边脱落,生活力强。成熟种子有休眠习性。喜湿喜光,适生在潮湿多肥地上。

五、防治技术

1.农业防治

彻底腐熟农家肥料;细致地田间管理,成熟前割除地上部供饲用,或拔取全株沤制绿肥。

2.化学防治

(1)用亨达玉后(15%磺草酮水剂),用量为春玉米200~250克/亩,夏玉米300~350克/亩,对水茎叶喷雾。

(2)72%异丙甲草胺乳油1500~2250毫升/公顷,加水750千克均匀喷雾地表。如遇土壤表层干旱,最好在喷药后进行浅混土,以保证药效,并可防除深层发芽和深根性杂草。

注意事项:①异丙甲草胺在土壤湿度良好时能充分发挥药效,因此土壤保湿是高效的先决条件,所以用药后一定要保持土壤湿度。②用药量要按实际喷药面积计算,空地和沟畦要去除。

(3)用亨达玉状员(62%滴丁·乙草胺·莠悬浮剂)于春玉米苗前200~250克/亩土壤喷雾或亨达玉黄上(48%2,4-滴酯·丁草胺·莠去净悬浮剂)于春玉米播后苗前250~300克/亩土壤喷雾。

3.其他防治措施

报道用画眉草弯孢霉菌株可作为生物除草剂防除马唐。

草害:旱稗

一、发生为害特点

1.草害分布及为害程度

旱稗属禾本科稗属,约80种,分布热带和温带地区,下有数个变种。一年生或多年生草本;产黑龙江、吉林、河北、山西、山东、甘肃、新疆、安徽、江苏、浙江、江西、湖南、湖北、四川、贵州、广东及云南;主要生于农田、地边、路旁,是一种很难根除的杂草,对旱田、水田、果园、苗圃、菜园等作物均有为害,发生严重时常密盖地面,抑制作物生长。

2.难防指数 ★★★

3.难防原因

(1)种子边成熟边脱落,生活力强;

(2)除草剂使用要求一定湿度,较干旱地区无法保证。

二、诊断要点

在玉米田识别旱稗主要也是从形态着手。

三、形态特征

叶片扁平,线形;圆锥花序由短密的总状花序组成;小穗背腹压扁,近无柄,单生或2~3个簇生于总状花序上,脱落于颖之下,有2小花;第一颖短于第二颖;第二颖长约与第一外稃等长或略短,无芒;第一外稃草质或革质,顶端尖或有长芒;第二外稃平凸头,草质,边缘下部内卷,上部平坦。

四、发生规律

1.为害规律

旋耕灭茬夏玉米田杂草发生时期较集中,从播种后开始可持续1个多月,出草高峰期在播后15~35天,高峰期的出草量占总出草量的85.71%。板茬夏玉米田杂草出草盛期较早,时间较长,通常第一个出草高峰期在播后5~10天,出草量占总出草量的26.73%,第二个出草高峰期在播后25~35天,出草量占总出草量的49.3%。

2.发生条件

旱稗为夏生杂草，在10~40℃萌发,以20~30℃为萌发适温。在旱地土层中，出苗深度为0~9厘米，以0~3厘米为最多。北方地区5月出苗,8月开花,6月成熟，种子边成熟边脱落,霜降来临时枯死。一株有种子100~1000粒,种子有芒,可借风或水流传播。稗草适应性极强,喜水湿,耐干旱,喜温暖,能抗寒,耐盐碱。

五、防治技术

1.农业防治

(1)中耕除草 玉米为中耕作物,出苗后要早松土,中耕灭茬;勤松土,清除杂草,促进玉米的根叶生长。中耕除草要掌握“两头浅、中间深，苗旁浅，行中深”的原则,每半月左右中耕一次，使杂草在发芽高峰之前，得以清除。草害重的田块,在杂草发芽高峰后,再中耕2~3次,结合人工除草,直至玉米植株封行为止。最后一次中耕除草要结合培土,将土壤培到玉米植株基部,形成小高垄,防止玉米倒伏。

(2) 秸秆还田压草 夏玉米在出苗后至4~5叶期,将麦秆扎碎铺于玉米行间，进行秸秆还田每亩覆盖200~250千克麦秸秆，具有显著的压草效果，较大地降低了杂草生长数量。

2.化学防治

(1) 用亨达玉后 (15%磺草酮水剂)宜在杂草3~4叶期均匀喷雾,用量为春玉米200~250毫升/亩，夏玉米300~350克/亩。

(2)夏玉米播种时间,对田间已有残存杂草,在杂草出苗前,进行土壤封闭处理。每亩用50%乙草胺乳油75~150毫升,对水30千克土表喷雾,对土壤有机质含量低,质地轻,墒情适宜的田块,气温高时,施药量采用下限;反之,则用施药量的上限。如夏玉米播种时,田间无残存杂草,以一年生禾本科杂草为主的地块,每亩用50%乙草胺乳油100~125毫升,或45%异丙·莠水悬浮剂175 ~200克。在玉米3~5叶期,杂草3叶期前对水30千克,防效达89.6%,是目前生产上主要使用的除草法。它省工、节本、效率较高,深受农民欢迎。另可用亨达玉状员 (62%滴丁·乙草胺·莠悬浮剂)于春玉米田200~250克/亩土壤喷雾或亨达玉黄上(48%2,4–滴丁酯·丁草胺·莠去津悬浮乳剂)250~300克/亩播后苗前土壤喷雾。

(3)夏玉米播种后，对错过防除适期，田间杂草已经长大，土壤处理剂不起作用的田块，可采用灭生性触杀型茎叶处理剂进行处理，在夏玉米4~6叶期，每亩用杰除(200克/升百草枯水剂)180~200克，对水30千克，喷于杂草茎叶上，不能喷在玉米植株上。

草害:牛筋草

一、发生为害特点

1.病害分布及为害程度

牛筋草属禾本科一年生草本植物。别名千金草、千人拔、蟋蟀草、油葫芦草、野鸡爪、扁草等。广布全国各地。是玉米田的重要杂草。一般发生田块10%~30%，严重地块可以超过50%。

2.难防指数 ★★★★

3.难防原因

(1)世界性恶性杂草；

(2) 种子边成熟边脱落，生活力强；

(3)除草剂使用要求一定湿度，有些较干旱地区无法保证。

二、诊断要点

幼苗第一片真叶线状披针形，直出平行脉9条，叶舌环状，齿裂，叶鞘对折。全株两侧扁平，光滑无毛。

三、形态特征

牛筋草为一年生草本，高15~90厘米；须根细而稠密。秆丛生，直立，或自基部倾斜向四周开展。叶鞘压扁，有脊，无毛或疏生疣毛，鞘口常有柔毛；叶舌长约1毫米；叶片长披针形，扁平或卷摺，长达15厘米，宽3~5毫米，无毛或表面常生有疣基的柔毛。穗状花序2至数枚成指状着生于秆顶，长3~10厘米，宽3~5毫米；小穗有花3~6朵，无柄，紧密地成双行复瓦状排列于穗轴一侧，两侧压扁，长4~7毫米，宽2~3毫米；两颖不等长，第1颖长

1.5~2 毫米，第 2 颖长 2~3 毫米，边缘质较薄，宿存，披针形，顶端尖，有 1 脉成脊，脊上粗糙；第 1 外稃长 3~3.5 毫米，内稃短于外稃，沿脊有细纤毛。种子卵形，黑褐色，成熟时有波状皱纹，疏松地包裹于质薄的果皮内。

四、发生规律

1. 为害规律

花果期 6~10 月。通常 4 月中下旬出苗，5 月上、中旬进入发生高峰，6~8 月发生少，部分种子 1 年内可生 2 代。秋季成熟的种子在土壤中休眠 3 个多月，在 0~1 厘米土中发芽率高，深 3 厘米以上不发芽。春玉米田牛筋草有 1 个明显的高峰，出现在播后 50 天，出草量占总出草量的 64.3%。

2.发生条件

发芽需在 20~40℃变温条件下有光照。恒温条件下发芽率低，无光发芽不良。最适土壤深度 0~1 厘米，土层 3 厘米及以下的种子不能萌发，要求的最适土壤含水量为 10%~40%。

五、防治技术

1.农业防治

彻底腐熟农家肥料；细致地田间管理，成熟前割除地上部供饲用，或拔取全株沤制绿肥。

2.化学防治

较理想的除草剂是茎叶处理除草剂中的 20%克芜踪水剂、10%草甘膦水剂、41%农达水剂、74.7%农民乐水溶性粒剂、亨达玉后(15%磺草酮水剂)。当牛筋草处于幼苗期每亩可喷施克芜踪 100~150 毫升对水 25 千克的药液。而当牛筋草的茎叶已很茂盛但尚未开花前，则每亩可喷施草甘膦 900~1200 毫升或农达 200~250 毫升或农民乐 150~200 克，各对水 30 千克的药液。也可用亨达旱田封(60% 2,4-滴丁酯·扑草净·乙草胺乳油)，于春玉米苗前 200~250 克/亩土壤喷雾或亨达玉黄上(48%2,4-滴丁酯·丁草胺·莠去津悬乳剂）于春玉米播后苗前 250~300 克/亩土壤喷雾。

第四部分

棉花田疑难病虫草害防控指南

病害:枯萎病

一、发生为害特点

1.病害分布及为害程度

枯萎病是为害棉花的主要病害之一,是一种世界性的病害,在我国各主产棉区均有发生。20 世纪 80 年代中期以后,随大量抗病品种的推广,枯萎病在我国南北棉区基本得到控制,但局部棉区发生仍然较重,其中特别是新疆棉区常造成大片死亡。近年该病害在河南、河北等省份有所回升,目前仍是棉花生产上的一个重要问题。

2.病害类型

为典型的土传真菌性病害。

3.难防指数 ★★★★

4.难防原因

(1)土传病害,病原物可以长期在土壤中存活;

(2) 近年大面积推广抗虫棉,部分品种高度感病;

(3)轮作措施、田间卫生等农业措施很难有效进行;

(4) 缺乏有效的防治药剂,大面积发生时,很难进行药剂防治。

二、诊断要点

1.为害部位

根部侵染,系统发病,全株表现症状。

2.症状特点

枯萎病在棉花子叶期即可表现症状,现蕾期达到发病高峰。由于生育期及气候条件的不同,常表现出不同的症状类型。

(1) 黄色网纹型 病叶叶脉褪绿变黄,叶肉仍为绿色,呈现黄色网纹状,最后叶片变褐枯死或脱落。

(2) 紫红型或黄化型 子叶或真叶呈紫红色或黄色,多在叶缘发生,无明显网纹,严重时全叶或整株枯死。

(3)青枯型 多发生在暴雨后,全株叶片萎蔫下垂,青干枯死。

(4)皱缩型 病株节间缩短,明显

矮化，叶锤深绿色，稍增厚，皱缩不平。病株维管束变为深褐色。有时产生顶枯症状。

无论何种症状类型，木质部微管束均变为深褐色。

3.病征

湿度大时，枯死茎秆上可产生粉红色霉层。

三、病原特征

病原为尖孢镰刀菌萎蔫专化型（*Fusarium oxysporum f. sp.vesinfectum*），属半知菌亚门真菌。菌丝透明，具分隔，在侧生的孢子梗上生出分生孢子。病菌有大小两种类型的分生孢子，大型分生孢子镰刀型，略弯，两端稍尖，具2~5个隔膜；小型分生孢子卵圆形，无色，多为单细胞。厚垣孢子顶生或间生，黄色，单生或2~3个连生，球形至卵圆形。

四、发生规律

1.侵染循环

病菌主要以菌丝体潜伏在棉籽的短绒、种壳和种子内部，或以菌丝体、分生孢子及厚垣孢子在病残体及土壤中越冬，成为来年的初侵染来源。另外，带菌的棉子饼、棉子壳及未腐熟的土杂肥，也可成为初侵染来源。病菌主要从伤口侵入，也可由根梢直接侵入。在自然情况下根部所受的各种虫伤及机械伤均有利于病菌侵入，特别是土壤线虫较多的棉田，它所造成的伤口为病菌侵入创造了条件。病菌侵入后在微管束中蔓延扩展，造成植株系统发病。一般无再侵染。棉花苗期即可出现症状，现蕾前后达到发病高峰。

2.发病条件

棉花枯萎病的发生与流行主要与品种抗性、栽培条件、土壤线虫与气候条件等有关。

（1）品种抗性　不同棉花品种对枯萎病的抗性差异很大，分别表现为免疫、高抗、中抗、中感和高感。一般亚洲棉对枯萎病的抗病性较强，陆地棉次之，海岛棉较差。棉花不同发育期抗病性也不一样，一般前期易感病，后期比较抗病。

（2）栽培条件　多年连作，可使病菌在土壤内不断积累，发病逐年加重。地势低洼、排水不良、地下水位高的地块一般发病较重。偏施氮肥和施用未腐熟的带菌肥料、营养失调，会促进病害发展。

（3）气候条件　枯萎病的发生与

温度、降雨量和土壤湿度有关,气温20~28 ℃时发病严重,气温高于 28 ℃则对病害发展不利。生长期多雨导致土壤温度下降,又增加了土壤湿度,有利于病害发生。

(4) 土壤线虫 土壤中线虫数量与枯萎病的发生呈正相关。土壤线虫能侵害棉根造成伤口,有利病菌的侵入。就线虫在土壤中分布情况来看,一般感病品种棉花根围的线虫数量要比抗病品种明显增多。连作地、重病地及病株根围线虫数最多。

五、防治技术

1.种植抗病品种

种植抗病品种是防治枯萎病最经济有效的措施。目前生产上的抗病品种很多,要因地制宜地选用适合当地的抗病丰产品种,重病区要大幅度压缩感病品种种植面积。

2.农业防治

在重病田用小麦、玉米等禾本科作物与棉花轮作 3~5 年,对减轻病害有明显作用,实行稻棉水旱轮作或苜蓿与棉花轮作以及种植绿肥等效果更佳。加强栽培管理,在施足基肥的基础上,增施磷、钾肥,及时追肥,提高抗病力,施用无菌净肥。同时要及时清沟理墒、中耕除草松土。平整土地,精耕细作,深翻改土,可促进棉苗生长,增强抗病力。

适时播种,合理密植,及时定苗,拔除病苗。可推广用无病土育苗移栽。在苗期发病高峰前及时深中耕、勤中耕,能减轻发病。在棉苗 2~3 片真叶时喷施 1%~1.5%的尿素液等都有利于棉苗的生长发育,提高棉株的抗病能力。合理灌溉,避免大水漫灌,雨后及时排除积水。清洁棉田,将病田间定苗、整枝、打叶等的枝叶,以及收获后的病株残体,集中进行处理或烧毁。

3.化学防治

(1)土壤处理,消灭零星病点 收获后可在病棉株周围土壤翻松 (深度40~50 厘米),用棉隆原粉 70 克/平方米或 50%可湿性粉 140 克/平方米,均匀施入土壤内,然后用于细土严密封闭病点。

(2) 种子处理 棉种经硫酸脱绒后用 0.2%乙蒜素药液,加温至 55~60℃温汤浸种 30 分钟或用 0.3%的50%多菌灵胶悬剂在常温下浸种 14小时,晾干后播种(种子经硫酸脱绒后,再在 80%402 抗菌剂 55~60℃药液中浸 0.5 小时,或用有效成分 0.3%

的多菌灵胶悬剂在常温下浸泡毛籽14小时)。

(3)田间施药 在病害发生初期，用菌大夫（50%多菌灵可湿性粉剂）1000倍液或托上托(70%甲基硫菌灵可湿性粉剂)1500倍液，或14%络氨铜水剂1500倍液，或30%琥胶肥酸铜可湿性粉剂600倍液喷雾或灌根，每株100毫升,20天后再灌一次,共灌根两次,有一定防病效果。

病害:黄萎病

一、发生为害特点

1.病害分布及为害程度

黄萎病是一种世界性病害,在各棉花产区均有发生。棉花黄萎病在我国已遍及全国各产棉区。进入20世纪90年代,黄萎病扩展速度更快,并出现成片病株落叶成光秆的棉田,损失相当严重。据估计,我国每年黄萎病的发生面积大约在266.7万公顷,占全国植棉面积的一半,每年损失皮棉约200万担。近年来,由于多种因素,棉花黄萎病有加重的趋势,已成为棉花生产中发生最普遍、损失严重的病害。

2.病害类型

为典型的土传真菌性病害。

3.难防指数 ★★★★★

4.难防原因

(1)土传病害,病原物可以长期在土壤中存活;

(2)缺乏高抗品种,大多数品种感病;

(3)轮作措施等农业防治措施很难有效进行;

(4)缺乏高效防治药剂,药剂防治效果不佳。

(5) 病菌变异，产生落叶型等致病力强的菌株。

二、诊断要点

1.为害部位

根部侵染,系统发病,全株表现症状。

2.症状特点

一般在3~5片真叶期开始显症，生长中后期棉花现蕾后田间大量发病。有两种类型症状：

(1) 普通型　病株症状自下而上扩展。发病初期在叶缘和叶脉间出现不规则形淡黄色斑块，病斑逐渐扩大，从病斑边缘至中心的颜色逐渐加深，而靠近主脉处仍保持绿色，呈"褐色掌状斑驳"，随后变色部位的叶缘和斑驳组织逐渐枯焦，呈现"花西瓜皮"症状；重病株到后期叶片由下向上逐渐脱落，蕾铃稀少。

(2) 落叶型　这种类型主要特点是顶叶向下卷曲褪绿、叶片突然萎垂，呈水渍状，随即脱落成光秆，其上叶、蕾，甚至小铃在几天内可全部落光，后植株枯死，对产量影响很大。

两种类型症状病株根、茎维管束均变为褐色，但较枯萎病变色浅。

3.病征

湿度大时，病株枯死，叶片背部可见稀疏白色霉层。

注意枯萎病和黄萎病症状的主要区别：一般枯萎病发病早，出苗后即可发生，现蕾期达发病高峰；黄萎病发病较晚，一般在现蕾期才开始发生，花铃期达高峰。枯萎病常引起植株明显矮化、枯死；黄萎病一般不产生严重矮化和早期死亡。枯萎病叶脉可变黄，呈黄色网纹症状；黄萎病没有叶脉变黄的症状。枯萎病维管束变色较深，黄萎病维管束变色较浅。在秋雨多时，枯萎病有时可在枯死茎秆及节部产生粉红色霉层，而黄萎病则在枯死叶片上产生白色霉层。

三、病原特征

病原为大丽花轮枝孢(*Verticilliu dahliae*)，属半知菌亚门真菌。菌丝体无色，有分隔。分生孢子梗直立，无色，呈1~2次轮状分枝，轮枝顶端或顶枝着生分生孢子。分生孢子长卵圆形，单胞，无色。菌丝中细胞壁增厚形成黑褐色的厚垣孢子，许多厚壁细胞结合成近球形微菌核。该病菌寄主范围十分广泛，可侵染为害数百种植物。

四、发生规律

1.侵染循环

病菌主要以微菌核和菌丝体在土壤、病残组织、带菌的棉籽、棉籽饼、棉籽壳和未经腐熟的土杂肥及田间带病寄主中越冬。种子带菌主要是短绒带菌，内部带菌率很低，但对病害的传播仍起重要作用。病残体和土

壤中的微菌核是主要的侵染来源。在适宜条件下，黄萎病菌的菌丝可直接从棉花根毛细胞、根表皮细胞或根部伤口侵入，经皮层进入导管，并在其内繁殖产生大量的菌丝和分生孢子，随导管中的上升液流，很快扩散到全株。一般蕾期零星发生，花铃期(7~8月)进入发病高峰期。

2.发病条件

该病的发生与土壤菌量、气候条件、病菌的致病性变异、品种抗病性和耕作栽培措施密切相关。

(1) 土壤菌量　土壤中菌源数量与黄萎病发生程度呈正相关。据研究，每克土壤只需含有0.03个微菌核就可造成发病，增加到0.3~1.0个时，病株率为20%~50%，3.5个或更多时，发病率可达100%。连年种植棉花或与其寄主作物轮种，使土壤含菌量逐年增加，发病日趋严重。

(2)气候条件　温度在25℃左右，相对湿度80%以上有利于该病发生。低于22℃，高于30℃发病缓慢，超过35℃即可发生隐症。由于夏季高温对病害有明显的抑制作用，所以田间多出现两次发病高峰。北方棉区一般在现蕾初期开始发病，6月下旬至7月中旬出现第一次发病高峰，以后因夏季高温使病害发展受抑制，甚至出现隐症，8月份后随气温降低又出现第二次发病高峰。

(3) 棉花种和品种抗病性　棉花不同种和品种间对黄萎病的抗病性存在明显差异，以海岛棉抗病性最强，陆地棉次之，亚洲棉较弱。在陆地棉中不同品种间的抗病性也有明显区别。但目前对黄萎病高抗的棉花品种不多，特别对落叶型黄萎病菌抗病品种更少。

(4) 病菌变异　棉花黄萎病菌变异可导致产生新的生理小种或致病类型。不少研究认为，目前黄萎病菌的致病性增强和落叶型菌系的出现，是近年来我国棉区黄萎病流行的重要因素之一。

(5)栽培条件　连作地块病重，与非寄主作物如玉米、高粱、小麦、大麦等轮作病轻，特别是与苜蓿轮作及水旱轮作防病效果更好。地势低洼、排水不良的棉田有利于病害发生。土壤缺肥，尤其缺磷、钾肥或施氮肥过多，大水漫灌的棉田病重。地膜覆盖由于具有保温提墒保湿的作用，有利黄萎病菌的发生，发病早而重。

五、防治技术

1.抗性品种

近年来,我国相继育成对黄萎病抗病性或耐病性较好的豫棉19号、豫棉21、豫杂35号等,对减轻黄萎病的发生发挥了重要作用。但由于高抗黄萎病的陆地棉抗源缺乏,抗性遗传基础狭窄,目前生产上真正达到抗病优质高产的棉花品种不多,抗病育种工作有待于进一步加强。

2.农业防治

(1) 加强植物检疫 坚持病区棉种严禁外调,保护无病区,严防病菌传播,特别应严禁将落叶型黄萎菌株随调种传入。

(2) 加强栽培管理 采用无病土育苗移栽,可以避过苗期病菌侵染,推迟发病,增强棉苗抗病能力。棉田坚持与禾本科、绿肥等实行3年以上轮作,避免与黄萎病菌的寄主或宿生植物换茬。有条件地区实行水旱轮作,可以有效压低土壤菌源,起到防病效果。清洁棉田,杜绝棉秆还田,病田棉秆、枯枝落叶应彻底清除,集中烧毁,不能用以沤肥,以防粪肥传病。采取重打顶,并在根部近地面处,用刀子划开一个5厘米长的口子,可一定程度地控制黄萎病的为害。合理施肥,氮、磷、钾肥配合施用,合理灌水,深翻改土,改变棉田生态条件,达到防病增产。

3.化学防治

(1)土壤处理 对于零星病田,病穴用16%氨水或氯化苦、福尔马林、90%~95%棉隆粉剂等进行土壤熏蒸或消毒。

(2) 棉种消毒 棉种可先进行硫酸脱绒,然后再用80%乙蒜素乳油,用量为种子重量的0.2%,药液加热至55~60℃后浸泡棉籽30分钟,可有效地杀灭棉种内、外的枯萎病和黄萎病病菌。也可用菌大夫(50%多菌灵可湿性粉剂)10克溶在25毫升的10%稀盐酸中,对水975毫升,配成1000毫升药液,再按每5公斤棉种用药液17.5~20公斤于室温下浸种24小时,捞出后晾干播种。

(3) 田间施药 发病初期用金灭萎(15%混铜·多菌灵悬浮剂)、菌大夫(50%多菌灵可湿性粉剂)1000倍液或托上托 (70%甲基硫菌灵可湿性粉剂)1000~1500倍液喷雾或灌根,连续施药两次,有一定防病效果。据报道,田间喷施缩节胺也可减轻发病。

病害:棉苗病害

一、发生为害特点

1.病害分布及为害程度

棉苗病害种类复杂,世界各地分布广泛,计有20余种,各地棉苗病害种类和为害程度也存在差别。我国北方棉区过去以立枯病和炭疽病为主,红腐病发生也比较普遍。近年来,红腐病发生更加严重,已占第一位。南方棉区以炭疽病为主,有些地区立枯病和红腐病发生也比较普遍,但在移栽苗的苗床上,红腐病和猝倒病为害较重。新疆棉区以立枯病和红腐病为主,炭疽病极少见。由于春季气温变化大,常有倒春寒天气,棉苗病害发生严重,一般发病率为50%以上,重者达80%以上,死苗率10%左右,有些地块死苗率高达30%~50%,致使大量缺苗断垄,甚至毁种重播,对棉花生产危害很大。

2.病害类型

是一类病原复杂、土传和种传为主的真菌性病害。

3.难防指数 ★★★

4.难防原因

(1) 苗期气候条件多有利于发病;

(2)病原复杂,田间菌源充足;

(3)品种普遍抗性差;

(4) 单一杀菌剂效果往往不佳。

二、诊断要点

1.为害部位

棉苗病害主要为害棉苗茎基部和根部,有时也为害子叶和真叶。后期部分棉苗病害如炭疽病、红腐病还可为害棉铃。

2.症状特点

(1) *炭疽病* 苗期发芽后出苗前受害可造成烂种;出苗后茎基部发生黑褐色凹陷条斑,扩展缢缩造成幼苗死亡。子叶边缘出现圆或半圆形黄褐斑,后干燥脱落使子叶边缘残缺不全。

(2)*红腐病* 苗期染病,幼芽出土前受害可造成烂芽。出土后受害根尖变褐坏死,后变黑褐色腐烂。幼茎染病导管变为暗褐色,近地面的幼茎基部出现黄色条斑,后变褐腐烂,幼根、幼茎肿胀。子叶、真叶边缘产生灰红色不规则斑。

(3) 立枯病 棉花播种后至出苗前被病菌感染,内部变褐腐烂,造成烂种;受害轻的种子虽能萌发,但幼芽被害呈黄褐色,不久腐烂,即烂芽;幼苗出土后,被病菌感染的幼苗,在根部和近地面茎基部出现黄褐色病斑,以后逐渐扩大呈黑褐色,并包围整个根茎部位,形成黑褐色环状缢缩,病苗很快萎蔫枯死,死后病苗多直立不倒。

3.病征

炭疽病发病部位潮湿时可产生暗红色黏质状物,即病菌分生孢子;红腐病发病部位或枯死苗上产生粉红色霉层;立枯病病株周围常见蛛丝状菌丝体,和小土粒纠结在一起。

三、病原特征

(1) 炭疽病菌 病原为棉炭疽菌(*Colletotrichum gossypii*),属半知菌亚门真菌。分生孢子着生在分生孢子梗上,排列成浅盆状,分生孢子盘有刚毛,刚毛暗褐色,有2~5个隔膜。分生孢子梗较短,其上可连续产生分生孢子。分生孢子无色,单胞,长椭圆或短棍棒形,多数聚生,呈粉红色。

(2) 红腐病菌 病原为多种镰刀菌,以串珠镰刀菌(*Fusarium moniliforme*)为主,属半知菌亚门真菌。该菌有大小两种分生孢子。大型分生孢子镰刀形,直或略弯,无色,多数3~5个隔膜。小型分生孢子近卵圆形,无色,多数单胞,串生或假头生。

(3) 立枯病菌 病菌无性态为立枯丝核菌(*Rhizoctonia solani*),属半知菌亚门真菌。菌丝发达,初期无色、较细,近似直角分枝,离分枝点不远处生有一个隔膜,一般每个细胞内有4~5个细胞核。老熟菌丝黄褐色,较粗壮,常形成一连串的桶形细胞,分枝处也多呈直角分枝。后期形成黑褐色不规则形菌核。自然情况下很少发现其有性态。

四、发生规律

1.侵染循环

棉花苗期病害的初次侵染来源主要是土壤、病株残体和种子。根据初侵染来源,棉花苗期病害可分为两种类型:一类以土壤为主,如棉花立枯病。该病菌属土壤习居菌,病菌菌丝和菌核能在土壤及其病残体上存

活2~3年之久,土壤及其病残体是其主要侵染来源。另一类以种子为主,如炭疽病,病菌主要以分生孢子和菌丝体潜伏在种子内外越冬,种子带菌是主要侵染来源,但病菌也可在病残体上存活。红腐病菌既能在土壤及其病残体上越冬,也可以分生孢子及菌丝体潜伏在种子内外越冬。另外,立枯病菌和红腐病菌寄主范围较广,田间罹病植物也可成为初侵染来源。次年播种后,带菌种子或土壤中的病菌也随之萌动,进行初侵染。发病后,病部产生的分生孢子可随气流、雨水和昆虫传播,进行再侵染。立枯丝核菌则通过流水、耕作活动等传播。

2.发病条件

棉苗病害的发生与气候条件、种子质量和耕作栽培措施有密切关系。

(1) 气候条件 播种后若土壤温度较长时间处在15℃以下,土壤湿度又较高,特别是温度先高骤然降温、气候剧烈变化时,幼苗易受损伤、生活力明显降低、抗病性明显下降,苗病易大量发生。

(2)种子质量 一般成熟度好、籽粒饱满的种子,生活力强,播种后出苗迅速、整齐而苗壮,不易遭受病菌侵染,发病较轻。而质量差的种子,如秕籽、破籽、霉籽,播后很易被病菌侵染,并向周围扩展。

(3) 栽培条件 多年连作会使土壤中病菌越积越多,加重病害的发生。播种过早或过深,使出苗延迟,棉苗弱小,抵抗力差,容易感病。地势低洼排水不良,地下水位较高,土壤水分过多,土壤温度偏低,通气性差,棉苗出土时间延长,长势弱,发病较重。地膜覆盖后若土壤湿度偏低,覆膜后有提墒促苗的作用,会减轻棉苗病害的发生;若土壤湿度大,覆膜后会加重棉苗病害的发生。

五、防治技术

1. 精心选种,适期播种

(1)选种 应选饱满、发芽率高和发芽势强的良种作为种用,淘汰秕籽、破籽、霉籽、虫籽、毛籽等。播种前种子应进行2天暴晒,具有杀菌和提高种子生活力的作用。

(2) 适期播种 过早播种容易引起烂种死苗,过晚播种影响棉花产量,最佳播期取决于地温和终霜期,一般土壤5厘米地温稳定在12℃左右,即可播种。另外注意播种深度,露地以4~5厘米为宜,地膜覆盖以2~3厘米为宜。

2. 种子处理

采用药剂拌种、包衣等方法可以有效地控制苗期病害，是一种经济有效、简便易行的防治措施。由于引起棉苗病害的病原种类比较复杂，且不同地区病原种类有所不同，各地可根据本地情况选用40%棉花保苗剂(拌种双和五氯硝基苯复配制剂)、50%多菌灵可湿性粉剂、50%甲基立枯磷可湿性粉剂、40%拌种双等杀菌剂按种子量0.5%拌种。近年推广利用种衣剂包衣的棉花种子，对棉苗病害也有很好的防治效果。

3.农业防治

棉田与禾本科作物实行3~5年以上的轮作。秋季深耕培土，将带菌残体翻入土壤下层，实行冬灌保墒。播前耙地整地，使其达到“齐、平、松、碎、净、墒”，可促使出苗整齐迅速，减少发病。田间适当早间苗，勤中耕，尤其雨后及时中耕，培育壮苗，促进棉苗早发，提高抗病力。

4.化学防治

在苗床或田间棉苗出土后发病初期，及时喷洒托上托(70%甲基硫菌灵可湿性粉剂)800倍液或金灭菱(15%混铜·多菌灵悬浮剂)、50%甲基立枯磷800倍液、50%苯菌灵可湿性粉剂1500倍液，控制病害发展蔓延。

病害：棉花烂铃病害

一、发生为害特点

1.病害分布及为害程度

棉铃烂铃病害是以疫病为主的多种真菌病害的总称，包括疫病、红腐病、炭疽病、红粉病、软腐病、曲霉病等。棉花烂铃发生普遍，在世界各地和我国各产棉区均有发生，是棉花铃期发生最普遍、最严重的病害。一般年份烂铃病害可使棉花减收10%以上，严重时可减收30%或更多，而且对籽棉品质影响很大。

2.病害类型

属于一类以土传、气传、雨水传播等多种传播方式传播的真菌性病

害。

3.难防指数 ★★★★

4.难防原因

(1)铃期往往多潮湿,气候条件多有利于发病;

(2)病原复杂,田间菌源充足;

(3)品种普遍抗性差;

(4)不易喷药防治,且单一杀菌剂效果往往不佳。

(5)蛀铃害虫种类多,造成的伤口有利于发病。

二、诊断要点

1.为害部位

多为害中下部和近地面果枝的棉铃。

2.症状特点

(1)*疫病* 多从棉铃苞叶下的果面、伤口、铃缝及铃尖等部位开始发生,初生淡褐、淡青至青黑色水浸状病斑,不软腐,后期整个棉铃变为有光亮的青绿至黑褐色病铃。棉铃疫病发生后,一些弱寄生的病原物可乘虚而入,进行二次侵染。

(2)*红腐病* 病菌多从伤口、铃尖、铃面裂缝或青铃基部易积水处侵入,发病后初成墨绿色、水渍状小斑,迅速扩大后可波及全铃,使全铃变黑腐烂。重病铃不能开裂,形成僵瓣。

(3)*炭疽病* 棉铃被害后,在铃面初生暗红色小点,以后逐渐扩大并凹陷,呈边缘暗红色的黑褐色斑。严重时可扩展到铃面一半,甚至全铃腐烂,使纤维成黑色僵瓣。

(4)*红粉病* 多在疫病发病后二次侵染,造成棉铃腐烂,不能正常开裂,发病后因病铃产生大量粉红色霉层,故称红粉病。

(5)*软腐病* 多在疫病发病后二次侵染,造成棉铃腐烂。发病后棉铃呈湿腐状,不能正常开裂,影响棉花质量和纤维强度。

3.病征

各种烂铃病害均可产生病征,但特点差异很大。棉铃疫病多雨潮湿时,棉铃表面可见一层稀薄白色霉状物,即病菌的孢囊梗和孢子囊;红腐病潮湿时,在病铃铃面和纤维上产生白色至粉红色的霉层;炭疽病病铃潮湿时病斑上生橘红色或暗红色黏质状物;红粉病铃面局部或全部布满粉红色厚而紧密的霉层,有时铃内纤维上也产生许多淡红色粉状物;软腐病病铃表面产生大量白色丝状菌丝,渐变为灰黑色,顶生黑色小粒点,即病菌孢囊梗及孢子囊。

三、病原特征

1. 疫病病菌

病原为苎麻疫霉(*Phytophthora boehmeriae*),属鞭毛菌亚门真菌。孢囊梗无色,单生或假轴状分枝。孢子囊初无色,后变黄至褐色卵圆形或柠檬形,顶端具一乳突。藏卵器球形,幼时淡黄色,成熟后为黄褐色;雄器基生,附于藏卵器底部;卵孢子球形,无色,单胞。

2. 红腐病菌

同棉苗病害。

3. 炭疽病菌

同棉苗病害。

4. 红粉病菌

病原为粉红复端孢(*Cephalothecium roseum*),属半知菌亚门真菌。分生孢子梗细长,直立而不分枝,顶端略弯曲,有2~3个隔膜,分生孢子簇生于梗端。分生孢子梨形或卵形,无色至淡粉色,双胞,分隔处略缢缩。另有资料报道,粉红单端孢(*Trichothecium roseum*)也可为害棉铃,引起红粉病。

5. 软腐病菌

病原为匍枝根霉(*Rhizopus stolonifer*),属接合菌亚门真菌。菌丝匍匐在棉铃表面或内部, 发达有分枝,有假根;孢囊梗2~3根丛生在假根上,顶端产生孢子囊。孢子囊暗褐色,球形,能产生大量孢囊孢子。孢囊孢子球形或多角形至梭形, 单胞,灰色或褐色。

四、发生规律

1.侵染循环

棉铃疫病病菌以卵孢子单独或随病残体在土壤中越冬,成为次年侵染来源。环境条件适合时,产生各类孢子,以孢子囊为多。孢子囊释放出游动孢子,随着土面溅散的雨水或灌溉等传播蔓延,多从伤口、铃缝侵入,也可从气孔或寄主表皮直接侵入。在夏季高温时,病菌产生卵孢子在土壤中越夏,至结铃期又产生孢子囊释放出游动孢子,随风雨飞溅传播到棉铃上进行侵染。田间可进行多次再侵染。

其他棉铃病害病原菌多在土壤及其病残体上越冬,所以土壤及其病残体是最重要的初侵染来源。另外有些棉铃病菌寄主范围较广,田间野生寄主植物也可成为初侵染来源。有些病菌如炭疽病菌和红腐病菌都可在苗期感染幼苗,前期感染也可为中后期的铃病发生提供菌源。其侵染途径

与病菌种类及其寄生性有关:寄生性较强的,如炭疽病菌等,除伤口侵入外,还可直接侵入,其他寄生性较弱的病原菌多由伤口或棉铃裂缝等处侵入。发病后,病菌则通过风、雨和昆虫传播,进行再侵染。再侵染次数多,铃病便会严重发生。

2.发病条件

棉铃病害的发生与气候条件、栽培措施、虫害、铃期等密切相关。

(1)气候条件　铃期连续阴雨、温度高、湿度大、棉田通风透光性差,会造成棉花烂铃病害严重发生。

(2)栽培措施　连作棉田,地势低洼、土质黏重、排水不良、田间植株密度大的棉田发病严重。早播地块和地膜覆盖棉田,成铃早,烂铃率高于未盖膜棉田。一般过量施用氮肥,导致中后期棉花徒长,棉田荫蔽,通风透光不良,田间湿度增高,有利于棉铃病害的发生。氮、磷、钾肥配合适当的棉田,棉株生长健壮,发病率较低。果枝节位低、短果枝、早熟品种受害重。

(3)虫害　虫害严重的棉田,因造成大量伤口,棉铃病害较重,棉铃虫、红铃虫等钻蛀性害虫为害棉铃造成蛀孔、伤口能诱发多种棉铃病害的发生,刺吸式口器害虫如棉蚜等造成的伤口,也能导致病菌入侵,加重铃病发生。

(4)铃期　铃期与棉铃病害的发生也有一定关系,如炭疽病菌较易侵染25~30天以上的棉铃,25天以内的幼铃受害较少,特别是吐絮前10~15天的棉铃最易受害。

五、防治技术

1.抗病品种

目前生产上棉花品种普遍感病。但据报道,早熟品种烂铃率较高,中熟棉品种烂铃率较低。一般具有窄卷包叶,小苞叶或无苞叶、无蜜腺以及早熟性好的品种,铃病发生较轻。

2.农业防治

(1)田间卫生,减少菌源　实行与禾本科作物2~3年轮作;收获后清洁田园,并进行棉田冬季深翻;生长期及时收摘烂铃、带出田间集中处理,可有效减少田间菌源。

(2)合理密植,及时化控　各地要根据本地实际情况,选留合适的密度,并注意及时化控,以防棉株徒长和棉田荫蔽,诱发棉铃病害发生。改进栽培技术,实行宽窄行种植,或采用深沟高畦法种植,可减轻病害。

(3)合理施肥和灌水　应掌握施

足基肥,早施、轻施苗肥,重施花铃肥的原则,同时氮、磷、钾要配合施用,使棉株生长稳健,不徒长,不早衰,通风透光好,并采取浅水沟灌,切忌大水漫灌,地下水位高的棉田要注意排水,均可减轻铃病的发生。

(4)加强田间管理 及时打顶、整枝、摘叶。生长过旺的棉田,要及时去空枝、抹赘芽、打老叶,并结合打边心等措施,使棉田通风透光,可减轻铃病发生。

3. 化学防治

棉田铃病发生初期,应及时进行药剂防治。根据具体病害种类,可选用久生(80%代森锌可湿性粉剂)、菌大夫(50%多菌灵可湿性粉剂)、飞矾(64%噁霜·锰锌可湿性粉剂)、代森锰锌、福美双、杀毒矾、乙磷铝、瑞毒霉、甲霜灵等药剂,最好几种药剂混用,扩大防病范围。有资料报道,58%甲霜灵·锰锌可湿性粉剂700倍液、飞矾(64%噁霜·锰锌可湿性粉剂)600倍液、走红(72%霜脲·锰锌可湿性粉剂)或克霜氰可湿性粉剂700倍液防效较好。药剂一般从8月上中旬开始,隔10~15天1次。另外,要加强对棉铃虫等害虫的防治,减少害虫造成的伤口,可以达到治虫防病的目的。

病害:红叶茎枯病

一、发生为害特点

1.病害分布及为害程度

棉花红叶茎枯病是一种生理性病害,在各产棉区均有发生,尤其是砂质土壤发病重。一般棉田病株率在10%~15%,严重的棉田病株率在60%~90%,受害轻的植株黄瘦铃少而小,纤维短,吐絮不畅,发病重的则植株提前枯死,棉铃不能成熟,对产量影响极大。

2.病害类型

由水肥失调引起的生理性病害。

3.难防指数 ★★★

4.难防原因

(1)棉区多为砂质土壤,保水保肥能力差;

(2)近年大量施用化肥,有机肥

施用量减少；

(3)有些品种易早衰，导致红叶茎枯病发生。

二、诊断要点

1.为害部位

整个植株，以叶片症状更加明显。

2.症状特点

发病初期叶片呈暗绿色，逐渐变厚、皱缩、发脆、失绿，而叶脉仍为绿色，同时叶缘下卷，以后从上而下、自外向内渐渐变黄或变黄后转为紫红色而脱落。病叶枯落时，叶柄与茎秆连接处有干缩的褐斑，茎部顶端干焦。棉株叶片先后脱落成光秆，以致全株枯死。有时病叶脱落后，茎秆不立即枯死，仍然能抽出腋芽，但不能开花结铃。茎秆发病，初期为水渍状长条病斑，后扩大成红褐色，最后为褐色，脱落叶柄与茎秆处有干缩的褐斑，病株根部粗短，须根极少，剖开茎秆，木质部没有变色。

三、病原特征

生理性病害，无病原物侵染和病征。

四、发生规律

棉花红叶茎枯是生理性病害，发病原因主要是肥水供应不足，而造成生理上的早衰，致使根系发育不良，导致棉株地上部分失去正常的平衡条件，其中棉株钾素营养不足是引起红叶茎枯病的主要原因。基肥施量不足、耕层浅、保水保肥能力差的地块发病重。棉花蕾铃盛期追肥不及时而造成棉株得不到完全的营养，特别是对钾肥的需求不能满足时棉花往往导致红叶茎枯病发生。

五、防治技术

1.抗性品种

重病区应选择生长旺盛，不易早衰的棉花品种。

2.农业防治

(1)施足基肥，增施有机肥；生长期合理追肥，巧施棉花盖顶肥，应氮、磷、钾配合施用；必要时用磷酸二氢钾等进行叶面追肥。

(2)加强田间管理，勤中耕，改善根系呼吸条件，促进根系发育，及时整枝打杈，摘老叶和防治病虫害。

虫害：棉铃虫

一、发生为害特点

1.发生分布及为害程度

棉铃虫（*Helicoverpa armigera*）属鳞翅目夜蛾科，是棉花生产上的一种重要害虫，广泛分布在我国及世界各地，以黄河流域、长江流域受害重。该虫是我国棉花种植区蕾铃期害虫的优势种，曾为害十分猖獗。常造成幼蕾脱落、烂铃等，严重影响棉花的质量和产量，甚至造成绝产。近年由于推广抗虫棉，为害得到一定控制。

2.虫害类型

杂食性钻蛀性害虫。

3.难防指数 ★★★

4.难防原因

(1)食性杂，寄主多，虫源量大；

(2)长期化学防治，抗药性强；

(3)由于抗虫棉产量低，抗病性差，有些地区未能大面积推广。

二、诊断要点

1.为害部位

可为害棉铃、花蕾、叶片等部位。除为害棉花外，还可为害玉米、高粱、小麦、水稻、番茄、菜豆、豌豆、苜蓿、芝麻、烟草、花生等多种农作物。

2.为害特点

为害棉花时，幼虫食害嫩叶成缺刻或孔洞；幼虫在苞叶内蛀食棉蕾，蛀孔处有粪便，花蕾苞叶张开变黄，易脱落。棉铃受害时，铃的基部有蛀孔，粪便堆积在蛀孔之外，被害棉铃遇雨易霉烂脱落。

三、形态特征

1. 成虫

体长15~20毫米，翅展31~40毫米，雌蛾多为灰褐色；雄蛾多绿褐色或青灰色。复眼球形、绿色。前翅内横线不明显，中横线呈波纹状，外横线很斜，与亚缘线皆呈波浪状，两线间有深灰色宽带，外缘有7个黑点，肾

形纹及环形纹暗褐色。后翅灰白色，沿外缘有黑褐色宽带，在宽带中央有2个相连的白斑，斑与缘毛间有褐色隔开。

2. 卵

近半球形，顶部稍隆起，底部较平。初产时乳白色，后变黄白色，将孵化时有紫色斑，具纵横网格。

3. 幼虫

一般有6龄，有时也有5龄。成长幼虫体长40~50毫米，头部黄褐色，有褐色网纹，体色变化大，有绿色、淡绿色、黄白色、淡红色等，背线一般有2条或4条，气门上线可分为不连续的3~4条，其上有连续白纹。体表满布褐色和灰色小刺，长而尖，其底座较大。腹面有黑色或黑褐色小刺，前胸侧气门前下方的1对毛的连线与前胸气门下端相切或相交。腹足趾钩为双序中带。

4. 蛹

长14~21毫米，宽5~6毫米，纺锤形，初为绿色，渐变为黄褐色，近羽化呈黑褐色，有光泽。腹部末端有1对臀刺，刺基部分开，腹部第5~7节的背面和腹面有7~8排稀而大的马蹄形刻点，滞育蛹化蛹后3~4天，眼面可见斜行黑点4个。

四、发生规律

1.发生规律

一年生3~5代，以滞育蛹在土中越冬。成虫于4月下旬始见，6月份进入棉花现蕾盛期，一代棉铃虫的卵主要产在棉株嫩头、嫩叶正面，现蕾早长势好的棉田着卵多，卵量大，受害重。二代成虫于7月及8月上旬盛发，把卵产在棉株顶心、边心的嫩叶及嫩蕾苞叶上，蕾花多、生长旺盛棉田着卵多，三代成虫于8月中下旬盛发，卵多散产在嫩蕾、嫩铃苞叶上，三代发生期长，发生量大，后期旺长、迟发棉田受害重。为害棉花期间降雨次数多且雨量分布均匀易大发生。

2.发生条件

棉铃虫生育适温为25~28℃，相对湿度75%~90%，为害棉花期间降雨次数多且雨量分布均匀易大发生。水肥条件好、长势旺盛、周围作物种类丰富的棉田，前作是麦类作物或绿肥的棉田，以及与玉米、花生、豆类、蔬菜邻作的棉田，对棉铃虫发生有利。天敌有赤眼蜂、绒茧蜂、茧蜂、姬蜂、寄蝇、蜘蛛、草蛉、瓢虫、螳螂、小花蟥等60多种。

五、防治技术

1.抗性品种

选种抗虫棉品种,可有效控制棉铃虫的为害,尤其是对2~3代棉铃虫的控制作用明显。

2.农业防治

(1) 麦棉套种棉田及短季棉,在麦收后及时中耕,可消灭部分一代蛹,压低虫源基数。

(2)棉田种植诱集作物,如每亩棉田种植玉米、高粱百余株,能较明显地减少棉上棉铃虫的落卵量,减轻棉铃虫对棉花的为害。

(3)加强田间管理,适时间苗、定苗、整枝、打顶、打空枝和打边心等,并及时将残留物带出棉田外集中处理。7~8月结合棉花根外追肥,往棉株上喷1%~2%过磷酸钙浸出液,可减少着卵量。

(4) 有条件的地区实行冬耕冬灌,消灭大量越冬蛹。

3.化学防治

要抓住卵孵化盛期至2龄盛期,幼虫蛀铃前喷洒杀虫剂。使用药剂种类很多,如每亩用35%赛丹乳油20~30毫升,或农地乐(522.5克/升毒·氯乳油)70~100毫升,或虫寂(2%阿维菌素乳油)30毫升、燕化(4.8%高氯·甲维盐微乳剂)50~80毫升、5%氟铃脲乳油150毫升,或40%辉丰1号乳油50毫升,或44%丙溴磷乳油50毫升、或75%拉维因乳油20毫升,对水75公斤喷雾。

防治第三、四代棉铃虫还可选用30%灭铃威乳油1500倍液、20%灭多威乳油1500倍液、35%顺丰2号乳油1000倍液、2.5%氯氰灵乳油1500倍液、20%农绿宝乳油1500倍液、20%抑食肼可湿性粉剂2000倍液、44%速凯乳油1500倍液,对抗性棉铃虫有效。

二代棉铃虫的卵多产在棉株顶端嫩叶上,喷药时要注意保护棉顶尖,把药集中喷在顶部叶片上,三、四代棉铃虫常把卵产在边心上,药应喷在群尖上,以保护幼蕾不受害或少受害。

4.其他措施

(1)灯光诱杀成虫,利用高压荧光汞灯、黑光灯或频振式杀虫灯诱杀棉铃虫成虫,效果显著,尤其在棉铃虫大发生时,可减少棉田落卵量50%以上,每灯距200米左右。

(2)利用杨树枝把诱杀,每亩用杨树枝把10把左右,效果显著。此外,应用性诱剂效果较好,可减少棉田有效卵量。

虫害:棉盲蝽

一、发生为害特点

1.虫害分布及为害程度

在我国棉区为害棉花的盲蝽有5种:绿盲蝽(*Lygocoris lucorum*)、苜蓿盲蝽(*Adelphocoris lineolatus*)、中黑盲蝽(*Adelphocoris suturalis*)、三点盲蝽(*Adelphocoris fasciaticollis*)、牧草盲蝽(*Lygus pratensiss*)。其中绿盲蝽(*Lygocoris lucorum*)分布最广,南北均有分布,且具一定数量;中黑盲蝽和苜蓿盲蝽分布于长江流域以北的省份;而三点盲蝽和牧草盲蝽分布于华北、西北和辽宁。棉盲蝽是生产上一种重要害虫,主要以成、若虫刺吸棉株顶芽、嫩叶、花蕾及幼铃上汁液,形成"公"棉花、"破头疯"和"扫帚棉",对棉花生产影响很大,严重地块可减产30%以上。

2.虫害类型

个体较小的刺吸式害虫。

3.难防指数 ★★★

4.难防原因

(1)缺乏抗虫品种,多数品种感虫,尤其是抗虫棉受害更重;

(2)个体较小,不易观察;

(3)寄主范围广泛,虫源基数大。

二、诊断要点

1.为害部位

可为害棉花子叶、真叶、幼铃等部位。除棉花外,豆类、玉米、马铃薯、瓜类、苜蓿、药用植物、桑、麻类、花卉、十字花科蔬菜等均可受害。

2.症状特点

棉盲蝽以成虫、若虫刺吸棉株汁液,造成蕾铃大量脱落、破头叶和枝叶丛生。棉株不同生育期被害后表现不同,子叶期被害,表现为枯顶,形成"公"棉花;真叶期顶芽被刺伤则出现"破头疯";幼叶被害则形成"破叶疯";幼蕾被害则由黄变黑,2~3天后脱落;中型蕾被害则形成张口蕾,不久即脱落;幼铃被害伤口呈水渍状斑点,重则僵化脱落;顶心或旁心受害,形成“扫帚棉”。

三、形态特征

绿盲蝽成虫体长5毫米左右，绿色，密被短毛。头部三角形，黄绿色，复眼黑色突出，无单眼。前胸背板深绿色，布许多小黑点，前缘宽。小盾片三角形微突，黄绿色，中央具1浅纵纹。前翅膜片半透明暗灰色，余绿色。足黄绿色，后足腿节末端具褐色环斑，跗节3节，末端黑色。

卵长约1毫米，黄绿色，长口袋形，卵盖奶黄色，中央凹陷，两端突起，边缘无附属物。若虫5龄，与成虫相似。初孵时绿色，复眼桃红色。2龄黄褐色，3龄出现翅芽，4龄超过第1腹节，2、3、4龄触角端和足端黑褐色，5龄后全体鲜绿色，密被黑细毛；触角淡黄色，端部色渐深。眼灰色。

四、发生规律

1.为害规律

棉绿盲蝽每年可发生3~5代，由南向北发生代数逐渐减少。在大部分地区，以卵在棉花枯枝铃壳内或苜蓿、蓖麻茎秆、茬内、果树皮或断枝内及土中越冬。翌春3~4月旬均温高于10℃或连续5日均温达11℃，相对湿度高于70%，卵开始孵化。第1、2代多生活在紫云英、苜蓿等绿肥田中。成虫寿命长，产卵期30~40天，发生期不整齐。成虫飞行力强，喜食花蜜，羽化后6、7天开始产卵。非越冬代卵多散产在嫩叶、茎、叶柄、叶脉、嫩蕾等组织内，外露黄色卵盖，卵期7~9天。6月中旬棉花现蕾后迁入棉田，为害盛期在棉花现蕾到开花盛期，7月达高峰，8月下旬棉田花蕾渐少，便迁至其他寄主上为害蔬菜或果树。

2.发生条件

棉盲蝽受气候条件的影响较大，几种盲蝽中以绿盲蝽适宜的温度范围较广。越冬卵多在相对湿度为60%以上时才大量孵化。一般6~8月降雨偏多的年份，有利于棉盲蝽的发生为害；棉花生长茂盛，蕾花较多的棉田，发生较重。

棉盲蝽的发生与棉田周围环境有直接关系，一般靠近冬寄主和早春繁殖寄主的棉田，常发生早而重。

棉盲蝽的天敌有蜘蛛、寄生螨、草蛉以及卵寄生蜂等，以点脉缨小蜂、盲蝽黑卵蜂、柄缨小蜂3种寄生蜂的寄生作用最大，自然寄生率可达20%~30%。

五、防治技术

1. 农业防治

早春越冬卵孵化前，清除棉田及附近杂草，消灭越冬卵，减少早春虫口基数，收割绿肥不留残茬，翻耕绿肥时全部埋入地下，减少向棉田转移的虫量。科学合理施肥，控制棉花旺长，减轻盲蝽的为害。

2.化学防治

从棉花苗期至蕾铃期当百株有成、若虫1~2头或新被害株达3%时，可用农地乐（522.5克/升毒·氯乳油）70~100毫升或虫寂（2%阿维菌素乳油）或10%吡虫啉可湿性粉剂或10%虫螨腈乳油1500倍液，或斯达速（480克/升毒死蜱乳油）1000~2000倍夜，或25%硫双威乳油1500倍液，或10%除尽乳油、20%灭多威乳油2000倍液或5%抑太保乳油2000倍液，或30%敌百虫·啶虫脒乳油1000~2000倍液进行喷雾防治。施药时应尽量减少高毒有机磷农药的使用，保护棉田天敌。

草害：香附子

一、发生为害特点

1.草害分布及为害程度

香附子别名香头草、回头青、雀头香、莎草根等。属莎草科莎草属多年生杂草。生于荒地、路边、沟边或田间向阳处。分布于我国辽宁、河北、河南、山东、浙江、广东、甘肃、云南等省区。常成单一的小群落或与其他植物混生与之争光、争水、争肥，致使其他植物生长不良。它还是白背飞虱、黑蝽象、铁甲虫等昆虫的寄主。是一种世界性为害较大的恶性杂草之一。由于其块茎会分泌一些酸类物质，发生严重时会抑制、干扰作物的生长。

2.难防指数 ★★★★

3.难防原因

(1)世界性恶性杂草；

(2)块茎萌发能力强，尤其破裂后有效萌发率更高；

(3)块茎休眠程度不同，每年都

有不同程度的萌发,很难彻底清除。

二、诊断要点

幼苗第一片真叶线状披针形,具明显的平行脉 5 条,常从中脉处对折,横剖面三角形。第三片真叶具 10 条明显的平行脉。匍匐根状茎细长,叶丛生于茎基部,叶鞘闭合包于上,叶片窄线形,花序复穗状,小穗宽线形,柱头呈丝状,小坚果长圆倒卵形。

三、形态特征

多年生草本。有匍匐根状茎细长,部分肥厚成纺锤形有时数个相连。茎直立,三棱形。叶丛生于茎基部,叶鞘闭合包于上,叶片窄线形,长 20~60 厘米,宽 2~5 毫米,先端尖,全缘,具平行脉,主脉于背面隆起,质硬;花序复穗状,3~6 个在茎顶排成伞状,基部有叶片状的总苞 2~4 片,与花序几等长或长于花序;小穗宽线形,略扁平,长 1~3 厘米,宽约 1.5 毫米;颖 2 列,排列紧密,卵形至长圆卵形,长约 3 毫米,膜质,两侧紫红色,有数脉;每颗着生 1 花,雄蕊 3,药线形;柱头 3,呈丝状。小坚果长圆倒卵形,三棱状。花期 6~8 月。果期 7~11 月。

四、发生规律

1. 为害规律

以块茎和种子繁殖。每一株新生的植株,当长到 6~7 叶之后,新的块茎也就逐渐形成和长大,越冬的块茎是次年主要的繁殖体,每个块茎有 10~40 个潜伏芽,当 10 厘米处的土温到达 10℃以上时,潜伏芽开始萌动,萌芽的数量往往和休眠前积累的营养有关。

2.发生条件

多以块茎繁殖,块茎发芽的温度范围 13~40℃,最适温度 30~35℃。香附子生于土壤较湿润的农田、路旁或荒地。如果所在地的土壤疏松肥沃,而且在光照能充分满足的环境条件下,萌发的芽数多,通常仅萌芽少数几个,当块茎受到机械损伤破碎,每个碎块上的潜伏芽都会萌动,萌芽的总数会超过破碎前的数量,使香附子植株的密度增大,不利于防除,故采用人工挖除往往难以控制甚至助长它的为害。块茎不耐低温。块茎含水量减少到块茎重的 35%以上时也会使其终生丧失萌发能力,在荫蔽的条件下,会自我逐渐衰退而死亡。

五、防治技术

1.农业防治

(1)冬翻时采取深翻，将香附子的块茎翻到土面，使之受冻或失水，使块茎丧失生命力；

(2)中耕除草在棉花生产上广泛采用，能有效杀灭香附子植株。

(3)密植，一种有效的杂草防治措施之一，在一定程度上能降低杂草发生量，抑制杂草的生长。

(4)培育壮苗 可促进棉苗早封行，提高棉株的竞争性，抑制香附子的生长。

2.化学防治

(1)48%氟乐灵。用于土壤处理，每亩用75~150克，砂质土用75~125克，黏质土用125~150克。

注意：氟乐灵易光解失效，施药后要在2小时内混入3~5厘米土层中。

(2)50%乙草胺。在棉花播后苗前使用，每亩用100毫升。

(3)33%施田补乳油。在棉花播后苗前使用，每亩用200~300毫升。

(4)47%草甘膦水剂50~100毫升/亩，对水30千克。

3.其他防治措施

报道有用罗马柄锈菌的厚垣孢子进行香附子的生物防治。

草害：打碗花

一、发生为害特点

1.草害分布及为害程度

打碗花异名小旋花、兔耳草等，为旋花科打碗花属植物，茎细弱蔓生或微缠绕的多年生草本。全国各地均有分布。为常见的农田杂草。生于田间、撂荒地、村舍与路旁。为害夏熟和秋熟旱作物，大发生时成片生长，密被地面，缠绕向上，强烈抑制作物生长，造成作物倒伏。

2.难防指数 ★★★★

3.难防原因

(1)通常缠绕于植物上，人工拔除或用药效果受到限制；

(2)根芽繁殖能力极强,根质脆易断,用人工挖除很难除清;

(3) 种子生活力强, 落入土壤后能够保持较长时间的生活力。

二、诊断要点

种子出土萌发。子叶方形,长 0.9 厘米,宽 0.85 厘米,先端凹缺,全缘,叶基近截形,有 3 条明显叶脉,具长柄。下胚轴发达肥壮,上胚轴不发达,红色。初生叶 1 片,互生,单叶,卵状戟形,有明显叶脉,具叶柄。后生叶与初生叶相似。幼苗全株光滑无毛。

三、形态特征

多年生草本。根状茎细圆柱形,白色。茎蔓生、缠绕或匍匐状,有棱角,无毛,基部常有分枝。叶互生,基部叶片近椭圆形,长 1~4 厘米,宽 2~3 厘米,基部心形,全缘;茎上部叶三角戟形,侧裂片开展,常有 2 浅裂,中裂片披针形或卵状三角形, 先端钝,有尖头,基部心形,有长柄。花单生叶腋;苞片 2,长于萼筒,大形,绿色,先端凸尖,宿营存;萼片 5,长圆形,稍短于苞片,具小凸尖;花冠漏斗状,淡粉红色,长 2~3 厘米;雄蕊 5 个,基部膨大,有细鳞毛;子房上位,2 室;花柱细长,柱头 2 裂。蒴果卵圆形,光滑。种子卵圆形,黑褐色。

四、发生规律

1. 为害规律

根芽和种子繁殖,春季出苗。当年生种子有极高的硬实率,经过越冬的种子其硬实率有所下降,但种子活力下降较大;在土壤中,上层(0~5 厘米) 的种子发芽率低于下层 (5~15 厘米)种子,土壤对田旋花种子起有保护作用。为害 3~4 年的田旋花种子主要分布于 0~5 厘米 土壤层中,少部分能进入 5~25 厘米土壤层,25 厘米土壤层以下未发现有田旋花种子存在。根平伸或斜行在 50~60 厘米的土壤中,于夏、秋间在近地面的根上产生新的越冬芽。5~6 月返青,7~8 月开花,8~9 月成熟。

2.发生条件

打碗花喜潮湿肥沃的土壤。

五、防治技术

1.农业防治

(1)加强田间管理。作物收获后进行深度不少于 20 厘米的秋翻地,清除根部。

(2) 在棉花生长初期, 进行人工

拔(挖)除。

(3)中耕除草在棉花生产上广泛采用,能有效杀灭打碗花植株。

(4)密植，一种有效的杂草防治措施之一,在一定程度上能降低杂草发生量,抑制杂草的生长。

(5)培育壮苗 可促进棉苗早封行,提高棉株的竞争性,抑制打碗花的生长。

2.化学防治

10%乙羧氟草醚乳油 10~30 毫升/亩、48%苯达松水剂 150 毫升/亩、25%氟磺胺草醚水剂 50 毫升/亩、24%乳氟禾草灵乳油 20 毫升/亩,对水 30 千克,选择晴天、无风天气定向喷施。

也可在棉花生长中后期使用灭生性除草剂防治。在棉花现蕾后、株高 60 厘米以上时，用 20%百草枯水剂 200~300 毫升/亩,对水 40 千克,定向喷于棉株行间。10%草甘膦水剂 200~250 毫升/亩,草龄大时可加大剂量到 400~600 毫升/亩,对水 40 千克,定向喷施。操作时喷头上应增设保护罩,并压低喷嘴,防止药液沾染到棉花幼蕾或叶片。由于打碗花有多年生的根状茎，使用传导型除草剂-草甘膦效果更好。

草害:马唐

马唐的为害特点、诊断要点、形态特征和发生规律参见玉米田疑难草害-马唐解决方案。

防治技术

1.农业防治

(1)冬翻时采取深翻,将马唐种子埋入土壤深处,抑制种子萌发量;

(2)中耕除草在棉花生产上广泛采用,能有效杀灭马唐植株。

(3)密植，一种有效的杂草防治措施之一,在一定程度上能降低杂草发生量,抑制杂草的生长。

(4)培育壮苗 可促进棉苗早封行,提高棉株的竞争性,抑制马唐的生长。

2.化学防治

棉花生长发育的早期,杂草基本出齐、且处于幼苗期时及时用药。亨达断禾(8.8%精喹禾灵乳油)40~55毫升/亩或亨达精草通克(15.8%精喹禾灵乳油)15~22毫升/亩,或10.5%高效盖草能乳油20~40毫升/亩,或12.5%稀禾定乳油50~75毫升/亩,或24%收乐通乳油20~40毫升/亩,对水30千克均匀喷施。

棉花生长中后期可使用灭生性除草剂防治。在棉花现蕾后、株高60厘米以上时,用20%百草枯水剂200~300毫升/亩,对水40千克,定向喷于棉株行间。10%草甘膦水剂200~250毫升/亩,草龄大时可加大剂量到400~600毫升/亩,对水40千克,定向喷施。操作时喷头上应增设保护罩,并压低喷嘴,防止药液沾染到棉花幼蕾或叶片。

草害:牛筋草

牛筋草的为害特点、诊断要点、形态特征和发生规律参见玉米田疑难草害-牛筋草解决方案,防治方法参考棉田马唐的防治技术。

第五部分

花生田疑难病虫草害防控指南

病害:茎腐病

一、发生为害特点

1.病害分布及为害程度

花生茎腐病俗称“倒秧病”、“死秧”,是花生的常见病害,各花生产区均有发生,发病率一般为10%~20%,严重的达60%~70%,特别是连作多年的花生地块,甚至成片死亡。

2.病害类型

为既可土传又可种传的真菌性病害。

3.难防指数 ★★★★

4.难防原因

(1)土传病害,病原菌可以长期在土壤中存活;

(2)缺乏高抗品种,多数品种感病;

(3)花生田多年连作,病菌基数大,难以实施轮作等农业措施;

(4)发病较晚,后期施药防治效果不佳。

二、诊断要点

1.为害部位

该病主要为害花生茎基部,严重时造成整株枯死。

2.为害症状

苗期茎基部起初长出黄褐色水渍状斑,渐向四周发展,最后呈黑褐色,组织腐烂,表皮破裂,潮湿时病部密生小黑点,即病菌的分生孢子,而地上部则逐渐枯萎。干燥情况下病组织表皮干燥无光泽,干瘪状,纵向凹陷,紧贴茎组织,揭开表皮内部成纤维状,拔起病株时常从茎基处断裂。成株期地上部的主茎和侧茎感病,初期生黄褐色水浸状斑,以后向上下扩展,造成茎部黑褐色枯死斑,主、侧枝陆续枯死,病部密生小黑点。有时病部以上部分枝条枯死。

3.病征

潮湿时病部密生小黑点,为病菌的分生孢子器。

三、病原特征

病原为棉色二孢菌(*Diplodia gossypina*),属半知菌亚门真菌。分生孢子器初埋生在寄主表皮下,后突出表皮外露。球形,有孔口,内里产生分生孢子梗和分生孢子。分生孢子梗短,单孢;分生孢子初无色,单孢,长椭圆形,成熟后为黄褐色到黑褐色,中间生一隔膜,双孢。病菌寄主范围除花生外,病原菌还可侵染大豆、绿豆、豌豆和田菁等豆科作物和棉花等20余种植物。

四、发生规律

1.侵染循环

病原菌以菌丝体随病残体在土壤、粪肥中以及以菌丝体、分生孢子附着在种子表面越冬,作为第二年的主要侵染来源。远距离传播主要通过调种(如果壳上的病菌,花生仁表面的分生孢子等)。田间传播主要靠雨水,也可由农事操作中的施肥、耕作等传播。病原菌从根茎部的伤口及表皮直接侵入发病,发病后病株上产生的分生孢子随气流、雨水等进行多次再侵染,引起病害流行。

一般整个花生生育期可有两次明显的发病高峰。第一次是团棵开花期,常表现整株的急性枯死;第二次高峰即结果中后期,此间田间湿度大、温度高,菌源量大,常表现成片的植株死亡。

2.发生条件

该病的发生流行同气候条件、种子质量、栽培管理和品种抗性等因素有密切关系。

(1)气候条件 温暖多雨,土壤湿度大,或大雨骤晴,土温变化剧烈;气候干旱,土表温度高,植株受灼伤,往往易诱发本病。

(2)种子质量 收获期雨水多,种荚未充分晒干就入库,或入库后保管不善造成种荚发霉,种子生活力降低,种子带菌率增加,凡播种上述这些质量差的种子亦易发病。

(3)栽培管理 花生常年连作地块,或与豆类、棉花连作,发病重;土壤结构和肥力差的地块,或施用带病残体的土杂肥,发病也较重。

(4)品种抗性 品种间抗性有一定差异,但未发现免疫和高抗品种,过去报道巨野小花生、农花26、蓬莱白粒小花生等对该病均有一定抗性,近年发现花28、鲁花1号抗性较好。

五、防治方法

茎腐病防治应采取农业防治为

主，药剂防治为辅的综防措施。

1. 推广抗病品种

尽管品种普遍感病，但仍有一些品种具有一定抗性。目前发现抗病性较好的品种有花17，花28，鲁花1号，临花1号等，各地可根据具体情况推广使用。

2. 农业防治

(1)选种、晒种 做好种子选留和晒藏工作，避免种子霉捂；贮藏期和播种前应对种子进行暴晒。

(2)轮作 实行与禾本科作物、大蒜等轮作1~2年，可收到良好的防病效果。

(3) 加强栽培管理 因地制宜适当调节播植期；整治排灌系统，提高植地防涝抗旱能力；实施配方施肥，增施磷钾肥；精细整地，注意播种深度和覆土，促种子早萌发出土。

(4)田间卫生 收获时彻底清园，收集病残体并集中烧毁，勿用病秧堆沤肥，不要施用带病残体的土杂肥。

3.化学防治

(1) 药剂处理种子 采用2.5%适乐时悬浮种衣剂按1:300~500进行包衣处理，对茎腐病和根腐病具有很好的防治效果。也可用50%多菌灵可湿性粉剂或70%甲基托布津可湿性粉剂按种子量的0.5%，或25%多菌灵可湿性粉剂1%，先25~30千克水稀释成药液，倒入50千克种子浸种24小时，中间翻动2~3次，使种子把药液吸入；也可用50%多菌灵或70%甲基托布津可湿性粉剂按种子量的0.5%，或25%多菌灵种子量的1%，掺入细土1.5~2千克分层喷水撒药，然后拌匀，催芽播种。

(2) 药剂喷雾 当田间开始发病时，可喷50%多菌灵800倍液，或托上托（70%甲基硫菌灵可湿性粉剂）800倍液，每亩用药液50~75千克。一般可于基本齐苗后的发病初期喷一次，开花前再喷一次。

病害：白绢病

一、发生为害特点

1.病害分布及为害程度

白绢病是花生上一种主要病害，在世界各地均有发生。我国原来主要发生于长江流域，近年在黄淮花生产区发病逐渐加重。发病后常引起植株死亡，对产量影响很大。

2.病害类型

为典型的土传真菌性病害。

3.难防指数 ★★★★

4.难防原因

(1)土传病害，病原菌可以长期在土壤中存活；

(2) 缺乏高抗品种，多数品种感病；

(3) 寄主范围广，难以实施轮作等农业措施；

(4)缺乏有效的防治药剂。

二、诊断要点

1.为害部位

该病主要为害花生根部、茎基部和果实，严重时造成整株死亡。

2.为害症状

发病初期植株叶片枯黄，中午叶片闭合，早晚尚能展开；后茎基部变褐，呈软腐状，表皮脱落，呈纤维状，终致植株干枯而死。

3.病征

土壤湿度大时可见白色绢丝状菌丝覆盖病部和四周地面，后产生油菜籽状白色小菌核，最后变土黄色至褐色。

三、病原特征

病原为齐整小核菌(*Sclerotium rolfsii*)，属半知菌亚门真菌。营养菌丝白色，有明显缔状连结菌丝，每节具两个细胞核；在产生菌核之前可产生较纤细的白色绢状菌丝，细胞壁薄，有隔膜，无缔状联结，常 3~12 条平行排列成束。菌丝细胞壁呈纤维状。菌丝内的隔膜是典型的桶状隔膜,隔膜共5层。后期菌丝先长出侧生分支,后再多叉分枝,菌丝集合形成苞芽,逐渐变成球形菌核。菌核初为白色,后逐渐变为褐色。菌核在结构上可分为4部分:最外层是由暗褐色厚壁细胞形成的厚皮层;里面是壳层,由2~4层厚壁细胞连接排列而成;再里面是皮下层,由6~8层厚壁细胞构成;最内层是髓部,由菌丝状长形细胞疏松地组成,充满一些电子密度较高的小颗粒体。菌核内各细胞均具两个细胞核。成熟的菌核外皮含可抵抗恶劣环境的黑色素。

该菌寄主范围很广,包括豆类、茄科蔬菜、棉花、麻类、瓜类、林果、葱蒜类作物等。

四、发生规律

1.侵染循环

病菌以菌核或菌丝在土壤中或病残体上越冬,也可在多年生寄主植物上越冬,花生种子及种壳亦可带菌。土壤中菌核大部分分布在1~2厘米的表土层中。翌年菌核萌发,产生菌丝,从植株根茎基部的表皮或伤口侵入,也可侵入子房柄或荚果。病菌在田间靠流水或昆虫传播蔓延,引起再侵染。收获前达到发病高峰。

2. 发病条件

(1) 栽培条件 花生常年连作发病重,与葱蒜、豆类、蔬菜、棉麻等作物连作发生重。一般播种早发病重。种植过密、土壤黏重、排水不良、地势低洼、管理粗放、杂草丛生地块发病重。

(2)气候条件 高温、高湿,多雨年份易发病;干旱后暴雨,发病较重;雨后急晴,易导致病株迅速枯萎死亡。

(3) 品种抗性 不同品种抗性有一定差异,但未发现免疫和高抗品种。一般直立型品种比蔓生型品种易感病。

五、防治方法

1. 使用抗病品种及健株留种

结合当地具体情况,选用丰产抗病品种。选用无病种子,避免种子带菌。

2.农业防治

与水稻、小麦、玉米等禾本科作物进行3年以上轮作。施用腐熟有机肥,改善土壤通透条件。春花生适当晚播,苗期清棵蹲苗,提高抗病力。收获后及时清除病残体,并进行深翻,减少田间病菌。

3. 药剂防治

播种时用,或用种子重量0.5%的50%多菌灵可湿性粉剂拌种后播种，或用75%五氯硝基苯可湿性粉剂加50%福美双可湿性粉剂等量混匀后，加15倍细土制成药土盖种，每穴用药土75克。发病初期可喷淋50%苯菌灵可湿性粉剂或50%扑海因可湿性粉剂或50%腐霉利(速克灵)可湿性粉剂、20%甲基立枯磷乳油1000~1500倍液,每株喷淋药液100~200毫升。

病害:叶斑病

一、发生为害特点

1.病害分布及为害程度

花生叶斑病包括黑斑病和褐斑病，是花生上常见的两种叶部病害，在田间常同时发生,症状相似,主要造成叶片枯死、脱落,发生普遍,一般减产10%~20%，严重的可达40%以上。

2.病害类型

为典型的气传及风雨传播的一类真菌性病害。

3.难防指数 ★★★

4.难防原因

(1)常年连作,田间病菌积累较多,难以实施轮作等农业措施;

(2)缺乏高抗品种,多数品种感病;

(3)缺乏有效的防治药剂,一般药剂防治效果不佳。

二、诊断要点

1.为害部位

主要为害叶片、叶柄和茎蔓。

2.为害症状

两种病害主要发生在花生生长的中后期,褐斑病始发期比黑斑病稍早。在症状上二者有一定区别。

(1) 黑斑病 叶片上病斑初为褐色针头大小的小斑点,逐渐扩大成圆形病斑,直径为1~2毫米,病斑黑色,四周有不明显的晕圈,病斑背面有许多黑色小粒点,排列成轮纹状,为病原菌的分生孢子座，上生一层灰黑色霉层，即病菌的分生孢子梗和分生孢子。单张叶片上常有几个至几十个病斑，病斑连接成片后不规则，茎秆和叶柄大的病斑成椭圆形，黑褐色，病重时引起叶片大量脱落。

(2)褐斑病　叶片上病斑初为褐色小点，逐渐扩展成圆形或稍不规则形，病斑较大，质地薄，褐色，周围有明显的黄色晕圈。单叶病斑连接形成不规则形的大斑，气候潮湿时病斑正面产生灰褐色霉层。茎秆、叶柄受害后，病斑椭圆形或长椭圆形，褐色。

3.病征

黑斑病病斑背面有许多黑色小粒点，排列成轮纹状，为病原菌的分生孢子座，上生一层灰黑色霉层；褐斑病气候潮湿时病斑正面产生灰褐色霉层。

三、病原特征

1.黑斑病菌

病原为球座尾孢菌（*Cercospora personata*），属半知菌亚门真菌。病斑反面的小黑点为其分生孢子座，初埋生于表皮下，后突破表皮外露，孢子座上丛生分生孢子梗和分生孢子。分生孢子梗短粗，圆桶状，上部曲膝状，褐色，无分隔，顶生分生孢子。分生孢子棍棒状，褐色，有1~7个隔膜。

2.褐斑病菌

病原为花生尾孢菌（*Cercospora arachidicola*），属半知菌亚门真菌。叶片正面的灰褐色霉层为病菌的分生孢子梗和分生孢子。分生孢子梗丛生，黄褐色，直或稍弯曲，顶部曲膝状，有明显的孢痕，分生孢子顶生，细长鞭状，色淡，有1~14个隔膜。

四、发生规律

1.侵染循环

两种病原菌都是以病原菌在病残体上越冬，包括分生孢子座、分生孢子器、菌丝体和厚垣孢子，病残体是以枯枝落叶在土壤中作为主要侵染来源。病菌主要是气流、雨水传播，当条件适宜时。病残体上越冬的菌丝体、分生孢子器产生分生孢子，借气流雨水传播，发病后病斑上产生的新的分生孢子可经传播进行多次再侵染，使病害逐渐加重。适宜条件下，从侵入到发病仅3~4天即可表现症状，7~10天即可产生分生孢子，整个生长期可有多次再侵染。

2.发生条件

花生叶斑病的发生与流行和气

候条件、栽培管理、品种抗性等因素都有一定关系。

(1) 气候条件 气候条件对叶斑病的影响主要是温湿度影响大。一般温度不是病害的限制因素,生长期间均可满足需要。在温度适宜的条件下, 湿度是决定发病程度的重要因素,在大于80%以上的湿度条件下温度越高,发病越重。尤其是降雨次数多,更有利于病害发生。一般每次降雨后5~10天即可出现一次发病高峰。

(2) 生育期 一般生育期前期发病轻,中后期发病重,幼嫩器官发病轻,衰老叶片发病重,8月中旬至收获前20~30天是发病盛期。

(3) 栽培条件 花生连作田由于病残体逐年积累,发病重,而与甘薯、玉米等适当轮作病轻。一般瘠薄、缺肥地块发病重,密植也有利于发病。

(4) 品种抗性 目前花生生产对叶斑病尚无免疫品种,但品种间抗病性有明显的差异,采用抗病品种可有效减轻病害发生程度。

五、防治方法

1.推广抗病品种

各地发现一些品种比较抗病,如湛油1号、农花26号、中花28号、山花2000号、鲁花6号、鲁花9号、鲁花11号、鲁花13号、鲁花14号、粤油23号、豫花14号等,可根据具体情况加以选用。

2.农业防治

(1)合理施肥 施足底肥,及时追肥,提倡施用腐熟的有机肥;采用配方施肥技术,增施磷钾肥,提高抗病力。

(2) 合理轮作 与其他作物轮作2~3年。

(3)加强栽培管理 要适时播种、合理密植,促进花生健壮生长;收获后清除田间病残体,减少菌源积累。

3.化学防治

发病初期喷洒托上托 (70%甲基硫菌灵可湿性粉剂)1000倍液, 或菌大夫 (50%多菌灵可湿性粉剂)900~1000倍液,或70%代森锰锌可湿性粉剂400~500倍液,或25%敌力脱乳油1000~1500倍液,间隔15~20天一次,连防2~3次。喷药时宜加入0.2%洗衣粉做展着剂,可提高防治效果。

病害:花生网斑病

一、发生为害特点

1.病害分布及为害程度

花生网斑病又称云纹斑病、污斑病、网纹斑病等。我国1982年首次在山东、辽宁等花生产区发现。近年来蔓延迅速,许多地方为害程度已超过黑斑病和褐斑病,一般减产20%左右,严重时可达30%以上。

2.病害类型

为典型的气传及风雨传播的一类真菌性病害。

3.难防指数 ★★★★

4.难防原因

(1)缺乏高抗品种,多数品种感病;

(2)常年连作,田间病菌积累较多,难以实施轮作等农业措施;

(3)发病较晚,防治重视不够;

(4)缺乏有效的防治药剂,一般药剂防治效果不佳。

二、诊断要点

1.为害部位

主要为害叶片、叶柄和茎蔓。

2.为害症状

主要发生在花生生长的中后期,以为害叶片为主,茎、叶柄也可受害。一般植株下部叶片先发病,在叶片正面产生褐色小点或星芒状网纹,病斑扩大后形成近圆形褐色至黑褐色大斑,边缘呈网状不清晰,直径可达1.5厘米,表面粗糙,着色不均匀,病斑背面初期和中期不表现症状,只有当正面病斑充分扩展时,背面才出现褐色斑痕。网纹和斑点症状能在同一叶片上依次发展,或在个别叶片上独立发展。当外界条件不利时多出现网纹症状。叶柄和茎受害,初为一褐色小点,后扩展为长条形或椭圆形病斑,中央略凹陷,严重时引起茎叶枯死。

3.病征

后期病部有不明显的黑色小点,为病菌的分生孢子器。

三、病原特征

病菌无性态为花生壳二孢(*Ascochyta arachidis*),属半知菌亚门真菌。分生孢子器埋生,褐色,球形,有

孔口。分生孢子无色,长椭圆形,多为双胞,分隔处稍缢缩,个别为单胞。厚垣孢子褐色,圆形至不规则形,单胞或多胞,厚壁,单生或串生。

四、发生规律

1.侵染循环

病菌以菌丝和分生孢子器在病残体上越冬。翌年春季条件适宜时释放出分生孢子,借风雨传播,穿透表皮侵入,菌丝在表皮下蔓延,引起细胞死亡,形成网状坏死斑。病部可产生分生孢子器和分生孢子,进行多次再侵染。

2.发生条件

(1) 气候条件 网斑病发生的轻重受气候条件影响较大,在冷凉(15~29℃)、潮湿(相对湿度 85%以上)条件下,病害发生严重,在适宜温度下,湿度越大,时间越长发病越重。一般雨后 10 天左右便出现 1 次发病高峰。

(2) 栽培条件 一般连作田比轮作田发病重,水浇地和涝洼地比旱地和干燥地发病重;平种比垄种发病重;缺肥地块发病较重。

(3) 品种抗性和生育期 不同品种感病程度存在很大差异。国内发现鲁花 9 号、鲁花 13 号,豫花 14 号等较抗病。一般生长后期发病严重,播后 50 日龄之前的植株很少发病。

五、防治方法

控制花生网斑病应以农业防治为主,消灭初侵染源,注意选育种植抗病品种,必要时进行药剂防治。

1. 种植抗病品种

目前国内已鉴定出一些抗病的品种,可根据当地情况选择种植。

2. 田间卫生

花生收获后要尽量清除田间病残体,深耕或翻转深耕 30 厘米,将土表病菌翻入土壤底层,使病菌失去侵染能力。

3. 实行轮作

重病地应与甘薯、玉米等非寄主作物轮作 2~3 年。

4. 加强栽培管理

适时播种,合理密植,施足基肥,特别是花生专用肥,促进花生健壮生长,提高抗病力,减轻病害发生。

5.药剂防治

网斑病发生初期及时喷药防治,防治效果较好的药剂有:80%大生 M-45、80%喷克、25%敌力脱、10%世高等,一般每隔 15 天喷 1 次,共喷 2~3 次。

病害：花生青枯病

一、发生为害特点

1.病害分布及为害程度

花生青枯病是一种世界性病害，在印尼、越南等东南亚国家及非洲一些国家发生普遍而严重。在我国主要分布于长江流域及其以南地区，为害很大。近年来在黄淮部分地区发生为害严重。病田发病率一般10%~20%，严重的达50%以上，甚至整片枯死。损失程度因发病早晚而异，结荚前发病损失达100%，结荚后发病损失达60%~70%，收获前半个月发病的损失亦可达20%~30%。

2.病害类型

为土传细菌性病害。

3.难防指数 ★★★★

4.难防原因

(1) 土传细菌病害，病原菌可以长期在土壤中存活；

(2)寄主范围广，难以实施轮作等农业措施；

(3) 多数品种感病，且缺乏有效的防治药剂。

二、诊断要点

1.为害部位

维管束病害，为害根部，全株表现症状。

2.为害症状

从苗期至收获期均可发生，但以盛花期发病最重。初期主茎顶梢叶片在中午失水萎蔫，晚上和早晨可以恢复，数天后则不能恢复，病株叶片自上而下凋萎下垂枯死，但仍呈青绿色，故称青枯病。病株地下部首先从主根尖端开始变褐湿腐，根瘤呈墨绿色，以后向上扩展，最后全根腐烂。病株上荚果、果柄亦呈黑褐色、湿腐状。剖视根或茎部，可见维管束变为淡褐色至黑褐色。一般植株从发病到枯死需1~2周。

3. 病征

潮湿条件下，用手挤压切口处，可渗出污白色细菌黏液。

三、病原特征

病原为青枯劳尔氏菌(*Rastonia solanacearum*),属细菌。菌体短杆状,两端钝圆,极生鞭毛1~4根,无芽孢和荚膜,革兰氏染色阴性。好气性,致死温度52℃。该菌寄主范围很广,已发现可侵染44科近300种植物,以茄科、豆科作物受害较重。

四、发生规律

1.侵染循环

此病是一种土传病害,病菌主要在土壤中越冬,并能存活5~8年,在病残体及混有病残体的土杂肥和以病株作饲料的牲畜粪便中也可存活,成为翌年初侵染源。病菌在田间主要随流水传播,昆虫、人畜和农事活动也可传播。由根部伤口或自然孔口侵入寄主,通过皮层进入维管束。病菌在维管束内迅速繁殖蔓延,造成导管堵塞,并分泌毒素引起植株中毒,产生萎蔫和青枯症状。腐烂组织上的病菌可借流水等途径传播后进行再侵染。

病菌多在花生的花期侵入,以开花至初荚期发病最重,结荚后期发病较少。

2. 发病条件

此病发生轻重主要受栽培条件、气候因素和品种抗病性的影响。

(1) 栽培条件 一般连作田发病重,连作年限越长,发病越重。轮作田,特别是水旱轮作田发病轻。管理粗放、地下害虫多、积水、串灌、伤根、烂根多都有利于病害发生。土壤瘠薄的粗砂田发病重,土壤肥沃、富含有机质或增施草木灰、尿素、茶麸饼、塘泥等肥料的田块发病轻。

(2) 气候因素 青枯病喜高温多湿,当旬平均气温稳定在20℃以上,土壤又潮湿时,病害开始发生。当气温上升到27~32℃,遇多雨天气,雨后突然转晴,或时晴时雨,病害往往发生严重。

(3) 品种抗病性 花生品种间抗病性存在明显差异,一般蔓生型品种较直立型品种抗病。

五、防治方法

防治上应采用以种植抗病品种、合理轮作为主的综合防治措施。

1.种植抗病品种

根据各地情况,可分别选择种植鲁花3号、抗青10号、抗青11号、中花2号、鄂花5号、桂油28、粤油22号等抗病品种。

2.合理轮作

北方旱作地可与禾谷类等非寄主作物轮作，轻病田实行1~3年轮作，重病田实行4~5年轮作；南方可与水稻实行水旱轮作，一般1年就可收到很好的防病效果。

3.加强栽培管理

病田要增施有机肥和磷钾肥，促使植株生长健壮；也可施用石灰450~1500千克/公顷，使土壤呈微碱性，以抑制病菌生长，减少发病。发病初期及时拔除病株，收获后清除田间病残，烧毁或施入水田作基肥，不要将混有病残体的堆肥直接施入花生田或轮作田，要经高温发酵后再施用。

4.药剂防治

发病初期喷施100~200毫克/千克的农用链霉素，每隔7~10天喷1次，连续喷3~4次。或用25%敌枯双37.5千克/公顷，配成药土播种时盖种，或用25%敌枯双、14%络氨铜或10%浸种灵灌根，均有一定的防病效果。有资料报道铜氨液(由硫酸铜:石灰:硫酸铵为1:2:7配成)，于发病初期，淋洒病株和附近健株。淋洒1500倍药液，每株施250毫升，有一定防治效果。

病害：花生根结线虫病

一、发生为害特点

1.病害分布及为害程度

花生根结线虫病是一种检疫对象，在我国山东、河北、河南等省局部地区较严重。此病寄主范围很广，除花生外，还为害豆类、瓜类、茄果类、棉花、烟草、芋头、马铃薯、甘薯等数百种植物。发病后植株生长不良。

2.病害类型

为典型的土传线虫病害。

3.难防指数 ★★★★★

4.难防原因

(1)土传病害，病原物可以长期在土壤中存活；

(2)缺乏高抗品种，大多数品种感病；

(3)缺乏高效、低毒的防治药剂；

(4)难以实施轮作等农业措施；

(5)为害根部,难以识别和诊断。

二、诊断要点

1.为害部位

主要为害花生的根系。

2.为害症状

根结线虫以二龄幼虫侵入花生的幼嫩根尖,定居取食,刺激根细胞增生,使之膨大形成纺锤形虫瘿(根结),初期为乳白色,后变为黄褐色,直径一般2~4毫米,表面粗糙。以后在虫瘿上长出许多细小的须根,须根尖端又被线虫侵染形成虫瘿,经这样多次反复侵染,根系就形成乱丝状的须根团,使根系吸收养分困难,被害主根畸形歪曲,停止生长,根部皮层往往变褐腐烂。受害后,植株矮小,生长缓慢或萎黄不长,似缺肥水状,叶片变黄瘦小,叶缘焦枯,提早脱落。病株始花期晚,结果少或不结果,田间常成片成窝发生。此外,根结线虫还可侵害果壳、果柄和根颈,果壳受害形成乳白突起的小瘤,后虫瘤呈褐色疮痂状。

3.病征

在须根团上可见乳白色针头大小的卵囊,显微镜下可见卵囊中有大量卵及少数幼虫。

三、病原特征

花生根结线虫主要有两个种:即北方根结线虫(*Meloidogyne hapla*)和花生根结线虫(*M.arenaria*),以前者为主,均属线形动物门植物寄生线虫。

1. 北方根结线虫

雌虫梨形或袋形,排泄孔位于口针基球后,会阴花纹圆至卵圆形,背弓低平,侧线不明显,近尾尖处常有刻点,近侧线处无不规则横纹。雄虫蠕虫形,头区隆起,与体躯界限明显,侧区具4条侧线。头感器长裂缝状。幼虫体长347~390微米,头端平或略呈圆形,头感器明显。排泄孔位于肠前端,直肠不膨大,尾部向后渐变细。

2. 花生根结线虫

雌虫乳白色,梨形,大小405~960微米,口针基部球向后略斜,会阴花纹圆或卵圆形,近尾尖处无刻点,近侧线处有不规则横纹,有些横纹伸至阴门角。雄虫细长灰白,头略尖,尾钝圆,大小1272~2226微米×35~53微米。幼虫体长448微米。幼虫体长448微米,半月体紧靠排泄孔前,直肠膨大,尾部向后渐细,末端较尖。

四、发生规律

1.侵染循环

病原线虫以卵、幼虫在土壤中的病根、病果壳虫瘤内外越冬，也可混入粪肥越冬。翌年气温回升，卵孵化变成一龄幼虫，蜕皮后为二龄幼虫，然后出壳活动，从花生根尖处侵入，在细胞间隙和组织内移动。幼虫头部插入中柱鞘吸取营养，刺激细胞过度增长导致巨细胞形成。二次蜕皮变为三龄幼虫，再经二次蜕皮变为成虫。雌雄交尾后，雄虫死去，雌虫产卵于胶质卵囊内，卵囊存在于虫瘤内或露于其外，雌虫产卵后死亡，卵在土壤中分期分批孵化进行再侵染。花生上的线虫在20~28℃，经6小时光照条件下，第23天开始产卵，完成一代约需39天左右，山东、河南等地一般一年3代。线虫主要分布在30厘米土层内，主要靠病田土壤传播，也可通过农事操作、水流、施肥、风沙等传播。调运带病荚果可引起远距离传播。除花生外，北方根结线虫和花生根结线虫均可寄生数百种植物。

2.发生条件

根结线虫病发生程度主要受土壤温湿度、土质和栽培管理条件的影响。幼虫侵染的温度范围为12~34℃，最适为20~26℃；土壤含水量在20%以下和90%以上都不利于幼虫侵入，最适侵入的土壤含水量为70%左右。一般雨水少、灌溉不及时的干旱年份易发病，雨季早、雨水大的年份发病轻；砂壤土或砂土、瘠薄土壤发病重，黏土和低洼碱性土壤发病轻；连作田、管理粗放、杂草多的花生田易发病。春花生比麦茬花生发病重，早播比晚播发病重。

五、防治方法

1.选用抗病、丰产品种

山东省发现鲁花9号、鲁花11号、鲁花12号、鲁花13号，花17等品种对根结线虫病具有较好抗病性和耐病性，各地可因地制宜选用。

2.农业防治

(1) 植物检疫　该病属国内检疫对象，应加强检疫，无病区严禁从病区调种或引种。

(2) 轮作　与禾本科等非寄主作物或不良寄主作物轮作2~3年，可显著减轻病害。

(3)田间卫生　清洁田园，深刨病根，集中烧毁。增肥改土，增施腐熟有机肥。

(4)加强田间管理　增施肥料，特别是增施鸡粪等有机肥，促进植株健壮生长；适当调整播期，重病田可由

春播改为夏播；干旱时及时灌水，可减轻发病程度；病田忌串灌，防止水流传播。

3.化学防治

用5%克线磷颗粒剂，每亩3~5千克加细土20千克制成毒土撒入穴内，覆土后播种。或用10%毒死蜱颗粒剂2千克、10%益舒丰颗粒剂2千克、5%硫线磷(克线丹)颗粒剂5千克、5%米乐尔颗粒剂3~5千克，播种时要分层播种，防止产生药害，并要注意人畜安全。用呋喃丹等内吸杀线剂制成种衣剂，播前2天包衣处理种子，对根结线虫病也有一定防治效果。

4.生物防治

国内外研究发现，应用淡紫拟青霉和厚垣孢子轮枝菌制剂能明显起到降低线虫群体数量，减轻病害发生。河北研究发现线虫必克菌剂(2.5亿个孢子/克厚孢轮枝菌微粒剂)每亩3~5千克加细土穴施，对花生根结线虫防治效果可达80%以上。

病害：病毒病

一、发生为害特点

1.病害分布及为害程度

花生病毒病是我国花生上的一大类重要病害，侵染花生的病毒种类很多，目前发生普遍、为害严重的主要有花生轻斑驳病毒病、花生黄花叶病毒病、花生普通花叶病等。自20世纪70年代以来在我国各花生产区发生日趋严重，尤其是近年来随着花生种植面积的扩大，调种频繁，加速了病害的传播，每年都有一定程度的为害。花生感染病毒病后植株矮化，结果率减低，造成明显减产。一般年份，病毒病可引起花生减产5%~10%，大流行年份减产可达20%~30%，而且大果率降低，严重影响花生质量。

2.病害类型

属于种传和蚜虫传播的病毒病害。

3.难防指数 ★★★★★

4.难防原因

(1) 病毒病害，缺乏高效防治药剂；

(2) 缺乏高抗品种，多数品种感病；

(3) 诊断困难,防治重视不够。

二、诊断要点

1.为害部位

全株性病害,主要在花生叶部表现症状。

2.为害症状

(1) *轻斑驳病毒病* 最初先从顶端嫩叶上出现褪绿斑点,随后发展成浅绿与深绿相间的轻型斑驳,沿叶脉褪绿成条纹状(条纹病毒病)。有的则成橡叶状花叶,病轻的植株矮化不明显,病重的植株矮化。

(2) *花生黄花叶病毒病* 最初先从顶部叶片出现褪绿黄斑,逐渐发展成黄绿相间的黄花叶,叶片上伴有网状明脉和绿色条纹,叶片卷缩。植株中度矮化。

(3) *花生普通花叶病毒病* 顶部叶片先出现叶脉淡绿或明脉,逐渐发展成浅绿与绿色相间的普通花叶,叶片窄,叶源扭曲,有的沿叶脉两侧出现发射状绿色小条斑或小斑点,植株矮化明显,小果率增多,减产严重,是为害最重的一种。

以上三种病毒可单独发生,也可同一地块和同株混生，田间症状复杂。

3.病征

病毒病害,无病征。

三、病原特征

1.花生轻斑驳病毒(*Peanut mild mottle virus*, PMMV),又称花生条纹病毒(*Peanut stripe virus*, PStV),属于马铃薯 Y 病毒属。病毒粒体线状,730~750 纳米,致死温度 55~60℃,稀释限点 10^{-3}~10^{-4},体外保毒期 1~2 天。病毒人工接种可侵染 10 种植物，包括花生、大豆、芝麻等作物。

2.黄花叶病毒(*Cucumber mosaic virus - china aachis*,CMV-CA 株系),该病毒属于黄瓜花叶病毒属。病毒粒体为球状,直径 28.7 纳米,致死温度 58~60℃,稀释限点 10^{-2}~10^{-3},体外保毒期 6~7 天。病毒人工接种可侵染 6 科 32 种植物,主要包括花生、菜豆、豌豆、蚕豆、刀豆等。

3. 花生普通花叶病毒病 病原为花生矮化病毒 (*Peanut stunt vius*, PSV)，该病毒属于黄瓜花叶病毒属。

病毒粒体为球状，直径30纳米，致死温度和稀释限点与*CMV-CA*相似，但体外保毒期*LIV*短，为3~4天。经人工接种*PSV*可侵染6科19种植物，可系统侵染花生、菜豆、豇豆、刀豆、田菁、大豆等植物，以不侵染烟草、白三叶草、蚕豆等，区别于*CMV*的其他株系。

四、发生规律

1.侵染循环

3种病毒都可以种子带毒越冬，作为初侵染来源。经研究表明，*PMMV*的种子带毒率平均为2.5%，*CMV-CA*的种子带毒率平均为1.23%，*PSV*的种子带毒率为0.6%，一般小粒种子带毒率高于大粒种子。田间侵染来源主要有各种带毒寄主，如刺槐是*PSV*主要田间侵染来源。远距离传播主要是通过种子调运传播，田间自然传播主要通过蚜虫传播，3种病毒都可通过蚜虫传播扩散。田间发病后可由蚜虫传播进行多次再侵染，造成病害流行。

2.发生条件

病毒病的发生和流行与毒原数量、介体蚜虫数量、花生品种和生育期有密切关系。

(1)种子带毒率　种子带毒率越高，田间中心病株也多，病害发生就越重，如PStV，花生种子带毒率达2%~5%就足以导致病害流行。大粒种子带毒率低，小粒种子及变色种子带毒率高。

(2) 气候条件　花生生长前期的降雨量是影响蚜虫发生和活动程度的主要因素，降雨量小，气候温和、干燥，蚜虫发生量和活动程度就大；苗期降雨量大，蚜虫发生量少，则病害轻。

(3) 蚜虫　在存在毒源和感病品种的条件下，蚜虫发生早晚和数量是影响病毒病流行的主要因素。传毒蚜虫发生早、数量多、传毒效率高，病害就易于流行。蚜虫传毒效率与蚜虫种类和病毒株系类型有关，如豆蚜传PMMV的效率最高，每株10头蚜虫，饲喂1~2小时，植株发病率达90%~100%，而棉蚜传毒的发病率仅为33%。

(4) 品种　不同花生品种对病毒病的抗性存在一定的差异，但没有发现高抗和免疫品种。部分品种症状较轻、发病迟、种子带毒率低、损失率小，具有一定抗病性或耐病性。如有资料报道，伏花生、红花1号、白沙1

号发病重，徐州68-4，花37等品种发病轻。

(5)栽培条件　一般土质肥沃、花生生长势强，病害轻；土壤瘠薄，肥力差，花生生长势弱，病害重。

五、防治方法

花生病毒病的防治应采用以选种抗病品种和治蚜防病相结合的综合防治措施。

1. 推广抗病品种

虽然抗病品种数量较少，但生产上推广的品种有不少抗性较好的抗病或耐病品种，如海花1号、豫花7号、徐花3号、冀油2号、鲁花11号、鲁花12、鲁花14号和中花4号等，各地可选择使用。

2. 建立无病留种田，培育无毒种子

无病留种地至少应远离大田花生100米以外，田间种植隔离作物，并注意远离菜园、果园，特别是刺槐树和刺槐林。并精选大粒无病种子播种，配合早期治蚜，以获得高质量的无毒种子。

3.化学防治

主要是治蚜防病，防治病毒的传播侵染。可采用地膜覆盖栽培技术驱避蚜虫；播种时穴施3%呋喃丹颗粒剂37~56千克/公顷，或用其他杀蚜虫药剂处理种子，生长期用抗毒丰(0.5%菇类蛋白多糖水剂)600~800倍液(一般6月中下旬喷药防传播)；清除田间和周围杂草，减少蚜虫来源；苗期及时喷药治蚜，以阻止蚜虫的传病作用，可延缓和减轻病害的流行及为害。苗期喷施病毒钝化剂，如病毒必克、病毒A、宁南霉素等，对病毒病也有一定的控制效果。

4. 农业防治

增施有机肥，增强植株抗病性；清除田间杂草等寄主作物，减少初侵染来源。

虫害:地下害虫

一、发生为害特点

1.虫害分布及为害程度

花生地下害虫主要有蛴螬类、金针虫类和地老虎类,膨果期以蛴螬类为害最为严重,轻者减产,重者可绝产。

2.难防指数 ★★★★

3.难防原因

(1) 地下害虫栖息在土壤中,防治难度大;

(2)种类繁多,在同一地区同一地块,常为几种地下害虫混合发生,世代重叠,发生和为害时期很不一致;

(3) 杀虫剂使用后,产生比较强的抗药性。

二、为害症状

蛴螬类:分布于全国各地。植食性蛴螬大多食性很杂,同一种蛴螬常可为害双子叶和单子叶粮食作物、多种瓜类和蔬菜、油料、芋、棉、牧草以及花卉和果、林等播下的种子及幼苗。幼虫终生栖居土中,喜食刚刚播下的种子、根、块根、块茎以及幼苗等,造成缺苗断垄。成虫则喜食害瓜菜、果树、林木的叶和花器。是一类分布广、为害重的害虫。

金针虫类:是仅次于蛴螬的地下害虫,为害花生田的主要是沟金针虫 *Pleonomus canaliculatus*, 主要发生在苗期,播种越早,为害越重。所以,春花生重于夏花生。在花生出苗前,幼根被害不能出苗,造成缺苗断垄;子叶被害形成缺刻、弱苗。秋季有少部分幼虫为害花生荚果,造成烂果。

三、形态特征

1. 蛴螬类

成虫为金龟子,体型中等,体长13~25毫米,长椭圆形,不同种类体色各有不同,均具有鳃片状触角。鞘翅长椭圆形,常见种类每侧鞘翅各有4条明显的纵肋。

老熟幼虫长20~45毫米，身体多皱折，静止时弯成C型。头部黄褐色，胴部乳白色。

卵椭圆形，长约3.5毫米，乳白色，表面光滑，略具光泽。

蛹长15~33毫米，初为黄白色，后变成橙黄色，头部细小，向下稍弯。

2. 金针虫类

成虫叩头虫一般颜色较暗，体形细长或扁平，具有梳状或锯齿状触角。胸部下侧有一个爪，受压时可伸入胸腔。当叩头虫仰卧，若突然敲击爪，叩头虫即会弹起，向后跳跃。幼虫圆筒形，体表坚硬，蜡黄色或褐色，末端有两对附肢，体长13~20毫米。根据种类不同，幼虫期1~3年，蛹在土中的土室内，蛹期大约3周。

四、生活习性

蛴螬1~2年1代，幼虫和成虫在土中越冬，成虫即金龟子，白天藏在土中，晚上20~21时进行取食等活动。有假死和趋光性，并对未腐熟的粪肥有趋性。成虫交配后10~15天产卵，产在松软湿润的土壤内，以水浇地最多，每头雌虫可产卵一百粒左右。幼虫蛴螬始终在地下活动，与土壤温湿度关系密切。当10厘米土温达5℃时开始上升土表，13~18℃时活动最盛，23℃以上则往深土中移动。土壤潮湿活动加强，尤其是连续阴雨天气，春、秋季在表土层活动，夏季时多在清晨和夜间到表土层。

沟金针虫在8~9月间化蛹，蛹期20天左右，9月羽化为成虫，即在土中越冬，次年3~4月出土活动。金针虫的活动，与土壤温度、湿度、寄主植物的生育时期等有密切关系。其上升表土为害的时间，与春玉米的播种至幼苗期相吻合。

五、防治方法

1.农业防治

大面积秋、春耕，并随犁拾虫；避免施用未腐熟的厩肥，减少成虫产卵。

2.化学防治

(1)消灭蛴螬成虫金龟子。在花生主产区，金龟子主要有暗黑鳃金龟(*Holotrichia parallela*)、铜绿丽金龟(*Anomala corpulenta*)两种，暗黑金龟子占近90%。在金龟子发生盛期，在其喜食的果树、苗木和农作物(大豆、花生、玉米)上喷施有斯达速(480克/升毒死蜱乳油)50克加50千克干细土撒施，并浅锄入土内，可有效毒杀

成虫，减少田间卵量。

(2)防治蛴螬幼虫。蛴螬孵化盛期和低龄幼虫期7月15~30日，及时开展药剂防治，可用斯达速(480克/升毒死蜱乳油)每亩250~400毫升拌细炉渣或大沙20~25千克开沟穴施，或对水40千克喷淋灌根，施药后立即浇水。

3.其他防治措施

(1)灯杀成虫，利用金龟子的趋光性，在成虫发生盛期，采用高压汞灯或“佳多”频振式灯诱杀。

(2)药枝诱杀：将榆树枝条截成50~70厘米长，3~5枝捆成1把，用90%晶体敌百虫500~800倍液均匀喷在树枝上，傍晚插入花生田内，每亩4~5把，第二天早上收获保存于阴暗潮湿处，傍晚再用，一把药枝能连续用2~3天。

(3)生物防治：可用白僵菌、绿僵菌、BT乳剂每亩1.5~2千克进行灌根。

草害：马唐

马唐的为害特点、诊断要点、形态特征和发生规律参见玉米田疑难草害–马唐解决方案。

花生田马唐防治技术

1.农业防治

(1)轮作换茬。特别是水旱轮作，可抑制马唐的发生。

(2)花生播前深耕，将马唐种子埋入深层土壤，阻止其萌发。

(3)对条播花生田，在花生生长初期至中期以前中耕灭草。

(4) 用黑膜或薄膜覆盖治草，或用具有它感作用的植物残体覆盖治草。

2.化学防除

花生播后芽前，用50%乙草胺乳油100~200毫升/亩，或33%二甲戊乐灵乳油150~250毫升/亩，或72%异丙草胺乳油150~250毫升/亩+25%噁草酮乳油100毫升/亩或50%扑草净可湿性粉剂50克/亩，对水45千克，均匀喷施。

花生2~4片羽状复叶期，亨达普

日特(5%精喹禾灵乳油)60~80 毫升/亩，或 10.8%高效吡氟氯禾灵乳油 20~40 毫升/亩，或 12%烯草酮乳油 20~50 毫升/亩,或 12.5%稀禾啶机油乳剂 50~75 毫升/亩，加入 24%三氟羧草醚乳油 60~75 毫升/亩，或 24%乳氟禾草灵乳 10~20 毫升/亩,或 10%乙羧氟草醚乳油 20~30 毫升/亩，对水 30 千克,均匀喷施。

花生 5 片羽状复叶期,杂草大量发生时,可加大药量。亨达普日特(5%精喹禾灵乳油)75~100 毫升/亩,或 10.8%高效吡氟禾草灵乳油 30~50 毫升/亩，或 12%烯草酮乳油 30~50 毫升/亩,或 12.5%稀禾啶机油乳剂 75~120 毫升/亩,对水 40~50 千克,均匀喷洒。

草害:旱稗

旱稗的为害特点、诊断要点、形态特征和发生规律参见玉米田疑难草害–旱稗解决方案，防治技术同花生田马唐的防治。

草害:牛筋草

牛筋草的为害特点、诊断要点、形态特征和发生规律参见玉米田疑难草害–牛筋草解决方案，防治技术同花生田马唐的防治。

草害:香附子

香附子的为害特点、诊断要点、形态特征和发生规律参见棉田疑难草害-香附子解决方案。

花生田香附子防治技术

1.农业防治

(1)冬翻时采取深翻,将香附子的块茎翻到土面,使之受冻或失水,使块茎丧失生命力。

(2)轮作换茬,可针对不同的作物防除各种类型的杂草。特别是水旱轮作,抑制香附子的萌发生长,除草效果较好。

(3)对条播花生田,在花生生长初期至中期以前中耕灭草。

(4)用黑膜或薄膜覆盖治草,或有它感作用的植物残体覆盖治草。

2.化学防除

花生播后芽前,用50%乙草胺乳油100~200毫升/亩,或33%二甲戊乐灵乳油150~200毫升/亩,或72%异丙草胺乳油150~200毫升/亩+24%甲咪唑烟酸水剂20毫升/亩,对水45千克,均匀喷施。

花生2~4复叶期,可用24%三氟羧草醚乳油50~75毫升/亩,或24%乳氟禾草灵乳油20毫升/亩,或亨达盖草能(10%乙羧氟草醚微乳剂)夏大豆田30~40毫升/亩,加入24%甲咪唑烟酸水剂20毫升/亩,对水30千克,均匀喷施。

花生5复叶期,香附子较小、花生未封行时,施用48%苯达松水剂150~200毫升/亩,或48%苯达松水剂100~120毫升/亩+24%三氟羧草醚乳油25~35毫升/亩。

草害:刺儿菜

刺儿菜的为害特点、诊断要点、形态特征和发生规律参见豆田疑难草害-刺儿菜解决方案,防治技术参考花生田香附子的防治。

第六部分

大豆田疑难病虫草害防控指南

病害:花叶病毒病

一、发生为害特点

1.病害分布及为害程度

据报道,能侵染大豆的病毒已有50多种,病毒病害中大豆花叶病毒病发生最为普遍。我国大豆主要产区普遍发生病毒病害,有些地区大豆花叶病毒病的侵染率达70%~95%以上。植株被病毒侵染后的产量损失,根据种植季节、品种抗性、侵染时期及侵染的病毒株系等因素而不同,常年产量损失5%~7%,重病年损失10%~20%,个别年份或少数地区产量损失可达50%。病株减产因素主要是豆荚数少,降低种子百粒重、萌发率、蛋白质含量及含油量,并影响脂肪酸、蛋白质、微量元素及游离氨基酸的组分等,病株根瘤显著减少。

2.病害类型

为种子和蚜虫传播的病毒病害。

3.难防指数 ★★★★

4.难防原因

(1) 病毒病害,缺乏有效防治药剂;

(2) 缺乏高抗品种,多数品种感病;

(3) 诊断困难,防治重视不够。

二、诊断要点

1.为害部位

整个植株均可受害。

2.为害症状

大豆花叶病毒病的症状因品种、植株的株龄和气温的不同,差异很大。轻病株叶片外形基本正常,仅叶脉颜色较深;重病株则叶片皱缩,向下卷,出现浓绿、淡绿相间,起伏呈波状,甚至变窄狭呈柳叶状。接近成熟时叶变成革质,粗糙而脆。

在感病品种上,感病6~14天后出现明脉现象,后逐渐发展成各种花叶斑驳,叶肉隆起,形成疱斑,叶片皱缩。严重时,植株显著矮化,花荚数减少,结实率降低。在抗病力强的品种上症状不明显,或仅新叶呈轻微花叶斑驳。病株矮化的现象仅出现于种子带毒和早期感毒而发病的植株，后期由蚜虫传播而发病的植株不矮化，只有新叶出现轻微花叶斑驳。花叶症状还与温度的高低有关，气温在18.5℃左右，症状明显，30℃时症状逐渐隐蔽。

感染大豆花叶病毒病的植株种子有时种皮着色，其色泽常与脐色有关。脐色为黑色的则出现黑斑；脐色为黄白色的，则出现浅褐色斑，种皮为黑色而脐为白色的，则呈现白色斑。特征：病叶呈皱缩花叶斑驳，病粒自脐部向外产生放射形褐色斑纹。

3.病征

无病征。

三、病原特征

大豆花叶病的病原为大豆花叶病毒(*Soybean mosaic virus*, *SMV*)，属马铃薯Y病毒组，属于种传病毒。病毒颗粒线状分散于细胞质和细胞核中，平均700纳米×16纳米左右。病毒钝化温度为55~60℃，稀释终点10^{-3}~10^{-6}，病叶汁液在常温条件下，侵染性可保持3~14天。感染2~3周病叶细胞内产生内含体为风轮状。

四、发病规律

1.侵染循环

病毒在种子内越冬，病毒存在于成熟种子的胚部和子叶内，成为初次侵染来源。播种带毒种子，幼苗即可发病，逐渐发展成系统性侵染，称为初侵染。种子带毒率的高低因大豆品种和大豆被侵染的时期不同而不同，平均30%左右，高的达70%。感病品种的种子带毒率高，重者可达100%；在大豆感病的生育期内，感病愈早，种传率越高；大豆开花前发病种子带毒率高，多数品种盛花期以后带毒种子不再传毒，但某些高感品种初荚期发病仍有较低种传率。大豆的褐斑粒与病毒一般呈正相关，即病毒高的褐斑粒率也高，但也有病毒高而褐斑粒率不高的现象。

在田间，病毒可靠蚜虫传播进行再侵染，传毒蚜虫主要是大豆蚜、豆长须蚜、马铃薯长须蚜、桃蚜和蚕豆蚜等的传播。蚜虫在病株上取食30分钟后，移置到健株上30分钟就可传毒。但已带毒的蚜虫经取食其他作物后病毒就会消失。另外，大豆花叶病毒还可通过汁液摩擦传播。

2.发病条件

病毒病的发生除与种子带毒量

有密切关系外，在田间直接与传毒昆虫的数量有关，与有翅蚜迁飞的关系尤其密切。介体蚜虫的发生时期、数量和迁飞着落频次和距离直接影响田间病害的发生早晚、流行速度和为害程度。高温、干旱有利于蚜虫的活动和病毒的繁殖，发生严重。一般是在有翅蚜出现高峰期后15天左右，田间普遍发病。

此外，大豆品种对花叶病的抗性有明显的差异，感病品种不仅植株受害重，病株率高，产量和品质均受影响，而抗病品种则影响较小。

五、防治方法

1.选用抗病、丰产品种

我国现有栽培品种中多数属感病或高感品种，目前也选育出了一些抗病品种如鲁东10号、8101、科系8号、铁丰18号、吉林21号等。一些品种在连年种植过程中，发现病毒逐年严重，主要是由于品种抗性衰退，或是当地侵染病毒株系的变化引起的。

2.农业防治

要建立无病种子田。侵染大豆的病毒，很多能经大豆种子播种传播，因此种植无毒种子是防治病毒病的重要的有效防治方法。无毒种植田要求种子田100米以内无该病毒的寄主作物(包括大豆)。种子田在苗期去除病株，后期收获前发现少数病株也应拔除，收获种子要求带毒率低于1%。病株率高，或种子带毒率高的种子，不能作为种子用。

3.化学防治

主要是做好防治蚜虫工作。侵染大豆病毒在田间流行主要通过蚜虫传播，传播田间病毒又主要是迁飞的有翅蚜，且多是非持久性的传播，因此可采取避蚜或驱蚜措施。目前最有效方法是用银灰色薄膜覆盖土层，或苗期用银灰色薄膜条间隔插在田间，有驱蚜避蚜作用，可在种子田使用。大豆后期发生蚜虫，应及时喷施杀蚜剂燕化毒吡(22%毒·吡乳油)1500倍液，并应注意几种杀蚜药剂交替使用，防止蚜虫产生抗药性。

病害:根腐病

一、发生为害特点

1.病害分布及为害程度

大豆根腐病是一类由镰刀菌、丝核菌、腐霉菌和疫霉菌引起的根部病害的总称。这类病害在国内外大豆产区均有发生。在我国,以东北大豆产区发生最重,一般年份大豆生育前期病株率为75%左右,病情指数为35%~50%;多雨年份病株率可达100%,病情指数为60%以上。病株根部腐烂,侧根减少,根瘤数量明显减少,导致植株高度下降,株荚数和株粒数显著减少,株粒重和百粒重显著下降,减产20%~50%。近年来,黄淮大豆产区根腐病也有加重趋势。

2.病害类型

为典型的土传真菌类病害。

3.难防指数 ★★★★

4.难防原因

(1)土传病害,病原菌可以长期在土壤中存活;

(2) 病原复杂,缺乏高抗品种,多数品种感病;

(3)缺乏有效的防治药剂;

(4)难以实施轮作等农业措施。

二、诊断要点

1.为害部位

主要为害大豆的根及茎基部,常造成整株死亡。

2.症状特点

从苗期到生长后期均可发生。不同病原菌引起的症状不同。

(1)镰孢菌根腐病 苗期发病,茎基部病斑初为褐色点状,扩大后呈梭形、长条形或不规则形大斑,病重时病斑呈红褐色或黑褐色,皮层腐烂呈溃疡状。根部病斑初期亦呈点状,扩大后为红褐色或黑褐色,长条形或不规则形病斑,重病株的主根和须根腐烂,造成秃根。病株地上部生育不良,病苗矮瘦,叶小而色淡,严重时干枯而死。在成株期,病株根部产生褐斑,形状不规则,大小不一,病患部不生

须根，地上部较健株瘦小，结荚少，严重时也可引起植株死亡。

(2) 丝核菌根腐病　在大豆根部产生褐色至红褐色病斑，病斑呈不规则形，凹陷，常常连片。

(3) 腐霉菌根腐病　产生无色或褐色的湿润病斑，病斑常呈椭圆形，略凹陷。

(4) 疫霉菌根腐病　出苗前引起种子腐烂，出苗后幼苗茎基部下胚轴变褐、变软呈水渍状，叶片变黄，植株枯萎、死亡。大豆成株期受害往往在分枝基部发病，出现黑褐色病斑，病株茎髓部变褐色或成空心，皮层和维管束组织坏死，叶片下垂凋萎但不脱落。受害植株最初上部叶片变黄，很快失绿枯萎，随后整株枯萎死亡。

3.病征

在枯死植株上潮湿时能产生粉红色或白色霉层。

三、病原特征

1. 镰孢菌根腐病菌

病原主要有腐皮镰孢(*F. solani*)、芬芳镰孢(*Fusarium redolens*)、燕麦镰孢(*F. avenaceum*)、禾谷镰孢(*F. graminearum*)等多种，以腐皮镰孢(*F. solani*)为主，均属半知菌亚门真菌。腐皮镰孢可产生大小两种类型的分生孢子及厚垣孢子。大型孢子纺锤形，稍弯曲，两端圆，稍具足胞，无色，有3~5个隔膜；小型孢子卵圆形，无色，单胞；厚垣孢子顶生或间生，球形或洋梨形，浅褐色，表面光滑或粗糙，有的长在菌丝顶端，有的长在菌丝中间。

2. 丝核菌根腐病菌

病原为立枯丝核菌(*Rhizoctonia solani*)，属半知菌亚门真菌。菌丝为淡褐色，蛛网状。菌丝肥大，粗细不等，多隔膜，多分枝，分枝处呈直角并缢缩，分枝近处有隔膜。后期菌丝颜色由浅逐渐变褐色，部分菌丝纠结在一起而形成菌核。菌核形状不规则，褐色，直径为1~3毫米，菌核间有菌丝相连接。

3. 腐霉菌根腐病菌

病原为终极腐霉 (*Pythium ultimum*)，属鞭毛菌亚门真菌。菌丝无色透明，无隔膜，纤细；游动孢子囊球形，产生于菌丝尖端或中间。卵孢子球形，黄褐色。

4. 疫霉菌根腐病菌

病原为大豆疫霉(*Phytophthora sojae*)，属鞭毛菌亚门真菌。幼龄菌丝无隔、多核、菌丝宽3~9微米，易卷曲。菌丝分枝大多呈直角,分枝基部有缢缩。菌丝老化时产生隔膜,并形成节结状或不规则的菌丝膨大体。膨大体呈球形或椭圆形,大小不等。在LBA培养基和自来水中可形成大量孢子囊。病组织中可形成大量卵孢子。卵孢子球形,壁厚而光滑。

四、发生规律

1.侵染循环

几种病菌分别以菌丝体、厚垣孢子、菌核或卵孢子等在残留的大豆病根、病残体和土壤中越冬。大豆种子萌发后,病菌即可侵入幼根,以伤口侵入为主。病菌靠土壤、种子和流水传播,侵入大豆根部后,菌丝不断扩展,并分泌大量酶和毒素,为害根皮层细胞和导管组织。几种病菌常发生复合侵染加重为害。在一个作物生长季节中,该病具有多次再侵染,但由于病菌在土壤中运动速度和距离所限,在流行学上再侵染作用不大。

2.发病条件

此病的发生与流行主要决定于品种抗病性,土壤湿度,栽培方法和耕作制度等。

大豆根腐病发病主要取决于土壤中的菌源数量、土壤理化性质及土壤温湿度等条件。

(1) 耕作制度 镰刀菌根腐病菌在适宜寄主植物(豆类等)的条件下,病菌生育良好,繁殖快,从而土壤中菌源数量增多,发病重。因此,大豆连作地镰刀菌根腐病重,连作年限越长,发病越重。但对于丝核菌、腐霉菌和疫霉菌根腐病菌来说,由于病菌在土壤中存活时间很长,一般3~4年轮作效果不明显。

(2)土壤条件 土壤质地疏松、通透性好,如砂壤土、轻壤土较土壤黏重、通透性差的黏土地发病轻;土壤肥沃地较土壤瘠薄地发病轻。因此播种期土壤温度低,发病重。土壤含水量大,特别是低洼潮湿地,大豆幼苗长势弱,抗病力差,易受病菌侵染,发病重。土壤含水量过低,久旱后突然连续降雨,使大豆幼苗迅速生长,根部表皮易纵裂,伤口增多,亦有利病菌侵染,发病重。

(3) 栽培方式 一般垄作栽培的大豆比平作栽培的发病轻,大垄栽培的大豆比小垄栽培的大豆发病轻。其原因是垄作栽培可以进行中耕培土,使土壤疏松,通透性好,土壤含水量低;平地由于土壤板结并易发生涝害,使土壤含水量高,有利于病菌繁

殖及侵染根部，发病较重。大豆播种深度直接影响幼苗出土速度，播种过深，加之地温低，幼苗生长慢，组织柔嫩，地下根部延长，根易被病菌侵染，使病情加重。

(4) 施肥 施肥水平和施肥种类对根腐病的发生也有很大影响。一般氮肥用量大，使幼苗组织柔嫩，发病重；增施磷肥可减轻病情。

(5) 根部害虫 一般根部有潜根蝇为害，有利根腐病害发生，虫株率越高发病越重，反之则轻。蛴螬等地下害虫为害也有利于病害发生。

(6) 品种抗病性 大豆品种之间对根腐病抗病性有一定差异，尤其是对大豆疫霉根腐病抗性差异较大。但由于不断出现新的生理小种，品种抗性极易丧失，应引起重视。

五、防治技术

1.种植抗病品种

大豆对镰刀菌、丝核菌和腐霉菌根腐病无免疫和高抗品种，可选用发病轻的高产、优质的大豆品种进行种植，并选用饱满、无伤的高质量种子播种，减少幼苗出土前被侵染的机会。对于大豆疫霉菌根腐病，由于抗病品种较多，应选择适合当地的丰产抗病品种种植。

2.农业防治

(1) 合理轮作 镰刀菌根腐病严重的地区，豆田可与玉米、谷子、甘薯等非寄主作物轮作3~4年。播种时应增施农家肥、钾肥、磷肥等，以促进植株健康生长。

(2) 适期播种 春大豆应适时晚播，播种深度不宜过深，一般不能超过5厘米。有条件地区可采取垄作，进行深松。

(3) 加强田间管理 及时深耕及中耕培土除草，雨后及时排除积水，防止湿度太大。

(4) 田间卫生 发现病株及时拔出，彻底清除病株残体，并在病株栽植穴及四周撒生石灰消毒。

3.化学防治

(1)种子处理 可用含有多菌灵、福美双和杀虫剂的大豆种衣剂拌种，每100千克种子用种衣剂1000~1500毫升；或每100千克种子用2.5%适乐时悬浮种衣剂150毫升加20%阿普隆拌种剂40毫升包衣，对苗期根腐病效果良好。

(2) 药剂喷施 可选用40%根腐灵400倍液，或托上托(70%甲基硫菌灵可湿性粉剂)1000倍液，或58%瑞毒霉可湿性粉剂600倍液,或菌大夫(50%多菌灵可湿性粉剂)400倍液,或75%百菌清可湿性粉剂600倍液,或77%可杀得可湿性粉剂600倍液,或飞矾 (64%噁霜·锰锌可湿性粉剂)800倍液, 在发病前或发病初期每7天喷1次,连续喷2~3次,药剂交替使用,重点喷洒植株的主茎基部。如用以上药液灌植株根部,效果更佳。

病害:胞囊线虫病

一、发生为害特点

1.病害分布及为害程度

大豆胞囊线虫病是大豆上的主要病害之一,世界各大豆产区均有发生。我国的东北和黄淮海大豆主产区,如黑龙江、辽宁、吉林、山西、安徽、河南、山东等省普遍发生,为害严重,严重制约我国的大豆生产。该病一般使大豆减产10%~20%, 重者可达30%~50%, 某些产区因大面积严重发生而毁种。

2.病害类型

为典型的土传线虫病害。

3.难防指数 ★★★★

4.难防原因

(1)土传线虫病害,病原物可以长期在土壤中存活;

(2)缺乏高抗品种,多数品种感病;

(3) 缺乏有效的防治药剂;

(4)难以实施轮作等农业措施。

二、诊断要点

1.为害部位

主要为害大豆的根及茎基部,常造成整株表现症状,甚至死亡。

2.症状特点

受害后大豆植株明显矮化,叶片褪绿变黄,瘦弱,似缺水缺肥状,俗称"火龙秧子"。病株根系不发达,根瘤稀少并形成大量须根。病株根部常因其他腐生菌侵染, 引起根系腐烂,最终使植株提早枯死。病株叶片常脱落,结荚少或不结荚,籽粒小而瘪,质量严重下降。

3. 病征

须根上附有大量白色小颗粒状物，即线虫的胞囊（雌成虫），后期胞囊变褐色，并脱落于土中。

三、病原特征

病原为大豆胞囊线虫（*Heterodera glycines*），属动物界线虫门。线虫发育历经卵、幼虫和成虫3个阶段。卵形成于雌虫体内的胞囊中，初为蚕茧形或长圆形，无色；1龄幼虫在卵内发育，2龄幼虫破壳而出，雌雄同形，为线状，在土中活动数周后从根冠侵入寄主；3龄雄虫仍为线状，但雌虫腹部膨大成囊状；4龄幼虫形态与成虫相似。幼虫脱皮3次后变成成虫。成虫雄虫线状；雌虫洋梨形，初为白色，后变褐色。胞囊线虫生殖方式为雌雄交配，交配后雌虫产卵于体内，一般可产卵200~500粒。雌虫尾部形成胶质、不定形的卵囊，卵囊中的卵粒数天内即孵化。

大豆胞囊线虫除为害大豆外，还可为害小豆、绿豆、白羽扁豆等其他豆类作物。

四、发生规律

1.侵染循环

大豆胞囊线虫主要以胞囊在土中越冬，带有胞囊的土块也可混杂在种子间成为初侵染来源。胞囊抗逆性很强，可保持侵染力达8年。线虫在田间传播主要通过田间农事操作，其次为排灌水和未经充分腐熟的肥料。线虫本身活动范围极小，在土壤中1年仅能移动30~65厘米。种子的远距离传播是该病传至新病区的主要途径。

春季气温变暖时，胞囊中的卵开始孵化，2龄幼虫冲破卵壳进入土壤，幼虫从根冠附近侵入寄主根内，经皮层进入中柱，其唾液使原生木质部或附近组织形成愈合细胞，堵塞导管，并以吻针插入愈合细胞吸收营养。经3龄，4龄期幼虫的发育后进入成虫期。雌虫体随着卵的形成而肥大成柠檬状，涨破寄主表皮，腹部外露，以口器吸附在寄主上，即大豆根上所见的白色球状物。后期雌虫体壁加厚变褐。

大豆胞囊线虫每年发生的代数因土温差异而不同，一般东北地区为3~4代，黄海夏大豆产区4~5代。

2.发病条件

病害的发生和流行主要决定于土壤条件、耕作制度和品种抗性等。

（1）土壤条件 通气良好的砂土

和砂壤土,或干旱瘠薄的土壤有利于线虫生长发育;黏重土壤,氧气不足,线虫死亡率高。碱性土壤更适于线虫的生活。土壤温度影响线虫的发育速度,适温范围内温度越高发育愈快。大豆品种间发病程度有一定的差异。土温影响线虫发育速度。10℃以下线虫停止发育,35℃以上不能发育成成虫。适温范围内温度越高发育愈快。

(2)耕作制度 连作地发病重。由于禾谷类作物的根能分泌刺激线虫卵孵化的物质,致使幼虫从胞囊孵化后找不到寄主而死亡,因此与禾本科作物轮作可使土壤中线虫数量急剧下降。与小麦轮作3年的大豆田,每株只有胞囊0~15个,而2年连作的地块每株胞囊为50~90个,而多年连作的地块则每株胞囊数高达70~150个。

前茬作物种类对土壤中线虫的增减有明显影响。在有线虫的土壤中,种植寄主植物,线虫数量明显增加;而种非寄主作物,线虫数量急剧下降。如种植线虫能侵染而不能繁殖的作物,如菜豆、豌豆、三叶草等,则可促使线虫卵孵化,但不增加后期胞囊数量,这种植物比休闲或种植其他非寄主作物更有效,往往称这类作物为“诱捕作物”。

(3)品种抗性 不同大豆品种对胞囊线虫病抗性差异很大。

(4)气候因素 一般干旱少雨年份发病重,多雨年份发生轻。

五、防治技术

1. 种植抗耐病品种

种植抗病或耐病品种是目前防治大豆孢囊线虫最经济有效的措施。我国育成的抗耐病品种主要有吉林23、吉林32、吉林37、商丘7608、齐黄25、齐黑豆2号和皖豆16等。比较耐病的品种有吉林22、跃进5号等。

2. 栽培措施

轮作是防治胞囊线虫病最有效的措施。与禾谷类作物等非寄主植物轮作的年限一般不能低于3年,轮作年限越长,效果越好。若实行水旱轮作防病效果会更好。在大豆种植面积较大的地区,轮作还可与种植抗、耐病品种相结合。即轮作制中加入一季抗病品种或诱捕作物如绿肥作物等,可减少轮作年限提高防病效果。适当增施有机肥料,提高土壤肥力,促进植株生长,可减轻线虫为害。在高温干旱年份注意适当灌水,效果尤为明显。调整播期有时能达到防治目的。

3. 药剂防治

采用含呋喃丹等杀线虫剂的种衣剂包衣防效明显，近年来应用面积较大。另外，采用灭线磷、呋喃丹、力满库等颗粒剂，随播种一齐施入土壤，防效显著。

4. 生物防治

国内外研究报道，利用厚垣轮枝菌和淡紫拟青霉菌等制成的微生物防治剂，对大豆胞囊线虫具有较好的防治效果。

虫害:豆荚螟

一、发生为害特点

1.虫害分布及为害程度

豆荚螟(*Etiella zinckenella*)是大豆重要害虫之一。分布北起吉林、内蒙古，南至台湾、广东、广西、云南。在河南、山东为害最重。

2.虫害类型

3.难防指数 ★★★★

4.难防原因

(1)缺乏高抗品种，多数品种抗性较差；

(2)有利于降低虫害为害的种植制度很难较大面积推行；

(3)药剂使用单一，产生较强抗药性。

二、诊断要点

1.为害部位

蛀食豆荚。

2.为害特点

以幼虫在豆荚内蛀食豆粒，被害籽粒轻则蛀成缺刻；重则蛀空。被害籽粒内充满虫粪，发褐以致霉烂。

三、形态特征

成虫，体长10~12毫米，翅展22~24毫米，全身灰褐色，下唇须长而向前突出。前翅狭长，色灰紫，沿前缘有一条明显的白色纵带，近翅基1/3处有1条金黄色宽横带，外侧镶有淡黄褐色宽边，后翅灰白色半透明，内侧有暗棕色波状纹。触角丝状，雄蛾鞭节基部有一丛灰色鳞毛。

幼虫，共5龄，体长14~18毫米，

初孵时为淡黄色,以后转为灰绿色直至紫红色。老熟幼虫背面紫红色,前胸背板前缘中央有“人”字形黑斑,其两侧各有黑斑1个,后缘中央有小黑斑2个,具背线、亚背线、气门线和气门下线,气门黑色。腹面灰绿色,腹足趾钩双序全环。

卵,长约0.8毫米,扁平,椭圆形,初产乳白色,后变为红色,孵化前略呈黄色,有光泽,表面密布不明显的网纹。

蛹,长9~10毫米,黄褐色,触角及翅芽伸至第五腹节后缘,腹端钝圆,有臀刺6根,茧为长椭圆形,白色丝质外附有土粒。

四、发生规律

1.为害规律

豆荚螟1年发生代数随地区和气候条件的不同而变化,北方2~3代,南方4~5代。以老熟幼虫在寄主植物附近土表下结茧越冬。每年6~10月为幼虫发生为害期。成虫白天躲在叶背或杂草上,傍晚活动,趋光性不强。

2.发生条件

豆荚螟成虫昼伏夜出,白天多躲在豆株叶背、茎上或杂草上,傍晚开始活动,趋光性不强,飞翔力弱。喜干燥,在适温条件下,湿度对其发生的轻重有很大影响,对温度的适应范围广,7~35℃都能生长发育,最适环境温度为26~30℃,相对湿度70%~80%。环境对其发生也有一定的影响,地势高的豆田、土壤湿度低的地块比地势低、湿度大的地块为害重。结荚期长的品种较结荚期短的品种受害重,荚毛多的品种较荚毛少的品种受害重,豆科植物连作田受害重。豆荚螟的天敌有豆荚螟甲腹茧蜂、小茧蜂、豆荚螟白点姬蜂、赤眼蜂等,以及一些寄生性微生物。

五、防治技术

1.抗性品种

2.农业防治

(1)调整种植布局,避免豆类作物多茬口混种、与豆科绿肥连作或邻作,最好采用大豆与水稻轮作或与玉米间作。

(2)注意田园清洁,结合管理,清除田间落花、落荚,摘除卷叶和虫荚集中烧毁,以减少虫源,减轻为害。

(3)灌溉灭虫,在水源方便的地区,可在秋、冬灌水数次,提高越冬幼虫的死亡率,在夏大豆开花结荚期,

灌水 1~2 次,可增加入土幼虫的死亡率,增加大豆产量。

(4) 豆科绿肥在结荚前翻耕沤肥,种子绿肥及时收割,尽早运出本田,减少本田越冬幼虫的量。

3.化学防治

应采取"治花不治荚"的药剂防治策略，于作物始花期喷第 1 次药，盛花期喷第 2 次药,两次喷药间隔为 7~10 天,重点喷蕾、花、嫩荚及落地花,连喷 2~3 次。药剂可选用农地乐(522.5 克/升毒·氯乳油)70~100 毫升,或虫寂(2%阿维菌素乳油)80~100 毫升,或斯达速(480 克/升毒死蜱乳油)1000~2000 倍液，或燕化捍卫(4.8%高氯·甲维盐微乳剂)50 毫升或 BT 乳剂+2.5%溴氰菊酯乳油(10:1) 1000~1500 倍液,或 2.5%氯氟氰菊酯乳油 4000 倍液，或 10%氯氰菊酯 3000 倍液、80%敌敌畏乳油 1000 倍液、20%三唑磷乳油 700 倍液、5%氟虫腈胶悬剂 2500 倍液、90%晶体敌百虫、50%杀螟松乳油、50%马拉硫磷乳油均用 1000 倍液、2.5%溴氰菊酯乳油 3000 倍液、20%氰戊菊酯乳油 2000~3000 倍液。

虫害:大豆食心虫

一、发生为害特点

1.虫害分布及为害程度

大豆食心虫(*Leguminivora glycinivorella*)又名大豆蛀荚蛾、豆荚虫、小红虫,属鳞翅目、小卷叶蛾科,分布于日本、朝鲜、蒙古、俄罗斯和我国长江以北各大豆产区,是大豆的主要害虫，年年有不同程度的发生,降低产量和质量,以辽宁、吉林、黑龙江、山东、河南、河北的大豆受害最重。常年蛀食率达 10%~20%,重者可达 80%。虫食率每增加 10%约减产 4%左右。

2.虫害类型

蛀食性种实害虫。

3.难防指数 ★★★

4.难防原因

(1)缺乏高抗品种,多数品种抗

性较差；

(2)有利于降低虫害为害的种植制度很难较大面积推行；

二、诊断要点

1.为害部位

蛀食豆粒。

2.为害特点

以幼虫蛀入豆荚，咬食豆粒，轻者沿瓣缝将豆粒咬成沟，似兔嘴状，重者把豆粒吃掉大半，被害粒失去原形，豆荚内充满粪便，降低产量和质量。

三、形态特征

成虫 体长5~6毫米，翅展12~14毫米，暗褐色或黄褐色，雄蛾色较淡。前翅灰、黄、褐色杂生，外缘近顶角处稍向内凹，沿前缘有10条左右黑紫色短斜纹与黄褐色纹相间。外缘内侧中央银灰色，有3条纵列紫褐色点。雌蛾腹末较尖，雄蛾腹末较钝。

卵 长约0.5毫米，扁椭圆形。初产时乳白色，后变为黄色或橘红色，孵化变为紫黑色。

幼虫 老熟幼虫体长8~10毫米，略呈圆筒形，鲜红色，非骨化部分淡黄或橙黄色。唇基约为头长的3/5，腹足趾钩单序全环，靠近腹部中线的趾钩稍长。腹部第7~8节背面有1对紫色小斑者为雄性。

蛹 体长5~7毫米，长纺锤形，红褐或黄褐色，羽化前呈黑褐色。喙不超过前足腿节。腹部第二至第七节背面前后缘均有小刺，第八至第十节各有1列较大的刺。腹部末端有8根粗大的短刺。

土茧 长7.5~9.0毫米，长椭圆形。由幼虫吐丝缀合土粒而成。

四、发生规律

1.为害规律

大豆食心虫各地均1年发生1代，以老熟幼虫在土中结茧越冬。7月中下旬至8月上旬越冬幼虫开始向土表移动，另做土茧化蛹，蛹期10天左右，8月上旬羽化成成虫。成虫交尾后产卵于大豆嫩荚上，经7天左右孵化为幼虫。幼虫孵化后，很快钻入豆荚内为害，在荚内为害20~30天后老熟，大豆收割前后，幼虫在豆荚边缘穿孔脱荚，落地后入土越冬。在土壤中生活达10个月之久。

成虫 飞翔力很弱，下午15~16时开始活动，日落前1小时左右活动最盛，飞翔在豆株顶部半米高处，一次

飞翔距离一般不超过6米。成虫交尾时有群居性,常看到成群飞舞,对绿光波有一定趋向性。成虫一般寿命5~10天,最长13天,雌蛾寿命比雄蛾稍长。交尾后第二天即可产卵,一般在午后15~22时产卵。主要产在豆荚上,占80%左右,少数产在叶柄、主茎、侧枝等处,一般一荚一卵较多。

卵 卵期一般7天左右。卵的孵化率很高,达90%以上。

幼虫 幼虫孵化后,在豆荚上爬行不超过8小时,先在荚边缘接合处,吐丝结成一长形丝网,然后在网内将荚咬成孔穴钻入为害豆粒,幼虫自结网到入荚约需3~4小时。幼虫在入荚过程中有一部分死亡,其死亡率高低与大豆品种有关。凡木质化隔离层紧密且呈横向排列的死亡率较高。老熟幼虫在大豆收获前后,从豆荚边缘蛀一小孔钻出,坠于地面,即开始脱荚。幼虫脱荚后寻找土缝爬入土中作茧(1头幼虫可反复作茧7次)越冬。幼虫期比较长,达11个月之久。

蛹 越冬幼虫有的重新作茧化蛹、有的直接在茧内化蛹,蛹期10天左右。

2.发生条件

土壤湿度:土壤湿度对幼虫化蛹和成虫羽化关系非常密切。8月份少雨,成虫羽化受抑制。7月下旬到8月上旬如果降雨过多,也有一定影响。当土壤含水量为20%~30%时都能羽化,20%时最适羽化,但高达50%时,则完全不能羽化。

前作:大豆连作受害重,轮作发生轻,轮作比连作可减少虫食率40%以上。

地势:不同地势食心虫发生亦有差异,一般低洼地比平地、岗地发生重,旱年尤为明显。

天敌:食心虫天敌的种类很多,主要有中国瘦姬蜂、小茧蜂、甲腹蜂、蚂蚁、步行虫、白僵菌等。其中以中国瘦姬蜂和小茧蜂最为普遍,此两种幼虫寄生蜂对食心虫的寄生率有些年份可达65%左右,一般年份在17.5%~42.3%,幼虫脱荚入土或土中移动时,还常被蚂蚁吃掉。入土越冬后,也常有白僵菌寄生,一般寄生率为5%~10%,高的可达30%。

五、防治技术

1.抗性品种

2.农业防治

一是选用抗虫品种;二是远距离大区轮作;三是及时翻耙豆茬和豆后

麦茬地；四是适期早播；五是铲豆茬地；六是适期早收。

3.化学防治

当8月上、中旬在成虫初盛期(蛾量骤增，雌雄数近似1:1并出蛾团时)施药效果最好。

(1) *熏蒸法* 用高粱秆或玉米秆两节为一段，一节扒皮，将扒皮的一节浸入80%敌敌畏原液1.85~2.85千克，制成40根药棍，在田间每隔5条垄在垄台上插一趟，药棍相距4~5步远，高度约在大豆植株的1/3处，熏蒸防治。

(2) *撒毒饵法* 每公顷用敌敌畏15~22.5千克拌麦麸150~300千克撒于豆田防治。

(3)*喷雾法* 每公顷用20%杀灭菊酯400毫升对水600千克喷雾防治，或用其他菊酯类杀虫剂也可。此外还有连续3次喷药法，第一次公顷用80%敌敌畏750毫升加20%速灭杀丁150毫升对水喷雾，每次间隔5~7天，防治效果最佳。

4.生物防治

(1)在成虫产卵期(8月中上旬)，每公顷放赤眼蜂15~25.5万只进行卵期防治。

(2) 9月上旬在大豆食心虫脱荚入土前，将白僵菌粉与草炭土按1:9稀释，每公顷用80千克均匀地撒在豆田垄台上，感染越冬幼虫，达到致死的目的。

虫害:蛴螬

一、发生为害特点

1.虫害分布及为害程度

蛴螬是金龟甲的幼虫，属多食性害虫，发生普遍，分布广，为害大，易咬断幼苗根、茎，造成枯死苗；啃食块根、块茎，影响产量品质。

2.虫害类型

取食性地下害虫。

3.难防指数 ★★★★

4.难防原因

(1) 蛴螬栖息在土壤中，防治难度大；

(2) 蛴螬种类多，在同一地区同一地块，常为几种蛴螬混合发生，世代重叠，发生和为害时期很不一致；

(3) 杀虫剂使用后，产生比较强的抗药性。

二、诊断要点

1.为害部位

主要为害植株根部。

2.为害特点

主要以幼虫为害作物根部，萌发的种子，幼苗等均可为害。可咬断幼苗的根茎，切口较整齐，使植株枯黄而死。

三、形态特征

幼虫 体肥大，体长因种类而异，一般为5~30毫米，体型弯曲近C形，体大多为白色、黄色或淡黄色。体壁较柔软，多皱，体表疏生细毛。头大而圆，多为黄褐色，或红褐色，上颚显著，生有左右对称的刚毛，常为分种的特征。胸足3对，一般后足较长。腹部10节，第10节称为臀节，其上生有刺毛，其数目和排列也是分种的重要特征。

成虫 体略凸，大小随种有很大差异。体色有赤、蓝、绿、褐、棕、黑等色，具光泽。触角鳃叶状。鞘翅长椭圆形，亦有光泽，每侧鞘翅各有4条明显的纵肋。前足宜于掘土。腹末常不被鞘翅覆盖。

卵 初产乳白色，表面光滑，椭圆至长圆形。孵化前卵膨大，色变深，呈淡黄或橙黄色。卵壳透明。

蛹 大约长20毫米，裸蛹，初为黄白色，后变成橙黄色，头部细小，向下稍弯，腹部末端有叉状突起一对。

四、发生规律

1. 为害规律

(1) 大黑金龟甲(*Holotrichia diomphalia*)华南地区1年1代，其他地区2年发生1代。以成虫和幼虫越冬。越冬成虫4月间开始出上，交配产卵于大豆根附近。幼虫孵化后，为害大豆根。10月份以后向上下转移，为害秋播麦苗，以后以幼虫越冬。来年4~5月为害小麦及春播作物。6月上旬开始化蛹，6月下旬开始羽化为成虫，成虫不出上，在地下越冬。低洼潮湿及浇水的黏土地发生重。

(2)暗黑金龟甲(*Holotrichia parallela*)每年发生1代。以老熟幼虫越冬。越冬幼虫在5月间化蛹。成虫在6月上、中旬发生，在林木上取食树叶,以后交配、产卵。7月中、下旬为1龄幼虫盛发期。7月末至8月初为2龄幼虫盛期,开始为害大豆根部。3龄幼虫大多发生在8月下旬,对大豆为害最重。9月中、下旬开始向下移动。夏季干旱的年份发生较轻。

2.发生条件

蛴螬的成虫有假死和趋光性,并对未腐熟的粪肥有趋性。白天藏在土中,晚上20~21时进行取食等活动。蛴螬终生在地下活动,与土壤的理化特性和温湿度关系密切。当10厘米土温达5℃时开始上升土表,13~18℃时活动最盛,23℃以上则往深土层移动,至秋季土温下降到其活动适宜范围时,再移向土壤上层。因此蛴螬对果园苗圃、幼苗及其他作物的为害主要是春秋两季最重。土壤潮湿活动加强,尤其是连续阴雨天气,春、秋季在表土层活动,夏季时多在清晨和夜间到表土层。

五、防治技术

1.抗性品种

2.农业防治

在菜园周围清除杂草丛生的荒地,冬前适时耕翻土地,灭杀越冬幼虫。在栽培条件许可的情况下,进行水旱轮作或适时灌水杀灭幼虫。

3.化学防治

可选用的农药有斯达速(480克/升毒死蜱乳油),48%乐斯本乳油1000倍液,90%晶体敌百虫800~1000倍液,50%辛硫磷乳油800倍液。在幼虫盛发期每株灌药液150~250克,可杀死根际附近的幼虫。在成虫集中的作物或树上,喷洒90%晶体敌百虫800倍液,或20%杀灭菊酯乳油3000倍液等,喷雾防治,可防治成虫,减轻下一代蛴螬为害。也可用90%晶体敌百虫每亩用药量150~200克,对水喷雾细土配制成15~20千克毒土,撒在播种沟内后再播种,可防止蛴螬为害幼苗。

草害:刺儿菜

一、发生为害特点

1.草害分布及为害程度

刺儿菜(*Cephalanoplos segetum (Bunge)*Kitam.)别名小蓟、猫蓟、刺脚芽,为菊科刺儿菜属植物,多年生草本,生于荒地、路旁、田间。全国各地均有分布,以西部地区更为普遍,是各种旱作物地的常见杂草,部分玉米、棉花、马铃薯等作物受害较重。发生密度不大,但再生力强,蔓延较快而又不易根除。

2.难防指数 ★★★★

3.难防原因

(1)单株繁殖能力强,5~9月间均可出芽生长;

(2)根芽繁殖能力极强,根质脆易断,用人工挖除很难除清;

(3)多年生根茎的根系深、抗逆性强,加大除草剂剂量时作物易受到药害。

二、诊断要点

(1)子叶椭圆形,叶基楔形。下胚轴极发达,上胚轴不育。初生叶一片,叶缘齿裂,具齿状刺毛。随之出现的后生叶几和初生叶对生。(2)头状花序单生枝顶,全为筒状花,淡红白或紫红色,雌雄异株。(3)冠羽毛状。

三、形态特征

刺儿菜多年生草本,具长匍匐根。茎直立,高约50厘米,稍被蛛丝状绵毛。基生叶花期枯萎;茎生叶互生,长椭圆形或长圆状披针形,长5~10厘米,宽1~2.5厘米,两面均被蛛丝状绵毛,全缘或有波状疏锯齿,齿端钝而有刺,边缘具黄褐色伏生倒刺状牙齿,先端尖或钝,基部狭窄或钝圆,无柄。雌雄异株,头状花序单生于茎顶或枝端;总苞钟状,苞片5裂,疏被绵毛,外列苞片极短,卵圆形或长圆状披针形,顶端有刺,内列的呈披针状线形,较长,先端稍宽大,干膜质;花冠紫红色;雄花冠细管状,长达

2.5 厘米,5 裂，花冠管部较上部管檐长约 2 倍,雄蕊 5,聚药,雌蕊不育,花柱不伸出花冠外；雌花花冠细管状，长达 2.8 厘米，花冠管部较上部管檐长约 4 倍,子房下位,花柱细长,伸出花冠管之外。瘦果长椭圆形,无毛,冠毛羽毛状,淡褐色,在果熟时稍较花冠长或与之等长。

四、发生规律

1. 为害规律

根茎繁殖为主，种子繁殖为辅。5~9 月间可随时萌发,6~7 月开花,7~8 月成熟。

2.发生条件

刺儿菜喜多腐殖质的微酸性至中性土壤，根分布在 50 厘米左右的土壤中,最深可达 1 米。土壤上层的根着生越冬芽，向下则着生潜伏芽。块茎发芽的温度范围 13~40℃，最适温度 30~35℃。

五、防治技术

1.农业防治

(1)大豆田采用小麦-玉米-大豆轮作 前茬小麦便于防治阔叶杂草-刺儿菜,小麦收获后,土地深翻可消灭刺儿菜的地下根茎。玉米田便于中耕,有利于防治多年生的刺儿菜。

(2)田间盖草。地表覆盖不含杂草子实的麦秆等可减轻刺儿菜的发生和为害。

(3) 增施基肥,窄行密播,充分利用作物群体抑草。

2.化学防治

苗前施药：(1)48%广灭灵 2.0~2.5 升/公顷 (最好拱土期施药);(2) 80%阔草清 60~75 克/公顷;(3)70%大豆欢 2.7~4.5 升/公顷;(4)72%2,4-滴丁酯 750 毫升/公顷+48%广灭灵 1.0 升/公顷。

苗后施药:亨达伴虎(250 克/升氟磺胺草醚水剂)春大豆田 120~150 毫升/亩,夏大豆 100~120 毫升/亩,对水茎叶吐蕃 ;亨达广草灭(20.8%氟磺胺草醚·精喹禾灵·异噁草松乳油)于春大豆田 150~200 毫升/亩对水茎叶喷雾。

也可在大豆 3~5 片复叶期,最晚在大豆初花期前，刺儿菜大部分 3~6 片叶时，用 41%草甘膦 250 毫升 加水 2.5 千克,涂抹刺儿菜顶心。

草害:狗牙根

一、发生为害特点

1.草害分布及为害程度

属于禾本科狗牙根属,俗名绊根草、爬根草、感沙草、铁线草、疙疤草、疙疤根。生于河边、草地、路旁或农田中,分布于黄河流域及以南各地。为秋熟作物田、果园的优势种或亚优势种杂草之一。主要为害大豆、棉花、玉米、薯类、瓜类、果树等,是世界性恶性杂草。也是锈病、黑粉病、飞虱、叶蝉、小地老虎的寄主。

2.难防指数 ★★★★

3.难防原因

(1) 多年生草本,具根状茎或匍匐茎;

(2) 耐干旱、耐碱、耐践踏,生活力强;

(3) 植物的根茎和茎着土即生根复活,繁殖迅速,蔓延很快,常成片生长,形成草丛,覆盖地面。

二、诊断要点

种子留土萌发。第一片真叶带状,长 0.7 厘米,宽 0.1 厘米,先端急尖,叶缘有极细的刺状齿,叶片有 5 条直出平行脉,叶片与叶鞘之间有一很窄的环状膜质叶舌,其顶端细齿裂,叶鞘亦有 5 条脉,紫红色,叶片与叶鞘均无毛,第二片真叶带状披针形,有 9 条直出平行脉。

三、形态特征

低矮草本,具根茎。秆细而坚韧,下部匍匐地面蔓延甚长,节上常生不定根,直立部分高 10~30 厘米,直径 1~1.5 毫米,秆壁厚,光滑无毛,有时略两侧压扁。叶鞘微具脊,无毛或有疏柔毛,鞘口常具柔毛;叶舌仅为一轮纤毛;叶片线形,长 1~12 厘米,宽 1~3 毫米,通常两面无毛。穗状花序(2–)3~5(6)枚,长 2~5(6)厘米;小穗灰绿色或带紫色,长 2~2.5 毫米,仅含 1

小花;颖长1.5~2毫米,第二颖稍长,均具1脉,背部成脊而边缘膜质;外稃舟形,具3脉,背部明显成脊,脊上被柔毛;内稃与外稃近等长,具2脉。鳞被上缘近截平;花药淡紫色;子房无毛,柱头紫红色。颖果长圆柱形。

四、发生规律

1. 为害规律

种子量少,细小而且发芽率低,以匍匐茎繁殖为主。我国中北部地区,4月份从匍匐茎或根茎上长出新芽,4~5月迅速扩展蔓延,交织成网状而覆盖地面;6月开始陆续抽穗、开花、结实,10月颖果成熟、脱落,并随风或流水传播扩散。

2.发生条件

狗牙根喜光而不耐阴,喜湿而较耐旱。对土壤质地和pH值适应范围较宽,从黏壤到砂壤、从酸土到碱土都能生长。每一节在适宜调节下都能生出1或几个芽和不定根,从而形成新植株,凡是有节的根茎段就可成为新得植株。

五、防治技术

1.农业防治

(1) 田间盖草。地表覆盖不含杂草子实的麦秆等可减轻狗牙根的发生和为害。

(2) 增施基肥,窄行密播,充分利用作物群体抑草。

(3) 结合田间管理,人工清除。

2.化学防治

大豆播后苗前,用50%乙草胺乳油100~150毫升/亩、72%异丙甲草胺乳油150~200毫升/亩、72%异丙草胺乳油150~200毫升/亩、33%二甲戊乐灵乳油150~200毫升/亩,对水40~45千克喷雾土表。土壤有机质含量低、砂质土、低洼地、水分足,用药量低,反之用药量高。

大豆生长期,亨达普日特(5%精喹禾灵乳油70~100毫升/亩,或亨达精草通克(15.8%精喹禾灵乳油)15~22毫升/亩,或10.8%高效盖草能乳油20~40毫升/亩、12.5%稀禾定机油乳剂50~75毫升/亩、12%收乐通乳油20~40毫升/亩,对水30千克均匀喷施。施药时视草情、墒情确定用药量,草大、墒差时适当加大用药量。

草害:马唐

马唐的为害特点、诊断要点、形态特征和发生规律参见玉米田疑难草害-马唐解决方案。

防治技术

1.农业防治

(1) 上茬作物收获后，深松土层可避免深层草籽转翻到表土层而加重草害。

(2) 田间盖草。地表覆盖不含杂草子实的麦秆等可减轻马唐的发生和为害。

(3) 增施基肥,窄行密播,充分利用作物群体抑草。

(4) 结合田间管理,人工清除。

2.化学防治

大豆播后苗前,用50%乙草胺乳油100~150毫升/亩、72%异丙甲草胺乳油150~200毫升/亩、72%异丙草胺乳油150~200毫升/亩、33%二甲戊乐灵乳油150~200毫升/亩,对水40~45千克喷雾土表。土壤有机质含量低、砂质土、低洼地、水分足,用药量低,反之用药量高。

大豆生长期,亨达普日特(5%精喹禾灵乳油)70~100毫升/亩,或亨达断禾 (8.8%精喹禾灵乳油)30~40毫升/亩,10.8%高效盖草能乳油20~40毫升/亩、12.5%稀禾定机油乳剂50~75毫升/亩、12%收乐通乳油20~40毫升/亩,对水30千克均匀喷施。施药时视草情、墒情确定用药量,草大、墒差时适当加大用药量。

草害:牛筋草

牛筋草的为害特点、诊断要点、形态特征和发生规律参见玉米田疑难草害-牛筋草解决方案，防治技术参照豆田马唐的防治。

草害:香附子

香附子的为害特点、诊断要点、形态特征和发生规律参见棉田疑难草害-香附子解决方案。

豆田香附子防治技术

1.农业防治

(1) 大豆田采用小麦-玉米-大豆轮作 小麦收获后,土地深翻可消灭香附子的地下根茎。玉米田便于中耕,有利于防治多年生的香附子。

(2) 田间盖草。地表覆盖不含杂草子实的麦秆等可减轻香附子的发生和为害。

(3) 增施基肥,窄行密播,充分利用作物群体抑草。

2. 化学防除

大豆播后芽前,用50%乙草胺乳油100毫升/亩+24%乙氧氟草醚乳油10~15毫升/亩、72%异丙草胺乳油150毫升/亩+10%氯嘧磺隆可湿性粉剂5~7.5毫升/亩,对水40~45千克喷雾土表。土壤有机质含量低、砂质土、低洼地、水分足,用药量低,反之用药量高。

大豆生长期,杂草基本出齐尚处于幼苗时,可用10%乙羧氟草醚乳油20~40毫升/亩,或48%苯达松水剂150毫升/亩,或24%三氟羧草醚60毫升/亩,或24%乳氟禾草灵乳油20毫升/亩,或亨达伴虎(250克/升氟磺胺草醚水剂)春大豆120~150毫升/亩,夏大豆100~120毫升/亩,对水30千克均匀喷施。视草情、墒情确定用药量。

第七部分

油菜田疑难病虫草害防控指南

病害:菌核病

一、发生为害特点

1.病害分布及为害程度

菌核病是油菜生产中的重要病害之一，常年株发病率高达 10%~30%,严重的达 80%以上;病株一般减产 10%~20%，严重地块可达 70%以上。我国冬、春油菜栽培区均有发生，以长江流域和东南沿海冬油菜区受害较重。

2.病害类型

为典型的以土传为主,也可气流传播的真菌性病害。

3.难防指数 ★★★★

4.难防原因

(1) 病菌可产生大量菌核，并能长期在土壤中存活;

(2) 抗病品种较少，多数品种感病;

(3) 寄主范围广泛，难以实施有效的轮作;

(4)长期化学防治,病菌容易产生抗药性。

二、诊断要点

1.为害部位

整个生育期均可发病，结实期发生最重。茎、叶、花、角果均可受害,以茎部受害最重。

2.为害症状

茎部受害,初现浅褐色水渍状病斑,后发展为具轮纹状的长条斑,边缘褐色,湿度大时表生棉絮状白色菌丝,偶见黑色菌核,病茎内髓部烂成空腔,并产生很多黑色鼠粪状菌核。病茎表皮开裂后,露出麻丝状纤维,茎易折断,致病部以上茎枝萎蔫枯死。叶片受害,初呈不规则水浸状,后形成近圆形至不规则形病斑,病斑中央黄褐色,外围暗青色,周缘浅黄色,病斑上有时轮纹明显,易穿孔。花瓣染病,初呈水浸状,渐变为苍白色,后腐烂。角果染病,初现水渍状褐色病斑,后变灰白色,种子瘪瘦,无光泽。

3.病征

湿度大时病部表面生棉絮状白色菌丝,偶见黑色菌核;病茎内部产生很多黑色鼠粪状菌核。

三、病原特征

病原为核盘菌(*Sclerotinia sclerotiorum*),属子囊菌亚门真菌。菌核长圆形至不规则形,似鼠粪状,初白色,后变灰褐色。菌核萌发后长出1至多个具长柄的肉质黄褐色盘状子囊盘,盘上着生一层子囊和侧丝,子囊无色,棍棒状,内含单胞无色子囊孢子8个,侧丝无色,丝状,夹生在子囊之间。

四、发生规律

1.侵染循环

病菌主要以菌核在土壤中或附着在采种株上、混杂在种子间越冬或越夏。我国南方冬播油菜区10~12月有少数菌核萌发,使幼苗发病,绝大多数菌核在翌年3~4月间萌发,产生子囊盘;我国北方油菜区则在3~5月间萌发。子囊孢子成熟后从子囊里弹出,借气流传播,侵染衰老的叶片和花瓣,导致寄主组织腐烂变色。病菌从叶片扩展到叶柄,再侵入茎秆,也可通过病、健组织接触或沾附进行重复侵染。生长后期又形成菌核越冬或越夏,在潮湿土壤中菌核能存活1年,干燥土中可存活3年。

2.发生条件

菌核病的发生与菌核基数、气候条件、栽培条件和品种抗性有较大关系。油菜连作,或与蔬菜、豆类等寄主植物连作,土壤中菌核数量大时,发病严重;气候条件特别是油菜开花期的降雨量与病害关系密切,旬降雨量超过50毫米发病重,小于30毫米发病轻,低于10毫米则难于发病。此外,施用未充分腐熟有机肥、播种过密、偏施过施氮肥地块易发病;地势低洼、排水不良、植株倒伏、早春寒流侵袭频繁或遭受冻害发病重。

五、防治方法

1.选用抗病品种

生产上有一些品种对菌核病具有较好抗性,如中双4号,豫油2号,甘油5号,皖油12号、皖油13号,核杂2号,赣油13、赣油14号,蓉油3号,秦油2号,油研7号,青油14号等,各地可根据情况选用。

2.农业防治

(1)轮作　实行稻、油轮作或旱地油菜与禾本科作物进行两年以上轮作,可减少菌源,有效控制病害发生。

(2) 加强栽培管理 多雨地区推行窄厢深沟栽培法,利于春季沥水防渍;雨后及时排水,防止湿气滞留。采用配方施肥技术,提倡施用腐熟有机肥,避免偏施氮肥,配施磷、钾肥及硼锰等微量元素,防止开花结荚期徒长、倒伏或脱肥早衰;合理密植,并及时中耕或清沟培土,盛花期及时摘除黄叶、老叶,改善田间通风透光条件,减轻发病。

(3) 精选种子 播种前用10%盐水选种,汰除浮起来的病种子及小菌核,选好的种子晾干后播种。

3.化学防治

南方油菜产区重点抓两次防治:一是子囊盘萌发盛期在稻茬油菜田四周田埂上喷药杀灭菌核萌发长出的子囊盘和子囊孢子;二是在3月上、中旬油菜盛花期一、二类油菜田及时喷药防治。常用药剂包括40%菌核净可湿性粉剂800倍液、50%速克灵可湿性粉剂1500倍液、50%扑海因可湿性粉剂1500倍液、50%农利灵可湿性粉剂1000倍液、菌寂(40%多菌灵·菌核净可湿性粉剂)1000倍液、托上托(70%甲基硫菌灵可湿性粉剂)500倍液、20%甲基立枯磷乳油1000倍液等。北方油菜产区主要是在春季盛花期应及时喷药防治。

4.生物防治

国内外研究发现,用盾壳霉和木霉菌对菌核病防治效果较好。

病害:病毒病

一、发生为害特点

1.病害分布及为害程度

油菜病毒病又名花叶病,是油菜主要病害之一,全国各油菜产区均有发生。一般轻病田损失5%~10%,重病区流行年份产量损失20%~30%。目前国内外报导的油菜病毒病有13种,其中芜菁花叶病毒在世界各地均有分布。

2.病害类型

为机械传播和蚜虫传播的病毒病害。

3.难防指数 ★★★★

4.难防原因

(1) 病毒病害，缺乏有效防治药剂；

(2) 缺乏高抗品种，多数品种感病；

(3) 诊断困难,防治重视不够。

(4) 毒源植物丰富，难以完全清除。

二、诊断要点

1.为害部位

该病属系统侵染的病毒性病害，整株表现症状。

2.为害症状

白菜型油菜和芥菜型油菜发病主要表现为系统花叶。发病先从心叶开始,叶脉变黄白色,呈半透明状。严重时叶片皱缩,颜色深浅不一,花序短缩,花器丛集,植株矮小,角果瘦小弯曲,造成荚枯籽秕,甚至植株早期死亡。此病在4~5月间,当温度升高时,花叶症状常出现隐症现象。

甘蓝型油菜植株发病后,主要症状为系统性黄斑和枯斑。一般先从老叶发病,渐向新叶发展。开始病部隐现褪绿小圆斑,以后逐渐发展成直径2~4毫米近圆形的黄斑或黄绿斑,多数边缘有细小褐点组成连续或断续的圈纹,呈油渍状。病斑逐渐发展,形成枯白色半透明小点,并逐渐变成灰褐或灰白色枯斑,枯斑内或中央多散生小褐点或在中央形成一个大褐点。温湿度适宜时，则出现中间绿色,外围黄色的环斑。茎上发病,往往产生水渍状，紫褐色形状大小不等的条斑,角果皱缩瘦小,甚至全株枯死。

3.病征

病毒病害,无病征。病组织中可见风轮状内含体。

三、病原特征

油菜病毒病病原比较复杂,包括芜菁花叶病毒（*Turnip mosaic virus*, *TuMV*)、黄瓜花叶病毒(CMV)、甜菜西方黄化病毒（*Beet western yellow virus*,BWYV)、花椰菜花叶病毒(*Cauliflower mosaic virus*,CaMV)、油菜花叶病毒（*Youcai mosaic virus*, YoMV)等,其中芜菁花叶病毒TuMV是最主要的病原。

TuMV属马铃薯Y病毒属。粒体线状,钝化温度为62℃,稀释限点为10^{-3}~10^{-4}，体外保毒期为3~4天。*TuMV*寄主范围广,可为害十字花科、菊科、茄科、藜科和豆科植物,还能系统侵染萝卜、白菜、芜菁、菠菜和花生等作物。

四、发生规律

1.侵染循环

冬油菜区病毒在十字花科蔬菜、自生油菜和杂草上越夏,秋季通过蚜虫先传播至较油菜早播的十字花科蔬菜如萝卜、大白菜、小白菜上,再传至油菜地。子叶期至抽薹期均可感病,子叶至5叶期为易感期。油菜出苗后一个月左右即可出现病苗。冬季病毒在病株体内越冬,春季旬均温10℃以上时,病毒增殖迅速,终花期前后为发病高峰。

病毒靠汁液和蚜虫传播,已知有40~50种蚜虫传毒,桃蚜、萝卜蚜和甘蓝蚜为主要传毒蚜虫。蚜虫在感染芜菁花叶病毒植株上,吸毒5~20秒即可传毒,在健株上吸汁不到1分钟即可传病,但一次吸毒后,经20~30分钟传毒力即消失,属非持久方式传毒。

2.发生条件

病害的流行决定于油菜品种、播种期、传毒蚜虫、苗期气候条件和毒源作物等综合因素。品种抗性差异明显,在病害病流行年份不同品种发病程度差异十分显著。一般白菜型油菜、芥菜型油菜较甘蓝型油菜发病重。冬油菜区发病率随播种期延迟而下降,而早播发病较重;苗期蚜虫传病期越长,迁飞蚜虫数量越多,发病越重;苗期及生长期干燥少雨、气温高,利于蚜虫大发生和有翅蚜迁飞,病害易发生和流行。温度影响潜育期长短,日均温20~25℃时为7~10天,5℃以下或30℃以上不易侵染。毒源植物多、发病率高,离油菜田距离近,发病严重。

五、防治方法

1.推广抗病品种

甘蓝型油菜较白菜型、芥菜型油菜抗病,同类型油菜品种间抗性差异也很显著,如湘油10号、中油821等比较抗病,可因地制宜选用。

2.农业防治

(1)适当推迟播期 根据病害测报,病害大流行年,或秋季气温较高时,应推迟播期10~15天,以起到避病作用。

(2)油菜育苗地不要靠近十字花科蔬菜,并清除田边杂草 苗床周围可种植高秆作物,以减少迁飞有翅蚜,移栽前应拔除病苗;苗床与本田

应施足基肥，及时追肥，增施硼肥，控制氮肥用量。

(3) 实行轮作　有条件地区可实行水旱轮作 1~2 年，或与小麦等禾谷类作物轮作 2~3 年。

3.化学防治

如遇秋旱，油菜长出两片子叶后即需喷药防治，并注意防治周围作物蚜虫。使用药剂有：抗毒丰(0.5%菇类蛋白多糖水剂)600~800 倍液、10%吡虫啉可湿性粉剂 1000~2000 倍液，或 2.5%高渗吡虫啉可湿性粉剂 2000 倍液，或 50%抗蚜威可湿性粉剂 2000~4000 倍液，或40%氧化乐果乳油 1000 倍液，或 2.5%溴氰菊酯乳油 2000 倍液等。

虫害：油菜潜叶蝇

一、发生为害特点

1.虫害分布及为害程度

潜叶蝇属双翅目、潜蝇科，又名夹叶虫。油菜潜叶蝇 *Chromatomyia horticola* 又称豌豆潜叶蝇，该虫在国内分布较广，目前除西藏、新疆、青海尚无报道外，其他各省(市、区)均有发生。寄主较多，据报道共有 137 种，但以豌豆、蚕豆、油菜、甘蓝、白菜、萝卜等受害较重。春季油菜受害较重，常致叶片早落，影响结荚，导致减产。严重时植株枯萎死亡。

2.难防指数 ★★★★

3.难防原因

(1)寄主植物广泛，田间地头的其他寄主清除不彻底；

(2)杀虫剂大量使用导致其天敌数量减少；

(3)单一药剂使用，昆虫产生较强抗药性。

二、诊断要点

1.为害部位

该虫主要为害油菜叶部。

2.为害特点

以幼虫在叶片中潜食叶肉，仅留上下表皮的细长隧道，严重时布满叶片呈网状，影响光合作用，甚至全叶枯萎。也可为害嫩枝和角果。

三、形态特征

成虫　雌虫长 2.3~2.7 毫米，雄虫 1.8~2.1 毫米，体暗灰色，有稀疏刚毛。

背侧鬃2根，背中鬃4根。小盾片刺毛4根。翅半透明，有紫色反光。前亚缘脉与第一径脉彼此平行。足黑色，各足腿节末端白色。

卵 长卵圆形，长0.3毫米左右，宽约0.15毫米，淡灰白色，表面光滑。

幼虫 体长2.9~3.4毫米，体表光滑，柔软。初孵时乳白色，取食后渐变黄白或鲜黄色。头小，前端有黑色能伸缩的口钩。

蛹 长卵圆形略扁，长2.1~2.6毫米，浅黄色渐转为黄褐、黑褐色。

四、生活习性

一年有3~18代，由北向南渐增，变成一代所需时间随温度而异。

日平均气温10.5℃时需39天，22.7℃时只需20天。淮河以北以蛹越冬，淮河以南以蛹、幼虫、成虫和卵均可越冬，南岭以南无越冬现象。成虫活泼，寿命4~20天。

每雌虫一生产卵45~100余粒，散产于嫩叶的叶背边缘，卵期4~9天。幼虫孵出后即潜食叶肉，经5~15天老熟，在隧道末端化蛹，蛹期8~21天。

潜叶蝇成虫出现的适宜温度为16~18℃，幼虫为20℃左右。各地为害盛期：

青海春油菜区在7月上中旬；冬油菜区：山东4月底至5月初，陕西4月上旬至5月中旬，江苏4月中旬至5月中旬，湖北、湖南、江西在3月下旬至4月中下旬。

潜叶蝇的天敌有潜蝇茧蜂等，春季寄生率较高。

五、防治方法

1.农业防治

早春及时消除田间、田边其他寄主植物，及时摘除油菜花叶，以减少虫源。

2.化学防治

掌握在成虫盛发期或幼虫潜蛀时，用农地乐(522.5克/升毒·氯乳油)70~100毫升，或虫寂(2%阿维菌素乳油)，或斯达速(480克/升毒死蜱乳油)1000~2000倍液，或40%乐果乳油、50%马拉硫磷乳油、90%晶体敌百虫等各1000倍液，任选1种进行喷雾。也可用2.5%敌百虫粉剂，每亩喷2~2.5千克，视虫情每隔7~10天防治1次。共防治2~3次，可取得明显的效果。

3.其他防治措施

诱杀成虫。成虫盛发期可用3%

红糖液或甘薯、胡萝卜汁煮出液加0.5%敌百虫制成毒糖液，在田间点喷。并视虫情每隔3~5天点喷1次，连喷2~3次，即可杀灭成虫。

草害：猪殃殃

猪殃殃的为害特点、诊断要点、形态特征和发生规律参见小麦田疑难草害–猪殃殃解决方案。

防治技术

1. 农业防治

(1) 轮作 通过油菜–小麦轮作，在麦田容易选择防治双子叶杂草的除草剂，有效控制阔叶杂草的种群数量和子实产量，降低第二年油菜田阔叶杂草的发生基数。

(2) 密植进行合理密植 促其早发，形成郁蔽，发挥油菜群体的竞争优势，压制杂草。

(3) 免耕灭茬 再加上灭生性除草剂和土壤处理剂的混用，进行灭杀和封闭，可有效地控制杂草为害。

2. 化学防除

油菜播种期或移栽期 50%乙草胺乳油60~80毫升/亩，对水40~50千克，均匀喷施。

油菜生长期 阔叶杂草出齐，2~3叶期至2~33个分枝，用亨达多油多(30%草除灵悬浮剂)50~65克/亩，对水30~50千克，均匀喷施。

草害：野燕麦

野燕麦的为害特点、诊断要点、形态特征和发生规律参见小麦田疑难草害–野燕麦解决方案。

防治技术

1.农业防治

(1) 密植 进行合理密植，促其早

发,形成郁蔽,发挥油菜群体的竞争优势,压制杂草。

(2) 免耕灭茬,再加上灭生性除草剂和土壤处理剂的混用,进行灭杀和封闭,可有效地控制杂草为害。

2.化学防除

油菜播种期或移栽期 氟乐灵土壤处理。一般在油菜直播田和移栽田,先平整土地,而后用48%氟乐灵乳油80~150毫升/亩,对水40~50千克,均匀喷洒地表,随机耙地混土,耙深3~5厘米,而后进行播种或移栽;乙草胺 50%乙草胺乳油60~80毫升/亩,对水40~50千克,均匀喷施。

油菜生长期于禾本科杂草大量出苗且处于幼苗期,用亨达精草通克(15.8%精喹禾灵乳油)15~22毫升/亩,或用亨达普日特(5%精喹禾灵乳油)50~70毫升/亩,或用12.5%吡氟禾草灵乳油55~65毫升/亩,或用12.5%稀禾啶机油乳剂130毫升/亩,或6.9%精噁唑禾草灵浓乳剂50~75毫升/亩,对水30千克,均匀喷施。

草害:看麦娘

看麦娘的为害特点、诊断要点、形态特征和发生规律参见小麦田疑难草害-看麦娘解决方案,防治技术参考油菜田野燕麦的防治。

草害:早熟禾

早熟禾的为害特点、诊断要点、形态特征和发生规律参见小麦田疑难草害-早熟禾解决方案,防治技术参考油菜田野燕麦的防治。

第八部分

烟草田疑难病虫草害防控指南

病害:病毒病

一、发生为害特点

1.病害分布及为害程度

烟草病毒病是世界各烟草产区普遍发生的一类重要病害,据报道有20多种,其中发生普遍的有烟草普通花叶病毒病(TMV)、烟草黄瓜花叶病毒病(CMV)和烟草马铃薯Y病毒病(PVY)等。各种病毒病在不同的地区间分布略有差异,TMV主要分布在东北、云南、贵州、广东、四川等烟区,CMV主要发生在黄淮、西南、西北、福建等烟区,在很多地区还存在TMV和CMV的复合侵染。

2.病害类型

为病原复杂、传播途径多样的病毒病害。

3.难防指数 ★★★★★

4.难防原因

(1) 病毒病害,缺乏有效防治药剂;

(2) 缺乏高抗品种,多数品种感病;

(3) 病毒种类复杂,传播途径多,毒源植物丰富;

(4) 忽视预防工作,防治重视不够。

二、诊断要点

1.为害部位

系统侵染,整个烟株发病。

2.症状特点

病毒病在烟草各生长期间都能发生。不同种类的病毒病在症状上有所差别:

(1) 烟草普通花叶病毒病 一般嫩叶先发病,叶脉颜色变浅,呈半透明状明脉,随后叶脉两侧叶肉组织褪绿,形成黄绿相间的斑驳或花叶。叶片边缘有时向背面卷曲,叶片厚薄不匀,形成很多泡状突起,畸形,皱缩扭曲,出现缺刻。初期发病,烟株节间缩短,严重矮化,生长缓慢;重病株花变

形，不能正常开花结实，或结出的蒴果小而皱缩，种子量少，多数不能发芽，严重造成损失。

（2）烟草黄瓜花叶病毒病　与普通花叶病毒病在田间症状相似，有时不容易区别。发病初期叶片呈现“明脉”症状，后逐渐在新叶上表现花叶，形成黄绿色相间的斑驳，重病叶也会表现扭曲，形成泡状突起等症状；一般病叶变狭窄，叶基部伸长，侧翼变窄变薄，甚至完全消失；叶尖细长，有时病叶边缘向上翻卷。叶片上茸毛稀少，叶色发暗，无光泽；病叶有时粗糙，发脆呈革质。该病毒也能引起中下部叶片的侧脉两侧形成褐色“闪电状”坏死斑纹。CMV还可造成植株矮缩，枝叶丛生，发育迟缓等全株症状。

CMV与TMV引起病毒病的症状区别：TMV引起的病毒病的病叶边缘时常向下翻卷，叶基不伸长，叶面绒毛不脱落，泡斑多而明显，有缺刻；而CMV引起的病毒病的病叶，病斑边缘时常向上翻卷，叶基拉长，两侧叶肉几乎消失，叶尖成鼠尾状，叶面绒毛脱落，泡斑相对较少，有的病叶粗糙，如革质状。

（3）烟草马铃薯Y病毒病　烟草马铃薯Y病毒由于病毒株系不同而表现出不同症状。主要有脉带花叶型、脉斑型和褪绿斑点型。脉带型：在烟株上部叶片呈黄绿相间花叶斑驳，脉间色浅，叶脉两侧深绿，形成明显的脉带斑，严重时出现卷叶或灼斑，叶片成熟不正常，色泽不均，品质下降，烟株矮化；脉斑型：下部叶片黄褐，主侧脉从叶基开始呈灰黑或红褐色坏死，叶柄脆，维管束变褐，同时茎秆上出现红褐或黑色坏死条纹；褪绿斑点型：初期与脉带型相似，但上部叶片出现褪绿斑点，后中下部叶产生褐色或白色小坏死斑，病斑不规则，严重时整叶斑点密集，形成穿孔或脱落。

田间CMV常与TMV复合侵染，引起严重的矮花叶症状；有时与PVY复合侵染，造成叶脉坏死，整叶变黄、枯死等症状。

3.病征

病毒病害，无病征。

三、病原特征

1. 烟草花叶病毒(TMV)

病毒粒体呈直杆状，大小为300纳米×15~18纳米。增殖适温为28~30℃，在37℃以上即停止增殖，钝化温度90~93℃，稀释限点10^{-4}~10^{-7}，20℃时的体外保毒期达30天以上，干病叶在120℃经30分钟仍不失致病力。有资料报道,病毒粒体在无菌条件下致病力可保持数年,在干燥病组织内可存活30年以上。TMV寄主范围广,在我国除为害烟草外,还引起番茄、马铃薯、茄子、辣椒、地黄等多种作物,其野生寄主还包括茄科、十字花科、苋科、石竹科、菊科、黎科、豆科等36科的数百种植物。

2. 黄瓜花叶病毒(CMV)

病毒粒体为球状20面体,直径28~30纳米。病毒钝化温度为65~70℃,CMV稀释终点为10^5~10^6,室温下病株汁液中的病毒能存活期3~4天。*CMV*存在普通株系(CMV-O)、黄斑株系(CMV-C)、菠菜株系(CMV-S)、百合株系(CMV-L)、豆科株系(CMV-LE)等株系。不同株系在症状表现、致病力、传播力及相关理化特性等方面有一定差异。CMV寄主范围十分广泛,自然寄主有茄科、十字花科、葫芦科、豆科、菊科等67科470多种植物,人工接种还可侵染藜科、马齿苋科等85科约1000多种植物。

3. 马铃薯Y病毒(PVY)

病毒粒体呈微弯曲线状,大小680~900纳米×12纳米。PVY最适增殖温度为25~28℃,高于35℃时即停止增殖。病毒钝化温度为55~65℃,稀释限点为10^{-4}~10^{-6},病毒汁液体外保毒期在20~22℃条件下2~6天。但在干燥病叶中的存活能力较强,在4℃下干燥保存16个月病毒仍具侵染力。PVY寄主范围较广,可侵染34科170余种以上的植物,其中以茄科、藜科、豆科植物受害较重。

四、发生规律

1.侵染循环

烟草普通花叶病毒(TMV)可在土壤中的病株残根、茎上越冬,作为第二年的初侵染源。混有病残体的种子、肥料及田间其他带病寄主,甚至烘烤过烟叶都可成为病害的初侵染来源。病毒主要通过汁液接触摩擦传染。接触摩擦传毒率很高,农事操作中手、工具甚至衣物等接触病株再接触健株可引起再侵染,使病毒在田间传播蔓延。

黄瓜花叶病毒(CMV)主要在越冬蔬菜、多年生杂草上越冬,次年春天由带毒有翅蚜虫传至烟田,形成初侵染。在烟田中带毒蚜虫可通过刺吸健康植株引起多次再侵染,蚜虫刺吸带毒植株1分钟即可获得病毒,最长保毒时间100~120分钟,接毒时间也

只有1分钟，传毒效率很高。

马铃薯Y病毒(PVY)主要在农田杂草、马铃薯种薯、其他茄科植物及越冬蔬菜上越冬，基本上与CMV相似。春天，通过蚜虫迁飞传向烟田。

2.发病条件

烟草病毒病的发生流行与气候条件、栽培制度及品种抗性等多种因素有关。

(1) 气候条件　气候条件对各种烟草病毒病的影响差异较大。TMV发生的最适宜温度为25~27℃，高于38~40℃病毒侵入受到抑制。如果光照不足，也会出现隐症或症状不明显。而对于CMV与PVY，发病程度主要受蚜虫的群体数量和活动的影响。若冬季温暖，第二年春季气温回升快，则蚜虫越冬基数大，蚜虫数量多，发病就重；反之，则病害发生轻。

(2)栽培措施　烟田连作，或烟田离烤房较近，有利于TMV发生；种有越冬蔬菜的地区，传播介体蚜虫的积累量多，CMV与PVY发生可能性就大。氮肥施用量大，植株易感病，且表现症状较快；增施磷、钾肥，则相对较抗病。土壤瘠薄、板结，杂草丛生，管理不善及移栽较晚等对烟株生长不利的因素，也会加重病毒病发生。

(3) 品种抗性　烟草品种对烟草病毒病存在抗性差异，同一品种不同的生育阶段对烟草病毒病的抗性亦不同。感病品种的种植及适合病害发生的烟草生育阶段，都会促进烟草病毒病的发生。

五、防治技术

1.种植选用抗病、丰产品种

选育和推广应用抗病毒病的品种是控制病毒病为害的有效途径之一。目前我国已培育出一批抗TMV和耐CMV的品种，如辽烟6号、辽烟9号等高抗TMV，辽烟8号、辽烟10号、广黄54、广红12、辽44等对TMV也分别有较好的抗病性或耐病性。而广东培育的C151、C152、C212等品系，以及中烟14等品种对CMV具有一定的耐病性。有些品种如NC89、G28、G80等品种则对CMV存在阶段耐病性。推广利用这些品种对防治烟草病毒病发挥了积极的作用，可根据各地具体情况适当选用。

2.农业防治

(1) 轮作　烟田尽量避免病地重茬或与茄科、十字花科等连作，重病地可与禾本科作物、甘薯等作物实行2~3年轮作。

（2）培育无病壮苗 选用无病株种子，种子中应防止混入病株残屑；苗床土应选非烟田土和非菜园土，苗床应远离烤房、晾棚等场所。

（3）田间卫生 间苗、除草等过程中，手及用具应用肥皂水等消毒。植株打顶时注意先打健康株后打病株。对早发病烟株要及时拔除，带出烟田销毁，以减少再侵染源。

（4）加强栽培管理 适时早育苗，早移栽，严禁移栽已发病烟苗。在CMV和PVY发生重的地区，烟田应远离蔬菜园，并适当调节移栽期，使烟苗易感病期避过蚜虫迁飞高峰。合理施肥，施足基肥，采用配方施肥技术，氮、磷、钾肥因地制宜合理配比，适当提高钾肥用量，避免偏施过施氮肥，以提高烟株自身的抗病性。田间要及时中耕、培土、除草，促进烟株健壮生长。发病初期，应及时追施速效肥如1%尿素，及时浇水，减轻病害发生。

（5）实行麦烟套种和地膜覆盖 小麦—烟草套作可以减少蚜虫对烟苗的侵染机会，减轻病害发生；以普通地膜或银灰色地膜覆盖烟垄，也能有效地驱避传播媒介蚜虫，减少传染机会。同时，地膜覆盖可提高地温，促进烟株生长，提高烟株自身的抗病性。

（6）药剂防治 对CMV与PVY发生重的地区，应注意及时防蚜，在烟蚜迁飞盛期及时喷药治蚜；如结合麦田喷药防蚜，效果更好。

3.化学防治

（1）苗床消毒 用菌毒清或抗毒丰（0.5%菇类蛋白多糖水剂）600~800倍液或其他抗病毒药剂消毒苗床土及配制的营养土。

（2）种子消毒 可采用菌毒清100倍液消毒，也可用0.1%硝酸银溶液，或10%磷酸三钠溶液进行消毒。

（3）施用抗病毒药剂 发病初期及时用抗毒丰（0.5%菇类蛋白多糖水剂）600~800倍液、1.5%植病灵乳剂1000倍液，或3.95%病毒必克可湿性粉剂500倍液，或2%宁南霉素1000倍液等喷施，间隔7~10天施药1次，连续施用2~3次，能减轻病毒病的为害。在烟蚜迁飞盛期及时喷施燕化毒吡（22%毒·吡乳油）2000~2200倍液防治。

病害：黑胫病

一、发生为害特点

1.病害分布及为害程度

烟草黑胫病是烟草生产上最具毁灭性的病害之一，我国各主要产烟区均有不同程度发生，其中安徽、山东、河南省为历史上的重病区，老烟区多雨年份造成大量死株。一般烟田发病率为10%~25%，重病田达50%以上。

2.病害类型

以土传为主的真菌病害。

3.难防指数 ★★★★

4.难防原因

(1)病原物可以长期在土壤中存活，难以实施轮作等农业措施；

(2)缺乏抗病品种，大多数品种感病；

(3)药剂防治效果不佳，且长期采用药剂防治易导致病菌产生抗药性；

(4)生长期正逢雨季，有利于发病。

二、诊断要点

1.为害部位

烟草植株的茎秆、叶柄、叶片等部位均可受害，以茎基部受害最重。

2.症状特点

多发生于成株期，少数苗期即可发生。幼苗染病，茎基部出现污黑色病斑，或从底叶发病沿叶柄蔓延至幼茎，引致幼苗猝倒，湿度大时病部长满白色菌丝，幼苗成片死亡。

成株期症状有以下几种类型：(1)穿大褂 茎基部初呈水渍状黑斑，后向上下及髓部扩展，绕茎一周时，造成下部叶片甚至全株叶片萎蔫下垂。(2)黑胫 近地面烟株茎基部有黑色斑块或黑斑环绕茎基，造成茎基变黑干缩。(3)黑膏药 多雨潮湿时，中下部叶片产生水渍状黑褐色圆形大斑，略显轮纹状。(4)腰漏 叶片发病后经主脉到叶柄基部，再蔓延到茎部，造成茎中部变黑腐烂。(5)碟片状 剖开茎部可见髓部干缩成碟片状，其中生有白色丝状菌丝。

3.病征

湿度大时病部生有白色菌丝。

三、病原特征

病原为烟草疫霉(*Phytophthora nicotianae*),属鞭毛菌亚门真菌。菌丝无色、无隔。孢囊梗从病组织气孔伸出,1~3 根束生。孢子囊顶生或侧生,梨形至椭圆形,有乳突,可释放 5~30 个游动孢子。游动孢子近圆形或肾形,无色,侧生二根鞭毛。菌丝体可形成厚垣孢子,厚垣孢子圆形或卵形,幼嫩时色淡膜薄,老熟后呈深黄或褐色,壁厚。自然条件下,该菌只侵染烟草,人工接种可侵染番茄、茄子、马铃薯、辣椒等作物。

四、发生规律

1.侵染循环

病菌以厚垣孢子和菌丝体在土壤和粪肥中的病残体上越冬,病菌在土壤内一般可存活 3~5 年。残留在地表的病组织、堆放的烟草秸秆或病田土中的厚垣孢子借雨水和灌溉水进行传播,通过伤口或直接侵入寄主。移栽带病的烟苗、施用带菌粪肥等也是重要的传播途径。条件适宜烟株病部产生大量孢子囊,靠雨水、风、农事操作等传播进行再侵染。黄淮地区 5 月即可出现症状,7~8 月份达到发病高峰。后期病株死亡后,病原菌又随病株残体在土壤及粪肥中越冬成为第二年病害的初侵染源。

2.发病条件

黑胫病的发生发展与品种抗性、栽培措施及其环境条件等多种因素有关。

(1) 品种抗性 不同品种间的抗性差异较明显,同一烟草品种不同生育阶段的抗性也有较大差异。一般苗期和现蕾期以前较感病,现蕾以后较抗病。

(2) 环境条件 病害的发生流行与环境条件中的温度湿度关系密切。发病的适宜温度为 30~35℃,气温在 20℃以下时病害发展极慢。降雨及田间土壤高湿度是黑胫病流行的关键性因素,在适温条件下,雨后相对湿度 80%以上保持 3~5 天,病害即可严重发生。如果感病期雨日多、雨量大,土壤湿度大,病害即有流行的可能。反之,气候干燥、土壤湿度小,则不利于病害发生。

(3) 栽培管理 在重茬地、菜园地、低洼地育苗,或苗床播种过密,浇

水过多，易造成苗期发病；烟田连作，施用带病肥料，或偏施氮肥，有利于发病；土壤黏重，地势低洼，排水不良，都会加重病情。

五、防治技术

1.选用抗病品种

目前国内培育和引进推广的品种中，比较抗病的有中烟 90、云烟 85、NC82、K326、NC89、G28、G80 等，可因地制宜进行选用。

2.农业防治

（1）健苗早栽 宜选择稻田或新垦荒地作苗床，避免土壤带菌，培育无病壮苗。适时早育苗早移栽，可使感病期避开雨季，减轻为害。

（2）轮作、间作 该病害的病原菌的寄主范围均较窄，可采取轮作的方法控制病害。北方烟区可以与玉米、高粱、甘薯等进行 3 年以上的轮作，南方烟区则可采取烟稻轮作的栽培方式，均有较好的防病效果。采取两沟甘薯两沟烟间作，有利于田间通风透光，均能减轻病害。

（3）实行高垄栽培 高垄栽培有利于灌水和排水，保证烟田不积水，并使地面流水不与茎基部接触，减少病菌侵染机率。一般垄高要达到 30~40 厘米。

（4）田间管理 增施有机肥和磷肥，及时中耕除草，注意排灌结合，提高植株抗病能力。收割后应全面、彻底搜集病残体并烧毁，以减少初侵染来源。

3.化学防治

（1）苗床防治 用 25%甲霜灵可湿性粉剂 10 克/平方米，拌 10~12 千克干细土，播种时 1/3 撒在苗床表面，播种后其余 2/3 覆盖在种子上。苗床移栽前，可用 58%甲霜灵·锰锌可湿性粉剂 500 倍液均匀喷雾，带药移栽。

（2）大田防治 移栽时可用 95%敌克松可湿性粉剂 350~400 克/亩，拌 30~40 公斤细干土穴施。田间烟株发病前，用 58%甲霜灵·锰锌可湿性粉剂 600~800 倍液，或 40%甲霜铜可湿性粉剂 600 倍液，或飞矾（64%噁霜·锰锌可湿性粉剂）400~600 倍液，或 90%乙膦铝可湿性粉剂 400 倍液，或 70%甲霜灵·福美双可湿性粉剂 600~800 倍液，或 95%敌克松可湿性粉剂 500 倍液喷洒植株基部，隔 15 天再喷 1 次。

病害:赤星病

一、发生为害特点

1.病害分布及为害程度

烟草赤星病是烟叶成熟期的主要叶斑病害，我国各烟区均有发生。80年代以来,赤星病在我国各主要产烟区为害日趋严重,烟叶的产量和质量都受到很大影响。目前已成为我国烟草上发生范围最广、为害最重的一种叶部病害,以黄淮、东北烟区受害较重。一般烟田可使烟叶减收10%~20%,严重地块达30%以上。

2.病害类型

属风雨和气流传播的真菌性病害。

3.难防指数 ★★★

4.难防原因

(1) 寄主范围广泛，生境中病原物充足;

(2) 缺乏抗病品种，多数品种感病;

(3)一般药剂防效不佳,且长期药剂防治易导致病菌产生抗药性;

(4) 生长后期气候条件有利于发病。

二、诊断要点

1.为害部位

烟草植株的叶片、茎、花梗及蒴果等。

2.症状特点

主要发生在打顶采烤期,可侵染叶片、茎、花梗及蒴果等。叶片染病多从下部叶片发生,病斑初为黄褐色小斑点，后发展为褐色圆或近圆形斑,出现赤褐色或深褐色的同心轮纹。病斑迅速扩展时，边缘出现黄色晕圈。病斑质脆、易破,严重时,病斑融合使叶片成为碎叶。叶脉、花梗、蒴果、茎染病出现长椭圆形或梭形深褐色凹陷斑。

三、病原特征

病原物为链格孢菌(*Alternaria alternata*),属半知菌亚门真菌。菌丝具隔膜,淡褐色。分生孢子梗暗褐色,有分隔,单生或簇生,不分枝,顶端膝状

弯曲。分生孢子褐色,单生或串生于孢子梗顶端,倒棍棒形,基部大,顶端较细,多有喙,具1~3个纵隔和3~7个横隔。该菌最适生长温度25~30℃,低于5℃或高于38℃病菌停止生长。

四、发生规律

1.侵染循环

病菌主要以菌丝体在田间病残体上越冬作为主要初侵染来源,施用掺杂病残体的粪肥也可传病。在春季平均气温8℃以上,相对湿度50%的条件下,病残体上的菌丝体即开始产生分生孢子,并借气流、风雨传播至从中下部叶片,萌发成芽管侵入。一般最容易从叶表皮毛基细胞、叶缘、叶耳及伤口侵入,也可从气孔或直接侵入,2~8天后即可形成病斑,病斑上可重新形成新的分生孢子,经传播扩散进行多次再侵染,引起病害流行。一般从近成熟的脚叶开始发病,依次由底叶向上蔓延。收获后,病菌又随病残体越冬。

2.发病条件

赤星病的发生流行与品种及其烟株抗性、气候和栽培管理等因素密切相关。

(1) 品种和植株抗性　品种的抗病性是影响赤星病流行的主要因素之一。目前国内推广品种中尚未发现免疫的品种,但品种间抗性存在一定差异。同时,烟株抗性具有明显的阶段抗病特点,一般幼苗期抗病性强,随着烟叶的成熟,抗病性逐渐下降,成熟期最为感病。

(2) 气候条件　赤星病的发生与气候条件特别是降雨量、雨日数关系密切。黄淮烟区降雨主要集中在7~8月份。而8月份大部分烟叶正处于感病阶段,发病潜育期短,再侵染次数多,病害扩展迅速。此阶段如降雨量大,雨日多,常导致病害流行。相反,若7~8月份降雨少,阳光充足,气候干燥则发病较轻。昼夜温差大、土壤潮湿、夜间结露时间长,也利于病菌的侵染和发病。

(3)栽培管理条件　播种早,移栽早,成熟早烟田的发病轻,反之则发病重。烟草与其他矮秆作物如花生、绿豆、甘薯间套作的烟田,由于通风透光好,发病轻;种植密度大,田间环境荫蔽,氮肥施用量偏多,发病重。

五、防治技术

1.选用抗病、丰产品种

对赤星病抗性较好的品种有中

烟90、辽烟10、许金4号、中烟86等，K346、G28等也有一定抗性，各地可因地制宜选用。

2.农业防治

(1) *改进栽培方式* 春烟适期早栽，或实行地膜覆盖，促进烟株早熟，使烟草感病阶段避开烟草感病阶段与高温多雨季节。另外，可考虑烟株与豆类、甘薯等低秆作物间作。

(2) *适时采烤* 及时采收成熟烟片，既可减少侵染的场所，又可减少菌量的累积，并降低株行间温、湿度，这是降低赤星病侵染为害和减轻为害程度的简便措施。

(3)*加强栽培管理* 合理密植，结合当地情况，适当调整株行距，改善田间通风透光条件，降低田间湿度，可减少赤星病的发生。合理施肥，重施基肥。除氮肥外应同时适当施用钾、磷肥，最好能在移栽时一次施下，要控制氮肥用量，有利于烟叶及时落黄，提早成熟。

3.化学防治

田间出现零星病斑时开始用药，使用药剂有40%菌核净、菌寂(40%多菌灵·菌核净可湿性粉剂)、50%纹枯利或菌大夫 (50%多菌灵可湿性粉剂)、托上托(70%甲基硫菌灵可湿性粉剂)、75%百菌清可湿性粉剂600~800倍液、70%代森锰锌可湿性粉剂500倍液，或50%腐霉利、50%异菌脲可湿性粉剂1500~2000倍液，或1.5%多抗霉素水剂100倍液，每隔10天一次，连续2~3次，防治效果较好。喷药前先摘除底脚老叶，然后施药，效果较好。药液要喷布均匀，最好不同药剂交替使用，以防产生抗药性。

病害：根结线虫病

一、发生为害特点

1.病害分布及为害程度

烟草根结线虫病是一种世界性病害，我国各烟区均有发生，其中以河南、山东、四川、重庆、云南、湖南、湖北、广西等省为害较重。一般病田可损失20%~30%，严重地块达50%以上。

2.病害类型

为典型的土传线虫病害。

3.难防指数 ★★★★★

4.难防原因

(1)土传病害,病原物可以长期在土壤中存活;

(2)缺乏高抗品种,大多数品种感病;

(3)缺乏高效、低毒的防治药剂;

(4)难以实施轮作等农业措施;

(5)为害根部,难以识别和诊断。

二、诊断要点

1.为害部位

主要为害根部,但可造成全株生长不良。

2.症状特点

从苗床期到大田期均可以发生。一般苗期地上无明显症状,移栽前受害重的烟苗生长缓慢,基部叶片呈黄白色,幼苗根部有少量米粒大小的根结,须根稀少。大田期病株矮化,叶片黄化。严重时,叶片自下而上依次变黄下垂,中下部叶片的叶尖和叶缘出现红褐色坏死斑点,且叶缘下卷。病株根部出现许多大小不一的根结,有时根结紧密连接在一起,形成鸡爪状根结。发病后期,部分根腐烂中空,严重时侧根全部腐烂,甚至全株枯死。病株通常顺垄发生,很少成片为害。

3.病征

后期在根结内白色透明小米粒状雌虫和卵囊。

三、病原特征

病原主要是南方根结线虫(*Meloidogyne incognita*),属线形动物门植物寄生线虫。南方根结线虫雌雄异形。根结内的乳白透明小米粒状物即线虫雌成虫,洋梨形,头尖,腹部膨大,乳白色,肉眼可见。雄虫线状,细长,尾部稍圆,无色透明。卵排出体外,形成卵囊,外包棕黄色膜。卵长椭圆形,无色。幼虫为线形,无色。

四、发生规律

1.侵染循环

根结线虫主要以卵、卵囊及幼虫在病残体或其他寄主的根上越冬成为翌年初侵染源。田间可通过灌溉、耕耙、锄等农事操作传播,移栽带病烟苗、施用带虫粪肥等也是重要的传播途径之一。条件适宜时,土壤中的线虫卵开始孵化,幼虫从根的表皮侵入寄主。线虫以口针穿刺根表皮细胞取食,由于线虫的刺吸,根部中柱鞘细胞大量分裂形成多核的巨形细胞，周围细胞以此为中心而形成肿瘤。寄生部位不深的，雌虫将卵排在根外，卵孵化后可重复侵染。寄生部位深的，所产的卵留在根组织内，孵化后继续在组织内发育完成生活史，也可迁移离开根结而侵染新根。南方根结线虫一般在南方地区发生代数较多，如四川每年可发生6~7代；在我国北方地区发生代数较少，如河南省每年发生4代。

2.发病条件

根结线虫病的发生与土壤条件、栽培条件和品种抗性等多种因素有关。

(1)土壤条件 以土壤温度、土质和含水量对其发生影响较大。土壤温度可影响线虫活动的早晚、线虫发育、发生代数及群体数量，当土壤温度超过25℃，线虫20天即可完成1代。因此在较温暖地区，根结线虫活动早，发生代数多，为害时间长，群体密度大，为害重。土壤质地及含水量是影响线虫病的另一重要因素，线虫喜在轻质透气好的砂壤土中活动，黏性土壤对线虫发生不利。土壤湿度过高也会影响线虫活动，一般土壤相对湿度40%~80%时比较适于线虫活动。

(2)栽培条件 烟田常年连作，或与蔬菜作物轮作，可增加土壤中线虫群体密度，加重病害发生。土壤瘠薄，肥力差，受害较重。

(3) 品种抗性 烟草不同品种对根结线虫病的抗性存在较大差异，种植抗病品种可有效减轻病害的发生。

五、防治技术

1.选用抗病、丰产品种

据调查，NC89、G28、K326、G80、中烟14等品种具有较强的抗病性，可根据各地情况选用。

2.农业防治

(1) 培育无病健苗 采用水田土或其他非烟田、非菜园土育苗，或对苗床土消毒处理，可用57%磷化铝片，按每玉米放1片药后埋土，然后用塑料薄膜覆盖，3~5天后揭膜通风，有良好防效。移栽时应剔除病苗，防止带病烟苗进入大田。

(2) 轮作 合理轮作是病区防治根结线虫的有效措施，可与禾本科作物施行3年以上轮作，有条件的地区可实行水旱轮作，效果更好。

(3)加强栽培管理 增施有机肥，

施足基肥，干旱时及时灌水，可促进烟株健壮生长，减轻病害发生程度。

3.化学防治

移栽时穴施15%涕灭威颗粒剂1000克/亩，或10%克线丹颗粒剂1500克/亩，对根结线虫具有很好防效。也可用熏蒸方法，选用80%二氯异丙醚90~170毫升/亩，对水100倍，施后覆土熏蒸1~2周，然后栽烟苗或播种，土壤湿度大时效果更好。

4.生物防治

目前在烟草生产上示范推广的生物制剂主要有两种：一种是厚垣轮枝菌，一种是淡紫拟青霉。两种制剂一般在田间移栽期和旺长前期进行两次穴施，对烟草根结线虫有较好的防治效果，可因地制宜加以推广。

病害：野火病

一、发生为害特点

1.病害分布及为害程度

野火病是一种世界性病害，我国各烟区均有发生，以河南、山东、辽宁、黑龙江、吉林、云南、贵州等省发生严重。该病主要为害烟株叶片，造成叶片迅速干枯，对烟叶产量和质量影响较大。

2.病害类型

属风雨传播的细菌性病害。

3.难防指数 ★★★★

4.难防原因

(1) 病原菌能够产生野火毒素，对寄主的破坏性强；

(2) 缺乏抗病品种，大多数品种感病；

(3) 缺乏有效药剂，抗生素类药剂被限制使用；

(4) 一些烟区难以实施轮作等农业防治措施。

二、诊断要点

1.为害部位

该病主要为害叶片，也能侵染花、果和茎。

2.症状特点

野火病多发生在烟草生长中后期。叶片染病初产生黑褐色水渍状小圆斑，后逐渐扩展，周围有较宽的黄色晕圈，中心呈红褐色坏死，严重时病斑融合成不规则大斑，并有轮纹。病斑易破裂脱落。茎、花和蒴果染病形成不规则小斑，初水渍状，后变褐坏死，病斑较多时，可导致花、果因坏死腐烂而脱落。茎部病斑多凹陷，黄色晕圈不明显。

3.病征

天气潮湿或有水滴存在时，病部溢出污黄色菌脓，干燥后形成污白色菌膜。

三、病原特征

病原为丁香假单胞菌烟草致病变种（*Pseudomonas syringae* pv. *Tabaci*），属细菌。菌体为短杆状，无荚膜，不产生芽胞，革兰氏染色阴性，单极鞭毛1~6根。病菌最适发育温度为29~30℃，最高为32~34℃，最低0~2℃，致死温度为49~50℃ 10分钟。野火病菌能产生野火毒素，造成植株组织中毒，形成似火烧症状。

四、发生规律

1.侵染循环

野火病菌主要在病残体及带菌种子上越冬，在田间杂草及禾本科作物根部存活的病菌也可引起初侵染。在田间病菌主要靠雨水或露水传播，昆虫也可传带病菌。病菌经叶片气孔或伤口侵入，引起发病。经初侵染发病后病部产生的菌脓，再通过雨水冲溅扩散引起多次再侵染。研究发现，病菌必须在叶片湿润，气孔中有水时才能侵入。

2.发病条件

病害发生主要与气候条件、栽培条件与品种抗性有关。病害发生的适宜温度为28~32℃，适温条件下，降雨多、土壤湿度高、大气湿度饱和，就会导致野火病严重发生，特别是暴风雨后易造成病害大流行。在高氮低钾的条件下，易导致烟株感病。连作地比轮作地发病重，连作年限越长，发病越重。不同烟草品种对野火病抗性有一定差异，种植感病品种是病害流行的主要原因。

五、防治技术

1.选用抗病品种

比较抗病的烤烟品种有G80、广黄55、益延1号等，抗病的白肋烟有白肋21、Kyl2、Kyl4、Kyl65、Kyl70、TT5等，各地可因地制宜地选种。

2.农业防治

（1）培育无病壮苗　烟苗带病是引起大田烟株发病的主要原因之一。

育苗前加强种子处理，可用1%硫酸铜或0.1%硝酸银液处理10分钟，清水冲洗干净后晾干播种。育苗时苗床土应选用非烟田土，施用腐熟的有机肥，采用配方施肥技术，培育壮苗，移栽时认真剔除病苗，防止带病烟苗移入大田。

(2)合理轮作　可以与玉米、高粱等禾本科作物及甘薯等进行2~3年轮作，有条件的地区可以进行水旱轮作。

(3) 加强田间管理　合理施肥，氮、磷、钾肥的搭配比例以1:2:3为宜。多雨地区提倡高垄栽培，以利排水。雨季做到烟田不积水，防止串灌和雨水串流，以减少病菌在田间扩散传播。

(4)注意田间卫生　烟田施肥时，要施用腐熟的农家肥，防止带菌的粪肥施入大田。对田间的病株残体要集中销毁，减少田间菌源。

3.化学防治

(1)种子消毒　用1%硫酸铜溶液浸种10分钟或农用链霉素200微克/毫升浸种30分钟以杀死病菌，洗净后催芽播种。

(2) 苗床防治　采用无病种子育苗。苗床发病后，应及时摘除病叶，病喷洒1:1:160倍波尔多液，移栽前再喷1次200微克/毫升农用链霉素或新植霉素。

(3) 大田防治　烟苗移栽后的团棵期、旺长期以及烟株封顶后各喷1次200微克/毫升农用链霉素、新植霉素，或50%DT可湿性粉剂500倍液，或50%DTM可湿性粉剂500倍液，共喷3~4次。农用链霉素、新植霉素和DT等药剂需交替使用，以减缓野火病菌抗药性的产生。当烟田遭到暴风雨袭击后，要及时喷洒农用链霉素等药剂，以防止病原细菌从伤口侵入为害。

虫害:烟青虫

一、发生为害特点

1.虫害分布及为害程度

烟青虫(*Helicoverpa assulta*)国内分布于东北、华北、东南、南部和西南各地，其中以黄淮烟区、西南烟区的四川、贵州等地发生为害较重。

2.虫害类型

钻蛀性茎叶害虫

3.难防指数 ★★★

4.难防原因

(1) 烟叶表面既有毛又有油,喷药后真正的叶实体却极少沾上药;

(2) 烟青虫体表有蜡质层不沾药;

(3)单一杀虫剂使用,易产生抗药性。

二、诊断要点

1.为害部位

蛀食烟茎、烟叶。

2.为害特点

幼虫主要为害烟株顶端嫩叶,食成缺刻或孔洞,有时把叶片吃光,残留叶脉。为害生长点,使烟苗成为无头烟。有的蛀食烟茎,造成烟株上部萎蔫。

三、形态特征

成虫 体黄褐至灰褐色。前翅的斑纹清晰,内、中、外横线均为波状的细纹;眼状环纹位于内横线与中横线间,黑褐色;中横线的上半分叉,褐色的肾状纹即位于分叉间。雄蛾前翅黄绿色,而雌蛾为黄褐至灰褐色。后翅近外缘有1条褐色宽带。

卵 半球形,初产时乳白色,后为灰黄色,近孵化时为紫褐色。

老熟幼虫 头部黄褐色。体色多变,有青绿、红褐或暗褐色等。

蛹 被蛹、纺锤形,暗红色,尾端具臀刺2根,基部相连。

四、发生规律

1.为害规律

东北1年发生2代,河北2~3代,山东、河南、陕西3~4代,安徽、江苏、浙江4~6代,各地均以蛹在土中越冬。黄淮烟区于5月中下旬至6月上中旬羽化,山东、河南1年有2个明显的为害高峰期,第一次在6月下旬至7月中旬,为害春烟;第二次在8月下旬至9月中旬,为害留种地夏烟。生产上烟株生长茂密、温湿度适宜,易大发生。

2.发生条件

成虫昼伏夜出,对糖蜜趋性强,有一定的趋光性,有假死、自残及吐丝下坠的习性。活动的最适温度为20.4~28℃,高于或低于这个温度范围,产卵量和历期均受影响。田间以6~7月为害最重。烟株生长茂密,烟青虫往往发生严重。烟青虫天敌种类较

多,主要有澳州赤眼蜂、姬猎蜂以及步行甲科、草蛉科、姬蜂科等。

五、防治技术

1.抗性品种

2.农业防治

(1)及时打顶抹杈,控制腋芽数量,减少成虫产卵。

(2) 烟田内种植玉米诱集带,诱蛾产卵,然后集中消灭。

(3)合理密植,加强肥水调控管理,防止生长过旺诱虫重发。

3.化学防治

在烟青虫幼虫3龄以前用90%万灵可溶性粉剂3000倍液、或25%西维因乳油200~500倍液、40%乙酰甲胺磷乳油500~1000倍液、2.5%溴氰菊酯4000倍液、90%晶体敌百虫1000倍液、80%敌敌畏1000~2000倍液、50%杀螟松500~1000倍液、50%辛硫磷500~1000倍液,每亩50~75千克进行喷雾防治。

4.其他措施

(1)利用烟青虫的趋光性,在烟田内每50亩地设黑光灯一盏,诱杀成虫。

(2)杨树把诱集,取10~15枝两年生半枯萎杨树枝(长约60~70厘米)捆成一束,竖立在田间地头,高出烟株15~30厘米,每天日出前用网袋套住枝把捕捉成虫。杨树枝把每周需换1次,以保持较强的诱虫效果。

(3)性诱剂诱杀成虫,取直径30~40厘米的水盆,盆中装满水并加少许洗衣粉,盆中央用铁丝串挂性诱芯,诱芯距水面1~2厘米,诱芯凹面朝下,将制成的诱捕器置于用木棍做成的简易三角架上,然后放在烟株行间,略高于烟株。诱芯每20天更换1次。

(4)利用成虫的趋化性,用糖醋液(糖:酒:醋:水=6:1:3:10)或甘薯、豆饼发酵液加入少量敌百虫,放置烟田诱杀成虫。

虫害:烟蚜

一、发生为害特点

1.虫害分布及为害程度

烟蚜(*Myzus persicae*)是烟田发生的最主要害虫,在我国各烟区均有发生,是世界性分布的害虫种类。除直接刺吸为害外,还可传播多种烟草病毒病,如黄瓜花叶病、烟草丛顶病毒病等,所造成的损失往往大于其直接为害,对烟草造成更为严重的损失,致使烟株生长缓慢,品质下降。

2.虫害类型

小型刺吸类害虫。

3.难防指数 ★★★

4.难防原因

(1) 繁殖能力强,适宜条件下几天就可以繁殖一代;

(2) 田间寄主多;

(3) 缺乏高抗品种,多数品种感虫;

(4)害虫抗药性增强。

二、诊断要点

1.为害部位

主要为害烟株嫩叶、嫩茎、嫩蕾、花、嫩果等。

2.为害特点

烟蚜的成蚜、若蚜均喜聚集在烟株嫩叶、嫩茎、嫩蕾、花、嫩果上,以其口针刺吸取食植物汁液,喜欢密集在叶背面或心叶上。为害严重时,造成烟株生长缓慢,植株矮小,叶片薄而皱缩,并出现褪色斑点,蒴果干瘪,发育不正常或枯死。初烤烟叶缺乏光泽,难以回潮,且易破碎,化学成分发生不良变化,从而导致烟叶的吸味不佳,燃烧性能下降,品质低劣。另外,烟蚜分泌的蜜露可诱发煤污病,使烟叶表面变黑、叶柄发脆、腐烂。烟蚜又是黄瓜花叶病毒(CMV)、烟草丛顶病毒(TBTV)等多种烟草病毒病的传播媒介,对烟草的品质、产量等为害极大。

三、形态特征

无翅孤雌蚜,较肥大,近似卵圆形,体长 2.6 毫米,宽 1.1 毫米。体淡色,头部深色,体表粗糙,但背中域光滑,第 7、8 腹节有网纹。额瘤显著,中额瘤微隆。触角黑色,6 节,第 3 节无感觉圈,第 5 节末端与第 6 节基部各有 1 个感觉圈,长 2.1 毫米,第 3 节长 0.5 毫米,有毛 16~22 根。腹管长筒形,端部黑色,为尾片的 2.3 倍。尾片黑褐色,圆锥形,近端部 1/3 收缩,有曲毛 6~7 根。

有翅孤雌蚜,体长 1.6~2.0 毫米,头、胸黑色,额瘤显著,腹部黄绿色或赤褐色。触角 6 节,黑色,第 3 节有小圆形次生感觉圈 9~11 个,第 5 节端部和第 6 节基部各有感觉圈 1 个。腹

部第4~6节背中融合为一块大斑，第2~6节各有大型圆斑，第8节背中有一对小突起。腹管较长，黑色，圆柱形，但中后部稍膨大，末端明显缢缩。尾片黑色，较腹管短，圆锥形，中部缢缩。

有翅雄蚜，与有翅胎生雌蚜相似，但体较小。

干母，体大，体色为红色、粉红色或绿色等。

卵，长椭圆形，长约0.4毫米，初产时淡黄色，后变黑色，有光泽。

四、发生规律

1.为害规律

烟蚜每年发生的世代数因生态条件的差异而不同，黄淮烟区每年发生24~30代，西南、华南烟区30~40代，东北烟区10~20代。在山东、河南烟区，烟蚜一般以卵在桃树上(也有成蚜在温室或越冬蔬菜上)越冬。以卵越冬的烟蚜，2月底至3月初孵化为干母，4月底至5月初出现有翅蚜，开始迁往烟草、早春作物和蔬菜上，在烟草上可繁殖15~17代。烟田的蚜源则来自春菜及桃树。烟蚜在一年内，为害烤烟及油菜各半年；每年9月中下旬烟草收获后栽种油菜，烟蚜即转移至油菜上为害，翌年3月下旬至4月上旬油菜收获，烟蚜又转移为害烟苗，5月间为害烟田。

2.发生条件

烟蚜对气候条件的适应性强，繁殖量大。烟蚜寿命最短，约为11天，最长可达99天。烟蚜活动的适宜温度为25℃，相对湿度为80%~88%。当5日平均温度高于30℃或低于6℃，相对湿度小于40%时，烟蚜种群数量会迅速下降。当温度高于26℃，相对湿度高于80%时，蚜量亦下降。如温度不超过26℃，相对湿度达90%时，蚜量仍可继续上升。烟蚜具有明显的趋嫩性和避光性，有翅蚜对黄色有正趋性，对银灰色和白色有负趋性。天敌有瓢虫、寄生蜂、食蚜蝇、蚜霉菌等。天敌对烟蚜的自然控制能力相当好，注意保护利用。

五、防治技术

1.抗性品种

2.农业防治

(1)苗床期，可利用银色薄膜驱避蚜虫，以减少移栽时带毒不显症的烟苗。

(2)及时打顶抹杈，恶化烟蚜的食物条件，但必须注意将所打掉的有蚜枝、芽带出烟田处理,恶化烟蚜的食物条件,促使无翅蚜转变为有翅蚜迁出烟田。

(3)在烤烟种植区内,前茬作物或邻近田块尽量避免种植茄科、十字花科等烟蚜的主要寄主作物,降低烟田的蚜源。

(4)加强肥水管理,提高烟草自身的抗虫性。

3.化学防治

移栽时穴施 15%铁灭克颗粒剂或 5%涕灭威颗粒剂。该药剂仅限旱地移栽时穴施 1 次,多雨沙性土、地下水位高及水源多的地区禁用。也可采用下列药剂进行喷雾防治:10%吡虫啉可湿性粉剂 3000~5000 倍液、燕化毒吡 (22%毒·吡乳油)2000~2200 倍液、3%啶虫脒乳油 5000 倍液、50%抗蚜威可湿性粉剂 3000~5000 倍液、40%氧化乐果乳油 1000~1500 倍液、90%万灵粉剂 3000~4000 倍液等,喷雾时一定要均匀。使用灭蚜签:灭蚜签负载杀虫剂,并具内吸作用。将灭蚜签斜插于烟茎中上部,每株烟插 1 根。此方法安全,不污染环境,残效期较长,并可有效保护天敌。

4.其他措施

(1)利用烟蚜对银色光的忌避习性,采用银色反光塑料薄膜覆盖栽培烤烟,驱赶烟田蚜虫,减轻为害。

(2)利用烟蚜趋黄色物体的习性在烟田中装置黄色纸板,并在纸板上涂上胶,可将烟蚜诱集粘附到纸板上,然后集中消灭。

(3)在烟田中设置黄皿盘(盘直径 40 厘米、深 5~10 厘米,里面染成金黄色,放置高度 1 米),盘内加适量水,可大量诱杀有翅蚜。

草害:马唐

马唐的为害特点、诊断要点、形态特征和发生规律参见玉米田疑难草害-马唐解决方案。

防治技术

1.农业防治

在封行前进行多次中耕、培土和施肥,达到护苗、培肥和除草的目的。

2.化学防除

烟苗移栽前 烟叶多为育苗移栽，可采用封闭性除草剂。移栽前3~5天，用33%二甲戊乐灵乳油150~200毫升/亩，对水40千克喷洒，或50%敌草胺可湿性粉剂200~250克/亩，或50%乙草胺乳油150~200毫升/亩，或72%异丙甲草胺乳油175~250毫升/亩，对水40千克喷洒。

烟生长期 在马唐3~5叶期，用亨达普日特（5%精喹禾灵乳油）60~80毫升/亩，或10.5%高效盖草能乳油40毫升/亩，或亨达精草通克（15.8%精喹禾灵乳油）15~22毫升/亩，或12.5%拿捕净机油乳剂50~75毫升/亩，对水30千克，喷施于茎叶。

草害：牛筋草

牛筋草的为害特点、诊断要点、形态特征和发生规律参见玉米田疑难草害–牛筋草解决方案，防治技术参考烟田马唐的防治。

草害：打碗花

打碗花的为害特点、诊断要点、形态特征、发生规律和防治技术参见棉田打碗花。

草害：香附子

香附子的为害特点、诊断要点、形态特征、发生规律和防治技术参见棉田香附子。

第九部分
蔬菜田疑难病虫草害防控指南

病害:瓜类霜霉病

一、发生为害特点

1.病害分布及为害程度

黄瓜霜霉病是一种世界性病害，在我国各地都有发生。露地和保护地栽培的黄瓜,常因此病为害而遭受很大损失。在适宜发病条件下,流行速度快,一两周内即可使除顶端嫩叶外的其他所有叶片枯死,一般病田减产20%~30%,严重地块减产高达50%以上,有的地块因此病为害只采1~2次瓜后就提早拉秧。

2.病害类型

为典型的真菌性病害。

3.难防指数 ★★★★

4.难防原因

(1) 病害流行性强，病菌繁殖速度快,条件适宜时很快造成流行;

(2)缺乏抗病品种,品质好的品种大多数为感病品种;

(3) 长期依靠药剂化学防治,病菌抗药性强;

(4) 保护地栽培田间小气候有利于发病。

二、诊断要点

1.为害部位

主要为害子叶和叶片。

2.症状特点

苗期至成株期均可受害。苗期发病，子叶正面呈现不规则褪绿黄斑，潮湿条件病斑背面产生灰黑色霉层;随病情发展,子叶变黄干枯;真叶上正面产生大量黄色多角形病斑,背面产生灰黑色至紫黑色霉层。成株期多在植株进入开花结瓜以后发病,通常从下部叶片开始发生。发病初期,正面产生黄绿色多角形病斑,叶背呈水浸状,早晨露水未干或潮湿时更为明显,后病斑扩大呈黄色,渐变为黄褐色,受叶脉限制病斑呈多角形,不穿孔;湿度大时病斑背面产生灰黑色至紫黑色霉层;病重时常多个病斑连片致使叶片变黄干枯。

3.病征

湿度大时病斑背面产生灰黑色至紫黑色霉层,即病菌的孢囊梗和孢子囊。

三、病原特征

病原为古巴假霜霉菌(*Pseudoperonospora cubensis*),属鞭毛菌亚门真菌。菌丝体无隔膜,无色,在寄主细胞间扩展蔓延,以卵形或指状分枝的吸器伸入寄主细胞内吸收养分。无性繁殖产生孢囊梗和孢子囊。孢囊梗由寄主叶片的气孔伸出,单生或2~5根丛生,无色,基部稍膨大,主干上有3~5次锐角分枝,分枝顶端产生孢子囊。孢子囊淡褐色,椭圆形或卵圆形,顶端具乳突。孢子囊在水中萌发产生游动孢子。游动孢子无色,肾形或卵形,有2根鞭毛,在水中游动30~60分钟后形成休止孢,再萌发产生芽管,从寄主气孔侵入。

四、发生规律

1.侵染循环

我国黄瓜霜霉病菌的越冬问题因地区和黄瓜栽培情况而不尽相同。在南方地区,全年均有黄瓜栽培,病菌以孢子囊在各茬黄瓜上不断侵染为害,周年循环。华北、东北、西北等黄瓜区,冬季,病菌在保护地黄瓜上侵染为害,并产生大量孢子囊,第二年逐渐传播到露地黄瓜上;秋季,黄瓜上的病菌再传到冬季保护地黄瓜上为害并越冬,以此方式完成周年循环。北方高寒地区,全年约有1~4个月不种植黄瓜,这一地区的初侵染可能是由发病较早的南部地区随季风吹来的孢子囊侵染所致。病部产生的孢子囊主要是通过气流和雨水传播。孢子囊萌发后,从寄主的气孔或直接穿透寄主表皮侵入。环境适宜时潜育期仅为4~5天,环境不适宜潜育期可延长至8~10天。随后,病斑上又产生孢子囊进行多次再次侵染,不断扩大蔓延为害,造成病害流行。

2.发病条件

该病发生与气候条件、栽培条件、品种抗性等因素有关。

(1)气象条件 病害发生和流行与温、湿度关系密切。黄瓜生长期间的温度一般能够满足发病要求,所以湿度是决定发病与否和流行程度的关键因素。多雨、多露、多雾、昼夜温差大、阴晴交替等气候条件有利于该

病的发生和流行。保护地霜霉病的发生除与上述条件有关外,还受棚室内小气候条件的影响。而小气候又受棚型结构和管理方式的影响很大。在同一地区,有的大棚结构不合理而不利于通风排湿或结构虽合理但管理不良,温湿度控制不好,通风不当,棚室内湿度过高,昼夜温差大,夜间易结露,该病会严重发生。相反,棚室结构合理,管理得当,则发病轻或很少发病。一般气温在10℃以上,湿度合适,即开始发病。20~24℃最利于发病,潜育期最短。当平均气温达30℃以上时,即使湿度适宜,病害发展也很缓慢。所以,各地的病害发生始期和流行盛期取决于当地的气候条件。

(2) 品种抗病性　黄瓜不同品种对霜霉病的抗性差异很大。一般早熟品种、品质好的品种抗病性差。近年来国内培育出了一些兼抗霜霉病和枯萎病且品质优良的品种,在生产中已大量应用。

(3) 栽培管理　栽培管理措施是决定霜霉病发生程度的一个重要因素,尤其在保护地栽培中更是如此。通常,靠近温室、大棚及苗床附近的黄瓜发病早且病重;地势低洼,栽培过密,通风透光不良,土壤瘠薄,肥料不足,浇水过多,植株徒长,地表潮湿等都有利于发病。保护地管理操作不当,放风排湿时间不够,晚上闭棚过早,叶面水膜形成多,发病重。

五、防治技术

根据霜霉病的发生特点,控制此病应在选用抗病品种的基础上,加强栽培管理,创造有利于黄瓜生长而不利于发病的条件,及时进行药剂防治。

1.选用抗病、丰产品种

目前露地栽培抗病性较好的品种有:中农6号、中农8号,津杂5号、津杂6号,京旭2号等;保护地栽培的品种有:津春3号、津春4号,津杂2号,中农7号,碧春等,各地应因地制宜地选用。

2.农业防治

选择地势较高、排水良好、离温室或塑料大棚较远的地块栽种露地黄瓜。地块要深耕整平,根据土壤肥力采用配方施肥技术,施足肥料,避免生长期缺肥。定植后在生长前期适当控制浇水,适时中耕,以促进根系发育。有条件的地方采用滴灌和膜下暗灌技术,避免大水漫灌。生长后期叶面喷0.1%尿素加0.3%磷酸二氢钾，或喷施宝每毫升对水 11~12 千克,可提高抗病性。另外,喷施 1%红糖或蔗糖溶液,也可减轻病害发生。

3.化学防治

在发病初期及时进行药剂防治。有效药剂有：阿米西达、达克宁、赛露、安克·锰锌、克露、乙膦铝·锰锌、霜霉威、克霜氰、普力克、扑霉特、飞矾（64%噁霜·锰锌可湿性粉剂)、走红(72%霜脲·锰锌可湿性粉剂)等。保护地还可用烟雾法或粉尘法进行防治,常用的烟剂有:疫霉净、百菌清、霜霉清等;粉尘剂有:百菌清、多百、防霉灵等。为避免产生抗药性,杀菌剂要交替使用。

4.其他防治措施

（1）高温闷棚　黄瓜霜霉病菌在28℃以上时侵染不利,45℃时就停止活动而逐渐死亡。利用病菌这一特性可进行高温闷棚来抑杀病菌,控制病害的发生。高温闷棚的具体做法是:在准备闷棚的头一天必须灌足水,并适当提高夜温,减少地温散失,有利瓜秧忍受高温。闷棚必须在晴天进行,早晨揭苫子后封严温室,事先不要放风排湿,避免闷棚时的高温灼伤上部叶片。闷棚时在棚内中部的黄瓜秧生长点的高度,分前、中、后各挂上一支温度表。到 9~10 时,棚内温度急剧上升,此后每隔 15~20 分钟左右观测 1 次温度,当温度上升到 44℃时就开始记时,连续 2 小时保持在 45℃左右，最高不得超过 47℃。温度低于43℃效果不明显，温度高了瓜秧易被灼伤。闷棚时间到达后,一定要从棚顶部慢慢加大放风口,使室温缓慢下降。高温闷棚后应加强水肥管理,在灌水前每垄沟追施尿素 50 克，然后灌水,以促进瓜秧很快恢复生长。高温闷棚 1 次,一般可控制黄瓜霜霉病7~10 天。所以应根据病情每隔 10天左右闷一次棚,这样才能达到防病作用。

（2）生态防治　保护地黄瓜还可采用生态防治来控制霜霉病。即利用黄瓜与霜霉病菌生长发育对环境条件要求不同，创造利于黄瓜生长发育,抑制病原菌的条件来达到防病目的。具体方法是:上午日出后使棚温迅速升至 25~30℃，湿度降到 75%左右,有条件的早晨可排湿 30 分钟,实现温湿度双控制，既抑制了发病,同时又满足了黄瓜光合作用的条件,增强了抗病性。下午,温度上升时即放风,使温度下降到 20~25℃,湿度降到70%左右,实现温度单控制。傍晚,放

风2~3小时，使上半夜温度降至15~20℃，湿度保持在70%左右，既控制了湿度，不利于发病，又创造了利于光合产物输送和转化的温度条件。下半夜由于不通风，湿度上升至85%以上，但温度降至12~13℃，低温对霜霉病的发生不利，对黄瓜生理活动也无影响，当夜间温度高于12℃时，即可整夜通风，实现温湿度双控制。

病害：瓜类细菌性角斑病

一、发生为害特点

1.病害分布及为害程度

细菌性角斑病是瓜类蔬菜常见的病害之一，可为害黄瓜、南瓜、丝瓜、冬瓜、甜瓜、苦瓜、越瓜等多种瓜类作物，以黄瓜受害较严重，重病田损失可达30%以上。

2.病害类型

该病是一种风雨传播的细菌性病害。

3.难防指数 ★★★

4.难防原因

(1)缺乏抗病品种，大多数品种感病；

(2)缺乏有效药剂，抗生素类药剂被限制使用；

(3)与霜霉病症状相似，易被误诊，贻误最佳防治时期。

二、诊断要点

1.为害部位

叶片、叶柄、茎蔓、瓜条等部位均可受害。

2.症状特点

幼苗染病在子叶上出现湿润状稍凹陷的暗绿色小圆斑，后变为黄褐色，病斑多时可使子叶早枯。成株期主要为害中下部叶片，发病后叶片出现许多湿润状淡黄色小斑点，对光看呈半透明状，因受叶脉限制，病斑呈多角形，逐渐变为黄褐色，潮湿时病斑背面溢出乳白色菌脓，干后留下灰白色菌膜，易破裂。与瓜类霜霉病不同处是病斑小很多，不生黑褐色霉层。叶柄、茎蔓、卷须等部染病出现湿润状暗褐色小点并纵向扩展成短条斑，潮湿时亦有乳白色菌脓。瓜条染病出现湿润状暗褐色凹陷病斑,后来病部开裂并向内扩展使果肉变深褐色。

3.病征

潮湿时病斑背面溢出乳白色菌脓,干燥后形成灰白色菌膜。

三、病原特征

病原为丁香假单胞杆菌流泪致病变种(*Pseudomonas syringae pv. lachrymans*),属薄壁菌门细菌。菌体很小,短杆状,有荚膜,无芽孢,端生有1~5根鞭毛。革兰氏染色反应阴性。该细菌生长的最适温度为25~28℃。

四、发生规律

1.侵染循环

病原细菌随病残体在土壤中越冬、越夏,成为下一季发病的初侵染菌源。细菌还可在种皮和种子内部存活1~2年,播种带菌种子可直接引起子叶和幼苗发病。病原细菌通过风雨溅散、农事操作或昆虫传播,从植株的气孔、水孔或伤口侵入,在适宜条件下,从自然孔口侵入的7~10天即可发病,而伤口侵入的3~5天就可发病。初侵染发病后病部溢出菌脓含有大量细菌,通过风雨传播可进行多次再侵染。

2.发病条件

病害发生与气候因素、栽培条件和品种抗性等因素有关。

(1)气候条件 在气候因子中,温度和湿度对角斑病发生的影响较大。一般温暖、多雨潮湿条件发病较重。该病发病温度10~30℃,适温18~26℃,适宜的相对湿度85%以上。棚室低温高湿利于发病。病斑大小与湿度有关,夜间饱和湿度持续时间大于6小时,叶片病斑大;湿度低于85%,或饱和湿度持续时间不足3小时,病斑小。昼夜温差大,叶面结露重且持续时间长,发病重。在田间浇水次日,叶背出现大量水浸状病斑或菌脓。露地黄瓜在低温多雨年份,病害发生普遍而严重。

(2)栽培条件 多年连茬,病菌积累多,或偏施氮肥,磷、钾肥不足等均可诱发角斑病。保护地浇水后放风不及时,露地地势低洼易积水,栽培密度过大,都有利于病害发生流行。

(3)品种抗性 品种抗性有一定差异,种植高感品种是病害流行的关键因素,而种植抗病品种则可有效控制病害发生程度。

五、防治技术

1. 种植抗病品种

据报道，津春1号、津早3号、津研6号、津优30号、中农5号、中农11号、中农13号、黑油条、龙杂黄5号、新泰密刺、鲁黄7号、碧春等品种抗病性强，各地可以因地制宜选用。

2.农业防治

与非瓜类作物实行2年以上的轮作；施足基肥，增施磷钾肥，防止氮肥施用过多，增强植株抗病性；实行高垄栽培，铺设地膜，减少浇水次数，减少结露和水滴，降低田间湿度。保护地及时通风，露地雨季及时排水。注意田间卫生，发病初期及时摘除病叶，收获后及时清洁田园，减少田间病源。

3.化学防治

（1）种子处理 在无病区或无病植株上留种，防止种子带菌。催芽前应进行种子消毒。常用的药剂有：新植霉素200毫克/千克药液1小时，或50%代森铵500倍液浸种1小时，或用福尔马林液150倍液浸种1.5小时，洗净后催芽。

（2）药剂防治 发病初可用农用链霉素200毫克/千克药液，或新植霉素150~200毫克/千克药液，或DT杀菌剂500倍液，或47%加瑞农600~800倍液，或77%可杀得500~800倍液，每5~7天喷1次，连喷3~4次。保护地可用粉尘剂进行防治，如5%加瑞农粉尘剂，或5%防细菌粉尘剂，或5%DT粉尘剂。

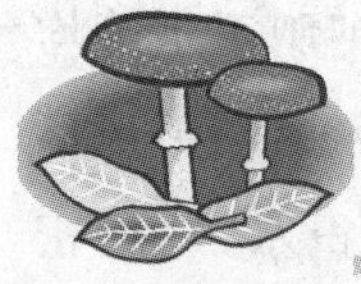

病害：瓜类枯萎病

一、发生为害特点

1.病害分布及为害程度

枯萎病主要为害黄瓜、西瓜、辣椒、茄子、番茄等蔬菜作物，全国各地均有发生，是瓜类蔬菜常见的病害之一。以黄瓜、西瓜、冬瓜发病最重，老菜区黄瓜发病率一般为10%~30%，严重时可达80%~90%，损失严重。近年来由于嫁接技术的推广应用，生产上病害发生程度有所减轻。

2.病害类型

属土传为主的维管束真菌性病害。

3.难防指数 ★★★★

4.难防原因

(1)土传病害，病原物可以长期在土壤中存活，短期轮作效果不好；

(2)缺乏高抗品种，大多数品种感病；

(3)缺乏特效防治药剂，一般药剂防治效果不佳。

二、诊断要点

1.为害部位

为害根部，造成整株系统发病。

2.为害症状

自苗期到成株期均可发病。幼苗发病，子叶变黄萎蔫，重病株枯萎，茎基部变褐缢缩，多呈猝倒状。成株期一般在开花结果后表现症状，初期病株叶片从下向上逐渐萎蔫，似缺水状，中午尤为明显，早晚尚能恢复，经数日后整株叶片枯萎下垂，不再恢复常态。茎蔓基部稍缢缩，常纵裂，溢出琥珀色胶体物。将病茎纵剖，可见维管束变为褐色。

3.病征

在潮湿环境下，病株茎基部表面常产生白色或粉红色霉层。

三、病原特征

病原为尖孢镰刀菌萎蔫专化型（*Fusarium oxysporum* f. sp. *vesinfectum*），属半知菌亚门真菌。菌丝透明，具分隔，在侧生的孢子梗上生出大、小两种类型分生孢子。大型分生孢子镰刀型，略弯，两端稍尖，具2~5个隔膜；小型分生孢子卵圆形，无色，多为单细胞。厚垣孢子顶生或间生，黄色，单生或2~3个连生，球形至卵圆形。不同瓜类枯萎病菌致病性有一定差异。

四、发生规律

1.侵染循环

病原菌以厚垣孢子和菌丝体在土壤中、病残体上、未经腐熟的肥料中及种子上越冬，在土壤中能存活5年以上。病原菌从瓜类作物根部侵入为害，根部受伤或有线虫为害的伤口，有助于病原菌侵染。侵染后先在寄主薄壁细胞间和细胞内生长蔓延，然后进入维管束，以菌丝或寄主产生的侵填体等堵塞导管，另外病菌还能分泌毒素干扰寄主代谢系统，积累许多醌类化合物，使植株细胞中毒死

亡，并使导管变褐色。瓜类枯萎病以初次侵染为主，一般无再侵染。

2.发生条件

瓜类枯萎病是一种土传病害，其发生与土壤性质，耕作栽培，灌水施肥等密切相关。一般连作地病重，轮作地病轻；酸性土壤，土质黏重，地势低洼，排水不良，土壤冷湿，土层瘠薄，整地不平，耕作粗放，浇水过多等均有利于发病。氮肥过量，磷、钾肥不足或施用未经腐熟的禽畜粪肥也易发病。另外，不同品种的抗病性有一定差异。

五、防治方法

1.选用抗病、丰产品种

据报道，长春密刺、津研7号，津杂1号、2号，中农110l，中农5号，西农58号，鲁春1号等较抗病，可因地制宜选用抗病品种。

2.农业防治

(1) 实行轮作　与非瓜类作物进行3年以上的轮作，也可实行水旱田轮作，瓜田应尽量选择中性或微碱性的砂壤土种植。

(2)土壤处理　酸性土壤可施用消石灰或喷洒石灰水。有枯萎病史的田块，播前用多菌灵、敌克松杀菌剂喷洒瓜沟或将药土施入播种穴，进行土壤消毒。

(3) 培育无病健苗　种子播种前采用温汤浸种法，在55~60℃温水中浸种20分钟，以杀灭种子携带病菌；育苗土应选用非菜地、非瓜田土，加肥料配成营养土，最好采用营养钵育苗。

(4)加强栽培管理　播前平整好土地，施足充分腐熟的优质有机肥作基肥，灌足底水；适时早播，应掌握幼苗期少浇水，生长期根据苗情采用细流浇灌，严禁大水漫灌、串灌，田间积水要及时排出；氮、磷、钾肥应合理搭配，追施肥料切忌伤根，以减少土壤中病菌的侵入。

3.化学防治

(1)种子处理 可用40%甲醛150倍液浸种30分钟，或50%多菌灵可湿性粉剂500倍液浸种1小时，或80%抗菌剂“402”2000倍液浸种2小时，然后用清水冲洗干净，催芽待播；或以种子重量的0.2%~0.3% 50%多菌灵可湿性粉剂拌种，也可用2.5%适乐时种衣剂进行种子包衣，均有一定的防治效果。

(2) 田间药剂防治　药剂可选用30%土菌消水剂1000倍液，或14%

双效灵水剂300倍液，或50%多菌灵+75%百菌清可湿粉(1:1)800~1000倍液，或高锰酸钾600倍液，或农抗120水剂200倍液，或金灭萎(15%混铜·多菌灵悬浮剂)200~400倍液，或25.9%络氨铜锌水剂400~600倍液，定植时作定根水或移植后定期灌根，每株灌200~300毫升药液，隔10~15天1次。

4.嫁接防病

用黑籽南瓜作砧木嫁接，是多年重茬老棚黄瓜防治枯萎病的有效方法，防效可达95%~100%，还可兼治黄瓜疫病等病害。嫁接可采用插接、劈接和靠接等方法。

5. 物理防治

温室大棚可利用太阳能进行土壤消毒处理，时间一般选择在7~8月份高温季节大棚或露地闲置期进行。将基肥施入菜地耕翻后起垄，垄宽60~70厘米，高30厘米左右，覆盖厚度0.5毫米的聚乙烯薄膜，薄膜铺平拉紧，四周用土压紧，浇透水。大棚温室要将门窗关闭封严，露地再用拱搭盖一层薄膜，四周应用细土压实。消毒期间，根据情况6~7天灌水1次，保持土壤含水量达田间最大持水量的60%以上，密闭20~30天。采用该方法，可使土壤0~20厘米土层温度达到50℃以上，可使多种土传病原物数量大幅度减少。

病害:瓜类病毒病

一、发生为害特点

1.病害分布及为害程度

瓜类病毒病是一种世界性病害，分布广泛，种类复杂，为害很大，轻者损失10%~20%，重者可减产30%~50%。以西葫芦、西瓜、南瓜、丝瓜、黄瓜受害较重。除减产外，病毒还能影响瓜的形态，形成畸形瓜，严重影响瓜果的商品价值。近年来，瓜类病毒病的为害呈不断加重趋势。

2.病害类型

为传播途径复杂的一类病毒病害。

3.难防指数 ★★★★

4.难防原因

(1)该病为病毒病害,缺乏有效防治药剂;

(2)缺乏高抗品种,多数品种感病;

(3)毒源植物丰富,传播方式多样,农业措施难以奏效;

(4)诊断困难,防治重视不够。

二、诊断要点

1.为害部位

为整株系统性侵染的病害,全株表现症状,以叶片受害最为明显。

2.症状特点

不同瓜类作物受害后,症状表现基本一致,但也有一些差异。

(1) *黄瓜病毒病* 发病植株新叶呈黄绿相嵌花叶,病叶小略皱缩,严重的叶反卷,病株下部叶片逐渐黄枯。瓜条发病,表现深绿与浅绿相间疣状斑块,果面凹凸不平或畸形。发病重植株的节间短缩,簇生小叶,结瓜少或不结瓜。

(2) *西葫芦病毒病* 西葫芦病毒病引起花叶、皱缩和混合型3种症状类型。

①花叶型:新叶上呈现褪绿斑,叶片出现花叶、畸形,严重时出现鸡爪形或线形叶,植株矮化,病瓜小而有瘤状突起;

②皱缩型:上部叶片呈现黄绿斑点,然后黄化,皱缩下卷,甚至全株枯死,病瓜较小,瓜面上生有许多瘤状突起或起皱褶;

③混合型:花叶型和皱缩型混合发生,为害严重时常造成植株死亡。

(3) *南瓜病毒病* 受害后病株叶面出现黄斑或深浅相间的斑驳花叶,或形成深绿色相间带,严重的病叶呈现凹凸不平,皱曲变形,一般新叶症状较老叶明显。病情严重的,茎基和顶叶扭缩,果实发病出现褪绿斑。多在开花结果后病情趋于加重。

(4) *丝瓜病毒病* 病株幼嫩叶片感病呈深浅绿色相间的斑驳或褪绿色小斑,老叶感病则表现黄色或黄绿相间花叶,叶脉抽缩。发病严重的叶片变硬、发脆,叶缘缺刻加深,后期产生枯死斑。果实发病,病果畸形扭曲,其上产生褪绿斑。

3.病征

属病毒病害,无病征。

三、病原特征

我国报道有10种病毒可以侵染为害瓜类作物。以下是几种主要的病毒:

黄瓜花叶病毒(*Cucumber mosaic*

virus, CMV）：病毒粒体为正20面球状体，直径28~30纳米。钝化温度为60~75℃，稀释限点为10^{-4}，体外保毒期为3~7天。主要以蚜虫作介体进行汁液传播，寄主范围十分广泛，据报道CMV能侵染葫芦科、茄科、十字花科、藜科以及杂草等40多科的117种植物。

甜瓜花叶病毒（*Muskmelon mosaic virus*，MMV）病毒粒体线状，钝化温度60~62℃，稀释限点2.5×10^{-3}~3×10^{-3}，体外保毒期3~11天。主要以蚜虫作介体进行汁液传播。寄主范围窄，一般只侵染葫芦科植物。

西瓜花叶病毒（*Watermelon mosaic virus*，WMV）病毒粒体线状，长约750纳米，钝化温度60~65℃，稀释限点2.5×10^{-3}倍，体外保毒期3~10天。寄主范围较窄，只侵染葫芦科、豆科植物。

南瓜花叶病毒（*Squash mosaic virus*, SqMV）：属豇豆花叶病毒组的一种病毒。病毒粒体球形，直径30纳米。钝化温度70~80℃。可侵染葫芦科、豆科、芹菜属植物。

甜瓜坏死斑病毒（*Melon necrotic spot virus*，MNSV）：属烟草坏死病毒组的一种病毒，病毒粒体球形，直径30纳米，钝化温度55~60℃，体外保毒期2~7天。寄主范围局限于葫芦科，在甜瓜和西葫芦上产生系统的不规则坏死褪绿斑点和条斑，严重时植株矮化。

四、发生规律

1.侵染循环

病毒主要在保护地蔬菜、田间杂草（如繁缕、马齿苋等）、野生瓜类植物（如苦瓜、白泻根）、瓜田周围的花卉及其他灌木上越冬，成为次年初侵染来源。此外，有些病毒如TMV、SqMV、TRSV等可种子带毒，CGMMV等还可在病残体上存活。

瓜类病毒在田间的传播以介体传播为主，瓜类传毒的介体有：蚜虫、叶蝉、白粉虱、线虫和真菌。有1/3的瓜类病毒是多种蚜虫进行非持久性传播的，还有一些病毒是由甲虫及潜叶蝇传播。有些病毒可通种子进行传播，成为第二年春季的初侵染源。田间植株发病，又可通过蚜虫等介体向周围植株不断传播，引起病害流行。

2.发病条件

瓜类病毒病的发生与气候条件、栽培管理和品种抗性有关。一般高温、干旱年份有利于瓜蚜繁殖和有翅

蚜迁飞、传毒以及病毒的增殖,发病重;管理粗放,杂草丛生等发病重;蚜虫防治不及时,数量大,发病严重;土壤营养缺乏,植株生长弱,抗病力下降,病害也会加重;邻作有共毒寄主植物,亦有利于发病。

五、防治技术

1.选用抗病、丰产品种

黄瓜品种中津研 7 号、北京大刺、长春密刺、中农 5 号等对黄瓜花叶病有耐病性；西葫芦品种邯郸西葫、天津 25、早青、阿泰西葫芦和一窝猴等品种对西葫芦病毒病比较耐病。各地可根据具体情况加以选用。

2.农业防治

农业措施对于防治病毒病十分重要,主要方法有:

(1) 使用无病良种 从无病田选留瓜种,并用 10%磷酸三钠液浸种 10 分钟,或种子经干热处理(70℃恒温处理 72 小时),对病毒病可收到良好的防治效果。

(2)注意选择地块,避免重茬 瓜田尽量避免重茬,各种瓜类作物如甜瓜、西瓜、西葫芦不宜混种,以免相互传毒。瓜田选地应尽可能远离菜地。适时早播,或采用地膜、塑料膜覆盖进行早熟栽培，可减轻病毒病为害。利用高秆作物与瓜类蔬菜间作可起到生物障作用,减轻病害发生。另外,在定植前后要清除周边杂草,减少传毒机会。

(3)培育壮苗,适期定植 一般在当地晚霜期过后定植,保护地可适当提前。提早保温育苗被证明是预防病毒病发生与减轻为害的成功措施。有条件时最好采用塑料钵营养土进行育苗。利用白色网纱与塑料膜结合的方法,一来可提高和保持地温,二来可驱避蚜虫减少初侵染来源。用塑料膜苗畦育苗,一般可提前 10~15 天播种,对减轻病毒病为害非常明显。

(4) 加强肥水管理 瓜类多为喜温作物，五叶期以后生长发育较快。因此,要施足底肥,增施磷、钾肥,结果期叶面喷施 0.2%~0.3%磷酸二氢钾,对病毒病可起到钝化作用。干旱时应及时灌水,促进植株健壮生长。

3.化学防治

(1) 种子处理 有一些病毒主要靠种子带毒，如 ToRSV、CGMMV、SqMV、ToBRV、TRSV 等,可用 10%磷酸三钠溶液浸种 20 分钟，然后清水洗净催芽育苗,以钝化病毒。

(2) 田间用药 对于早期迁飞的

蚜虫，应及时用低毒杀虫剂防治，如可用20%杀灭菊酯、2.5%功夫、10%吡虫啉、20%速灭杀丁等进行喷雾防治；在发病初期，喷施20%毒病毒、2%宁南霉素、20%病毒A、1.5%植病灵、抗毒丰(0.5%菇类蛋白金糖水剂)等，对病害有一定控制作用。

4.其他防治措施

(1)生物防治　蚜虫天敌很多，诸如异色瓢虫、食蚜蝇、草蛉等，应注意保护。国内外利用病毒弱病毒株系或病毒的卫星病毒，在苗期接种，可提高植株抗性，对病害有很好的防控作用。如在苗期利用植泰乐2号50倍液人工接种，可诱导黄瓜产生对CMV引起的病毒病的抗性。

(2)物理防治　利用蚜虫的趋化性，用黄盘涂机油以黏杀蚜虫，田间铺银灰地膜避蚜也有明显的防治作用。

病害：十字花科蔬菜霜霉病

一、发生为害特点

1.病害分布及为害程度

霜霉病是十字花科蔬菜重要病害之一，可为害大白菜、甘蓝、花椰菜、萝卜等多种作物，全国各地均有发生，在气候冷凉、潮湿地区易流行。病害流行年份大白菜株发病率可达80%~90%，减产30%~50%，且病株不耐贮存。

2.病害类型

为典型的气传真菌性病害。

3.难防指数　★★★

4.难防原因

(1)病原菌繁殖速度快，数量大；

(2)品种抗性差，缺乏优质高抗品种；

(3)寄主范围广泛，可周年为害，难以预防；

(4)杀菌剂频繁使用后，病菌易产生抗药性。

二、诊断要点

1.为害部位

主要为害叶片，也可为害留种株

花梗和果荚。

2.症状特点

十字花科蔬菜整个生育期都可受害。叶片发病,多从下部或外部叶片开始。发病初期叶片正面出现淡绿色小斑,扩大后病斑呈黄色,因其扩展受叶脉限制而多呈多角形。潮湿时,在病斑叶背相应位置布满白色霉层。病斑相互愈合,造成整张叶片变黄,并逐渐干枯。大白菜包心期以后,病株叶片由外向内层层干枯,严重时只剩下心叶球。甘蓝和花椰菜受害后,病斑背部颜色呈现黑褐色。

留种株花轴受害后,呈肿胀弯曲状畸形,故有"龙头病"之称。花器受害后花瓣肥厚、绿色、叶状,不能正常结实。种荚受害后瘦小,淡黄色,结实不良。空气潮湿时,受害花轴、花器、种荚表面可产生较茂密的白色至灰白色霉层。

3.病征

潮湿时,病部产生白色霜状霉层,为病菌的孢囊梗和孢子囊。

三、病原特征

病原物为寄生霜霉(*Peronospora parasitica*),属鞭毛菌亚门真菌。菌丝无隔膜,可产生吸器;吸器为囊状、球状或分叉状。孢囊梗基部不分枝,顶端二叉分枝4~8回,分枝顶端的小梗细而尖锐,略弯曲,每小梗尖端着生一个孢子囊;孢子囊椭圆形,无色,单孢,萌发时多直接产生芽管。有性生殖产生卵孢子,黄至黄褐色,球形,厚壁,外表光滑或略带皱纹,萌发时亦直接产生芽管。

四、发生规律

1.侵染循环

北方地区,卵孢子是春季十字花科蔬菜霜霉病的主要初侵染源。北方冬季不生长十字花科作物的地区,病菌以卵孢子随病残体在土壤中休眠越冬。卵孢子要经过两个月的休眠,春季温、湿度适宜时就可萌发侵染。卵孢子和孢子囊主要靠气流和雨水传播,卵孢子或孢子囊萌发产生芽管后从气孔或表皮直接侵入。发病部位可不断产生孢子囊,进行多次再侵染,使病害逐步蔓延和流行。

2.发病条件

霜霉病的发生与气候条件、品种抗性和栽培措施等因素有关,其中以气候条件的影响最大。

(1)气候条件 病害发生和流行与温度、湿度关系密切。温度决定病害出现的早迟，雨量决定病害的轻重。在适温范围内，湿度越大，病害越重。气温16~20℃，昼夜温差大或忽冷忽热天气有利于病害发生。田间湿度越大，夜间结露或多雾，即使雨量少，病害也会发展较快。

（2）栽培条件 十字花科蔬菜连作的田块，土中菌量多，病害发生早且严重。秋季播种早，作物生育期提前，病害发生早，为害重。基肥不足、追肥不及时会导致植株营养不良，抗病力下降。

（3）品种抗性 大白菜形态与抗病性有一定关系，一般疏心直筒型品种较抗病，圆球型品种较感病。一般抗病毒病的植株也抗霜霉病，感染了病毒病的植株也易感染霜霉病。因此，病毒病流行时，霜霉病也容易大发生。

五、防治技术

1.选用抗病品种

在大白菜品种中，北京103、绿宝、中白2号和中白4号，豫白菜1号、豫白菜4号，秦白3号，鲁白10号、青杂系列等对霜霉病表现较高抗性。各地应因地制宜，加以推广应用。

2.农业防治

实行高畦栽培，合理灌水，多雨区注意清沟排渍；施足基肥，实行配方（平衡）施肥，避免氮肥偏施过施；收获后清洁田园，减少病菌积累。

3.化学防治

田间发现发病中心时要及时喷药，控制病害蔓延。常用药剂有：58%甲霜灵·锰锌可湿性粉剂500倍液，或飞矾（64%噁霜·锰锌可湿性粉剂）600~800倍液，或25%甲霜灵可湿性粉剂800~1000倍液、走红（72%霜脲·锰锌可湿性粉剂）600倍液等。每亩用药液60~90千克，随生育期不同而有所不同，前期用量少，后期用量应加大。十字花科蔬菜对铜制剂较为敏感，一般不宜选用铜制剂喷施，以防产生药害。

病害：十字花科蔬菜软腐病

一、发生为害特点

1.病害分布及为害程度

十字花科蔬菜软腐病又称水烂、烂疙瘩，是一种世界性病害，在我国各地都有发生，为白菜和甘蓝包心后期的主要病害之一。北方地区个别多雨年份可造成大白菜减产50%以上，甚至绝收。而且在运输、销售、贮藏过程中，均可继续发生腐烂，损失极大。除为害十字花科蔬菜外，还可为害马铃薯、番茄、莴苣、黄瓜、胡萝卜、芹菜、葱类等多种蔬菜，引起不同程度的损失。

2.病害类型

为风雨和流水传播为主的细菌性病害。

3.难防指数 ★★★★

4.难防原因

(1) 缺乏抗病品种，大多数品种感病；

(2) 忽视田间卫生，病株和病残体随处乱扔，病菌基数大；

(3) 病菌寄主范围广泛，难以实施轮作等农业措施；

(4) 田间灌水多采取漫灌和串灌，有利于病害传播蔓延。

二、诊断要点

1.为害部位

根部侵染，系统发病，全株表现症状。

2.症状特点

软腐病症状因寄主植物、器官、环境条件的不同略有差异。其共同特点是：发生部位从伤口处开始，初期呈浸润状半透明，以后病部扩展成明显的水渍状，表皮下陷，有污白色细菌溢脓。内部组织除维管束外全部腐烂，呈黏滑软腐状，并发出恶臭。

白菜和甘蓝多在包心后开始表

现症状。初期植株外围叶片萎蔫,早晚尚能恢复,随着病情加重,萎蔫不再恢复。露出叶球。重病植株结球小,叶柄基部和根茎处心髓组织完全腐烂,充满灰黄色黏稠物,臭气四溢。病株有时从外叶边缘或心叶顶端向下扩展,或从叶片虫伤处向四周蔓延,最后造成整个菜头腐烂。腐烂病叶在晴暖干燥环境下失水变成透明薄纸状。

萝卜受害,多从根尖虫伤或切伤处开始,呈水渍状褐色软腐,以后病部上下发展呈软腐状。病健界线明显,常有汁液渗出,有恶臭味。

3.病征

病部常有污白色细菌溢脓。

三、病原特征

病原为胡萝卜欧氏杆菌胡萝卜致病变种(*Erwinia carotovora* pv.*carotovora*),属薄壁菌门细菌。菌体短杆状,具2~8根周生鞭毛,无荚膜,不产生芽孢,革兰氏染色反应阴性。病菌生长温度范围9~40℃,最适温度25~30℃。病菌生长要求高湿度,不耐干旱和日晒;致死温度为50℃10分钟。

四、发生规律

1.侵染循环

在北方病菌主要在田间病株、带病采种株和土壤中病残组织中越冬,成为次年的初侵染来源。春季病菌经雨水、灌溉水、施肥和昆虫(如黄条跳甲、甘蓝蝇、花条蝽象、菜粉蝶等)等传播,从自然裂口或伤口侵入寄主。病菌侵入寄主后,迅速繁殖并分泌果胶酶使寄主组织细胞中胶层分解,细胞分离,组织崩溃,病菌借高渗透压从这些分离的细胞中吸收养分,导致细胞死亡腐烂形成软腐症状。后期再次侵入的腐败细菌分解蛋白胨,产生吲哚类的物质,散发出腐败的臭味。由于病菌寄主范围广,经潜伏侵染后,从春到秋在田间辗转为害,引起生长期和贮藏期发病。

2.发病条件

此病的发生与寄主的愈伤能力、虫害情况、气候条件、品种抗性以及栽培管理关系密切。

(1) 伤口种类和愈伤能力 病菌可通过多种伤口侵入寄主,其中发病率最高的是自然裂口,其次为虫伤。自然裂口多发生在久旱降雨之后,病菌从裂口侵入后发展迅速,损失最大;但通常则以虫伤侵入为主。寄主愈伤能力强,伤口愈合速度快则发病

轻,反之发病严重。白菜不同生育期的愈伤能力不同,一般苗期较强,从莲座期逐渐减弱,后期抗性较差,这是软腐病多在包心期后发生的重要原因之一。此外,不同品种的愈伤能力也有差异,直立型、青帮型品种的愈伤能力较圆球形品种强。

(2) 虫害情况 昆虫对软腐病的发生有双重影响:一方面菜青虫等食叶害虫为害造成伤口,提供病菌侵入通道;另一方面昆虫携带大量细菌,可直接起到传播作用。很多为害十字花科蔬菜的昆虫体内、外均可携带软腐病菌,其中以麻蝇、花蝇传菌能力最强,并可远距离传播。

(3)气候条件 气候条件中以雨水和温度影响最大,二者影响着病菌的传播和发育,媒介昆虫的繁殖和活动,寄主植物的愈伤速度等三方面。白菜包心后久旱遇雨往往发病重,即因多雨使叶片基部处于浸水和缺氧状态伤口不易愈合,且利于病菌繁殖和传播蔓延所致。长期降雨或伤口浸渍雨水中,缺少氧气,又易冲洗掉伤口上的伤愈素,故发病重。温度对苗期愈伤能力影响较小,但对成株期组织愈伤能力影响却较大,在26~32℃时,伤口在6小时后开始木栓化;而15~20℃时要12小时,7℃时则需24~28小时,才能达到同等程度。

(4)栽培管理条件 通常,高垄栽培土壤中氧气充足,不易积水,利于寄主愈伤组织形成,减少病菌侵染的机会,故发病轻;而平畦地面易积水,土壤缺乏氧气,不利于寄主根系或叶柄基部愈伤组织的形成,发病重。白菜与大麦、小麦、豆类等轮作发病轻,前茬为十字花科、茄科和葫芦科等蔬菜作物发病重。播种期早,生育期前提,包心早,感病期提早,会加重发病。

(5) 品种抗病性 白菜品种间抗病性差异明显,直筒品种由于外叶直立,垄间通风良好,故比外叶下垂贴地的球形、牛心形品种发病轻;青帮型品种抗病性优于白帮型品种;抗病毒病和抗霜霉病的品种,一般也抗软腐病。

五、防治技术

1.种植抗病品种

一些品种如开源白菜、河北玉青、北京大青口、天津青麻叶、鲁白14号、鲁白15号比较抗病。一般品种对病毒病和软腐病的抗性较为一致,各地可因地制宜选用。

2.农业防治

(1) 合理轮作　十字花科蔬菜应尽量避免连作，与禾谷类作物、豆类、韭菜或葱蒜类作物轮作可减轻为害。

(2) 加强栽培管理　实行高垄栽培，播前覆盖地膜，可减少病菌侵染；秋白菜适当晚播，使包心期避开传病昆虫的高峰期；施足基肥，肥料充分腐熟，及时追肥，促进菜苗健壮；避免大水漫灌，雨后及时排水。

(3) 田间卫生　发现病株立即拔出深埋，且病穴应撒石灰消毒，防止病害蔓延。收获后清理田间病残体，并进行深翻，促进病残体腐解，减少田间菌源。

3.化学防治

发病初期及时喷药防治。喷药应注意近地表的叶柄及茎基部。使用药剂有：72%农用硫酸链霉素、10%新植霉素、14%络氨铜、20%噻菌酮等。一般间隔10天左右施药1次，连续2~3次，可兼治黑腐病。

同时，要注意治虫防病。地下害虫严重地块可用辛硫磷等药剂灌根；对于黄条跳甲、菜青虫、小菜蛾、甘蓝蝇等叶部害虫，可从幼苗期开始喷药防治，使用药剂有2.5%溴氰菊酯、1.8%阿维菌素、40%乐果、5%氟铃脲乳油、0.36%苦参碱水剂、2.5%菜喜悬浮剂等。

病害：十字花科蔬菜黑腐病

一、发生为害特点

1.病害分布及为害程度

十字花科蔬菜黑腐病俗称“半边瘫”，是一种世界性病害，我国各地菜区均有发生，为害多种十字花科蔬菜如白菜、甘蓝、花椰菜、萝卜、芥菜和芜菁等，以甘蓝、花椰菜、白菜和萝卜受害普遍。此病在不同年份间为害程度有异，一般病田减产10%~15%；流行年份花椰菜、甘蓝损失率高达30%以上，是十字花科蔬菜生产中的主要病害之一。

2.病害类型

为风雨和流水传播的细菌性病害。

3.难防指数 ★★★★

4.难防原因

(1)缺乏抗病品种,大多数品种感病;

(2)不重视田间卫生,病残体随意乱扔,菌源丰富;

(3)十字花科蔬菜种植广泛,田间寄主多,难以实施轮作等农业措施;

(4)田间灌水多采用漫灌、串灌,有利于病害传播、流行。

二、诊断要点

1.为害部位

维管束病害,全株系统侵染。主要在叶片上表现症状,萝卜等宿根蔬菜可造成根部发病。

2.症状特点

(1)白菜 幼苗至成株期均可发病。幼苗期感病,子叶呈水浸状,逐渐枯死;真叶发病,叶脉上出现黑点状斑或黑色条纹,根髓部变黑,严重时幼苗枯死。成株期发病,叶片发病多从叶缘开始,逐步向内扩展,形成"V"字形黄褐色病斑,周围组织变黄,与健部界限不明显;有时病菌沿叶脉向里扩展,形成网状黑脉或黄褐色大斑块,维管束坏死变黑。叶柄发病,病菌沿维管束向上扩展,使部分菜帮形成淡褐色干腐,常使叶片歪向一侧,半边叶片或植株发黄,部分外叶干枯、脱落,甚至倒瘫。湿度大时,病部产生黄褐色菌溢或油浸状湿腐,重者茎基部腐烂,植株萎蔫。纵切茎部可见髓部腐烂中空,呈黑色干腐状。种株发病,叶部病斑亦呈"V"字型,叶片脱落,花薹髓部暗褐色,最后枯死。

(2)萝卜 主要为害叶片和块根。叶片发病,症状和白菜类相似,也产生"V"字型褐色病斑。块根被害,外观症状不甚明显,但维管束变黑,内部组织黑色干腐状,严重者形成空心。田间多并发软腐病,终致腐烂状。

黑腐病有时和软腐病并发,加剧病情,但黑腐病腐烂时无臭味,可与后者区别。

3.病征

湿度大时,病部产生黄褐色菌溢或油浸状湿腐。将病健交界处组织切成0.5厘米见方小块,放于载玻片上,加上一滴清水,在显微镜下观察,可见维管束切口处有大量云雾状颗粒喷出,即"喷菌现象"。

三、病原特征

病原为野油菜黄单胞杆菌野油菜黑腐病致病变种（*Xanthomonas campestris* pv. *campestris*），属薄壁菌门细菌。菌体短杆状，极生单鞭毛，无芽孢，无荚膜；菌体单生或链生，革兰氏染色反应阴性。培养基上菌落近圆形，黄色，具光泽，凸起，边缘整齐。病菌生长温度范围5~39℃；适温25~30℃；致死温度为51℃ 10分钟。病菌寄主范围主要为十字花科植物。

四、发生规律

1.侵染循环

病菌随种子或病残体遗留在土壤内或在采种株上越冬。种子带菌是主要的侵染来源，播种后病菌从幼苗子叶叶缘的水孔和气孔侵入，引起发病。病菌在土壤中的病残体上可存活1年以上，田间主要通过雨水、灌溉水、农事操作及昆虫等传播到叶片上，从叶缘的水孔或叶面的伤口侵入，先侵染少数薄壁细胞，然后进入维管束组织，由此上下扩展，造成系统性侵染。带病采种株栽植后，病菌可从果柄维管束进入种荚使种子表面带菌，并可从种脐侵入使种皮带菌。病菌在种子上可存活2年以上，是病害远距离传播的主要途径。

2.发病条件

病菌喜高温、高湿的条件。25~30℃利于病菌生长发育；多雨高湿、叶面结露、叶缘吐水，均利于发病。低洼地块，排水不良，浇水过多，病害重。播种过早，与十字花科蔬菜连作，施用未腐熟的带菌粪肥，中耕伤根严重，害虫较多的地块，发病均重。环境条件适宜时，病菌大量繁殖，再侵染频繁，遇暴风雨后，病害极易于流行。

五、防治技术

1.选用抗病、丰产品种

甘蓝品种惠丰3号、惠丰1号、晋甘蓝4号等比较抗黑腐病；花椰菜中比较抗病的品种有农友系列、厦花系列、夏花6号等，通常杂交品种抗病性比常规品种要强，各地应因地制宜选用抗病品种。

2.农业防治

（1）使用无病种子　从无病田和无病株上采种，必要时进行种子消毒。可温汤浸种，种子先用冷水预浸10分钟，再用50℃温水浸30分钟；或用以72%农用链霉素浸种2小时，或45%代森铵水剂浸种20分钟，对种子

上携带病菌有很好的杀伤作用。

(2) 加强栽培管理　重病地与非十字花科蔬菜进行 2~3 年轮作；施用腐熟肥料，适时播种，不宜播种过早；合理密植，适期蹲苗，合理施肥、灌水，雨后及时排水；及时防止害虫，注意减少伤口；清洁田园，及时清除病残，秋后深翻土壤，减少田间菌源。据报道，酸性土壤发病较重，可用生石灰改良土壤　每亩使用生石灰 150 公斤，分 1~2 次撒施，可调节土壤 pH 值，抑制病菌繁衍，减轻病害发生。

3.化学防治

发病初期及时喷施 72%农用硫酸链霉素、90%新植霉素、50%DT 杀菌剂、60%百菌通、50%灭菌威、14%络氨铜水剂等药剂。药剂应交替使用，且要注意对铜制剂敏感的品种不可随意提高浓度，以防药害。

病害：十字花科蔬菜病毒病

一、发生为害特点

1.病害分布及为害程度

十字花科蔬菜病毒病，又称孤丁病，我国各地普遍发生，为害严重，是十字花科蔬菜主要病害之一，以大白菜受害最重。我国大白菜病毒病曾多次大流行，减产严重。此病一般发病率为 5%~20%，严重地块可达 80%，而且感染病毒病后又易受到霜霉病和软腐病的为害，损失加重。

2.病害类型

为毒源复杂、蚜传为主的病毒性病害。

3.难防指数　★★★★

4.难防原因

(1)病毒病害，缺乏有效防治药剂；

(2)缺乏高抗品种，多数品种感病；

(3) 病毒种类多，毒源植物丰富；

(4)预防工作重视不够，发病后防治效果不佳。

二、诊断要点

1.为害部位

系统侵染，整个植株发病。

2.症状特点

症状表现因病毒种类及株系、被

害作物类别和环境条件的不同而有所差异。

(1)白菜 幼苗期受害,心叶初期产生明脉,继之沿脉褪绿,渐变为浓淡相间的花叶。病叶皱缩、变脆、扭曲畸形,有的叶背的主、侧脉上产生褐色坏死斑点,叶柄扭曲。重病株明显矮缩,不包心,叶片硬脆、皱缩成团,根系不发达,须根减少,剖视根部切面为黄褐色。轻病株仍能包心,但内部叶片产生灰色坏死斑点。栽植感病采种株,重者花薹尚未抽出即死亡,轻者花薹抽出较迟,短而弯曲,叶片小而硬。新叶明脉、花叶,老叶主脉坏死。花梗上产生纵横裂口,果荚瘦小弯曲,籽粒不饱满,发芽率低。

(2)甘蓝、花椰菜 植株受害后,幼苗叶片上产生直径为2~3毫米的褪绿圆斑,迎光观察非常明显。后期病叶呈浓淡相间的斑驳花叶,老叶背面有黑色的坏死斑,严重时叶片畸形。病株矮缩,发育迟缓,结球较迟且疏松。

(3)其他 萝卜、小白菜、芜菁、芥菜等其他十字花科蔬菜上的症状与白菜基本相同。叶片明脉显著,产生深绿和淡绿相间斑驳,病叶皱缩,少数畸形;重病株多矮化,轻病株一般矮化不明显,但抽薹后结实不良,结实少,不实籽粒多。

3.病征

病毒病害,无病征。病组织超薄切片在电镜下可见风轮状、环状体或带状体内含体。

三、病原特征

我国十字花科蔬菜病毒病的毒源以芜菁花叶病毒(*Turnip mosaic virus*,TuMV)为主,其次为黄瓜花叶病毒(CMV)。此外,各地报道萝卜花叶病毒(RMV)、烟草环斑病毒(TRSV)、白菜沿脉坏死病毒(CVNV)、花椰菜花叶病毒(CaMV)、苜蓿花叶病毒(AMV)和烟草花叶病毒(TMV)等也可侵染十字花科蔬菜。各种病毒既可单独侵染,也可复合侵染。

芜菁花叶病毒(TuMV)属马铃薯Y病毒组。粒体线状,钝化温度55~65℃,稀释限点2000~5000倍,体外保毒期为1~7天。寄主范围主要为十字花科植物。

四、发生规律

1.侵染循环

在我国北方地区,病毒主要在窖

内贮藏的大白菜、甘蓝、萝卜等的留种株上越冬,也可在多年生宿根植物(如菠菜、芥菜等)及田边杂草上越冬。春季蚜虫把病毒从越冬种株传到春季甘蓝、萝卜、小白菜等十字花科蔬菜上,再经夏季甘蓝、白菜等传到秋白菜和萝卜上。在我国南方地区,因田间终年种植十字花科蔬菜,如菜心、小白菜和西洋菜等,病菌可周年辗转为害。

TuMV 和 CMV 均可由蚜虫传毒,也可靠汁液接触传染,在田间病毒传播主要靠蚜虫,土壤和成熟的种子不能传播病毒。各地的传毒蚜虫不尽相同,多数地区以桃蚜和菜缢管蚜传毒为主,新疆则以甘蓝蚜为主。蚜虫传毒为非持久性,在病株上几分钟取食后即可获毒,转而在健株上短时间取食即可传毒,一般保持传毒时间仅25~30 分钟,为非持久性传毒。

2.发病条件

此病的发生和流行主要与气候条件,栽培管理以及品种抗性有关。

(1) 气候条件 以降雨量及降雨天数的影响最为关键。苗期的降雨天数是秋白菜病毒病发生流行的决定因素,期间遇高温干旱,病害会严重发生。高温干旱一方面不适于菜苗正常生长发育,植株抗病性差,另一方面有利于蚜虫大量繁殖和迁飞,同时也利于病毒增殖,故病害重。反之,苗期多雨,对蚜虫有冲刷和淹死的作用。若苗期遇暴雨和阴雨连绵,发病就轻。此外,土温高、土壤湿度低,病毒病发生较重。

(2) 耕作与栽培管理 十字花科蔬菜互为邻作或和其他毒源植物邻作,病害发生严重;反之发病轻。秋菜早播,由于正遇高温干旱,蚜虫发生也多,发病重。前期肥水不足,幼苗根系发育弱,发病重。

(3) 品种抗性 不同品种间抗病性有显著差异。大白菜中,青帮品种比白帮品种抗病;杂交品种比常规品种抗病。白菜不同生育期抗病性不同,苗期尤其7叶期前是易感病期,侵染越早,发病越重;7叶后为害明显减轻;开花后期不感病。

五、防治技术

1.选用抗病、丰产品种

大白菜中抗病品种有:北京新1号、辽白1号、冀3号、北京大青口、包头青、塘沽青麻叶、山东1号、青杂5号、天津绿、秋杂2号、晋菜1号和3号、抗青、矮杂2号、河北8361等,各地可因地制宜选用。

2.农业防治

(1) 改进栽培制度 合理调整蔬菜布局，避免十字花科作物邻作、连作，可与高秆作物间作、套作，减少蚜虫传播机会。

(2)加强栽培管理 深翻起垄，施足底肥，增施磷、钾肥；适期播种，避过高温及蚜虫高峰；根据天气、土壤和苗情掌握蹲苗时间，干旱年份缩短蹲苗期；发现病弱苗及时拔除；苗期水要勤灌，以降温保根，增强抗性。

3.化学防治

(1) 治蚜防病 根据蚜虫对银色的忌避性，苗床及菜田采用应用银色反光膜驱蚜效果良好。方法有：①塑料薄膜网眼育苗。播种后搭50厘米高的小拱棚，间隔30厘米纵横覆薄膜，成30厘米见方的网孔，覆盖18天左右。②铝箔纸避蚜。播种后用50厘米宽的铝箔纸覆盖畦埂，18~20天撤去。③悬挂白色聚乙烯塑料带。种后在菜地张挂5厘米宽的白色聚乙烯塑料带，间隔60厘米，高度20~50厘米，驱蚜防病效果更好。秋白菜播种前，喷药消灭邻近菜地及杂草上的蚜虫，避免有翅蚜向菜田迁飞传毒。

(2) 药剂防治 发病初期可喷撒20%病毒灵、2%宁南霉素、20%病毒A 0.5%抗毒剂1号、1.5%植病灵、抗毒丰(0.5%菇类蛋白多糖水剂)等。间隔10天，连续喷施2~3次。

病害：十字花科蔬菜根肿病

一、发生为害特点

1.病害分布及为害程度

根肿病是十字花科蔬菜上一种世界性的重要病害，全国各蔬菜种植区均有发生，但南方受害较重。该病可为害十字花科的白菜、芥菜、薹菜、萝卜、甘蓝、苤蓝、花椰菜、油菜等多种作物，为害大，防治困难，造成严重经济损失。

2.病害类型

为一种土壤传播的低等真菌病害。

3.难防指数 ★★★★

4.难防原因

(1) 缺乏抗病品种，大多数品种感病；

(2) 病菌主要为害植株根部，初期容易忽视；

(3) 十字花科蔬菜种植广泛，难以实施轮作等农业措施；

(4) 药剂防治效果差，缺乏高效防治药剂。

二、诊断要点

1.为害部位

主要为害根部，但全株均可表现症状。

2.症状特点

根肿病的典型症状是根部形成肿瘤。病根受病菌刺激，薄壁细胞大量分裂，根部肿大，形成不同类型的肿瘤。白菜、甘蓝等叶菜类多发生在主根或侧根上，肿瘤呈纺锤形或不规则形，大的如鸡蛋大小，小的似小米粒；萝卜、芜菁等根菜类，肿瘤多发生在侧根上，主根不变形或根顶端生肿瘤。受侵染的根，初期表面光滑，后期表面粗糙、龟裂。病株地上部植株生长发育缓慢，植株矮小。后期自基部叶片开始，逐渐萎垂，初时白天萎蔫，晚间和阴雨天可恢复正常，后来不再恢复，叶色逐渐变黄、萎蔫。轻病株地上部症状不明显，重病株可致死亡。发病后期病部易被软腐细菌等侵染而腐烂，散发臭气。

3.病征

外表无明显病征，根部薄壁细胞中有大量鱼籽状休眠孢子囊。

三、病原特征

病原为芸薹根肿菌(*Plasmodiophora brassicae*)，属鞭毛菌亚门真菌。病菌的营养体是没有细胞壁的原生质团，在寄主根细胞内形成休眠孢子囊。休眠孢子囊单细胞，球形、卵圆形或椭圆形，壁薄，表面较光滑，无色或浅灰色。休眠孢子囊密生于寄主细胞内，呈鱼籽状排列。休眠孢子囊萌发产生游动孢子，游动孢子梨形或球形，前端具两根长短不等的鞭毛。

四、发生规律

1.侵染循环

病菌以休眠孢子囊随病残体在土壤中或黏附在种子上越冬越夏。病菌可在土壤中存活 6~7 年，靠流水和土壤中的线虫、昆虫的活动及农事操作等传播，病菌还可随带病根的菜苗、菜株的调运或带菌泥土的转移传播。在适宜的条件下，休眠孢子囊萌发后，产生游动孢子，从寄主的根毛或侧根的伤口侵入寄主，刺激寄主细胞分裂，体积增大，根部出现肿瘤。肿瘤烂掉后，休眠孢子囊进入土中越冬。

2.发病条件

该病发生与土壤条件、栽培条件和品种抗性有关。酸性土壤适于根肿病菌的侵入和发育，pH 值 5.4~6.5 时发病重，pH 值 7.2 以上发病轻。土壤含水量 50%~98%都能发病，以 70%~90% 最为适宜。土壤含水量低于 45%，病菌容易死亡；高于 98%也会妨碍病菌的发育。根肿病的发生要求温度范围为 9~30℃，适宜范围为 19~25℃。在适宜条件下，病菌经 18 小时即可侵入。生长季节雨水多，或雨天移植，有利于病害发生；地势低洼或水改旱的菜地发病较重。大白菜在苗期易感病，植株发病愈早受害越重，后期发病则对产量影响不大。

五、防治技术

1.选用抗病、丰产品种

白菜中京绿 75、83-1、小杂 55、高抗王 AC-1、大丰 1 号等比较抗病；甘蓝型油菜品种华油 8 号、铁杆青等抗病性较强，各地应因地制宜选用抗病品种。

2.农业防治

(1) 合理轮作　与非十字花科作物实行 5 年以上轮作；

(2) 改良病田的土壤　根据土壤的酸碱度，结合整地，在酸性土中施石灰，以减轻发病，一般每亩施消石灰 100~150 公斤。

(3) 加强栽培管理　避免在低洼积水地或酸性土壤中种植十字花科蔬菜。合理施肥，多施农家肥和磷钾肥，控制氮肥施用量，可适当抑制病害的发生。育苗移栽时应选晴天定植。推广深沟高畦栽培：采用深沟高畦栽培、抗旱小水勤浇有利于控制土壤湿度，减轻病害发生，切忌大水漫灌。

(4)田间卫生　在收后或病田换茬时要及时清除病株残体，并带出田外深埋或烧毁；在作物生长期田间发现病株要及时拔除，带出田外深埋或烧毁，并在病株塘撒施生石灰消毒，以减少田间菌源。

3.化学防治

(1) 土壤处理　育苗移栽时，要用无病土育苗或进行苗床土壤消毒。床土可用福尔马林、五氯硝基苯等消毒，也用 75%百菌清 1000 倍液或

50%多菌灵1000倍液进行土壤消毒，每塘浇施0.2~0.3公斤，即可播种。

(2) 药剂穴施　定植时，每亩用70%敌克松药粉3公斤对细土30公斤或50%甲基托布津可湿性粉剂3公斤对细土30公斤，或40%地菌粉剂2公斤对细土30公斤，或每亩用40%五氯硝基苯粉23公斤拌40~50公斤细土，拌匀后撒施于穴中再栽苗。

(3) 药剂灌根　在2叶期可用75%百菌清800~1000倍液浇施苗床，每7天1次，共浇2~3次；定植活棵后，用70%敌克松800~1000倍液，或40%五氯硝基苯粉剂500倍药液，或50%多菌灵或75%百菌清1000倍液灌根1次，每株0.3~0.4公斤，有很好防效。

病害：番茄晚疫病

一、发生为害特点

1.病害分布及为害程度

晚疫病是露地和保护地番茄上的重要病害之一，在世界各地均有发生。在我国，除气温较高的南部地区外，全国各地均有发生。在多雨潮湿、气候冷凉的地区发病严重。该病发病后扩展迅速，流行性强，如遇7~8月多雨季节病害极易发生和流行，造成植株提前枯死，损失可达20%~40%。

2.病害类型

为典型的气流传播真菌性病害。

3.难防指数 ★★★★

4.难防原因

(1)流行性强，病害一旦发生，扩展蔓延迅速，难于防治；

(2)缺乏抗病品种，大多数品种感病；

(3)保护地环境条件有利于病害发生；

(4)单一药剂防治效果差，病菌易产生抗药性。

二、诊断要点

1.为害部位

主要为害叶片、茎和果实，以叶

片和青果受害最重。

2.症状特点

叶片发病，多从叶尖或叶缘开始，初为暗绿色或灰绿色水浸状不规则病斑，边缘不明显，扩大后病斑变为褐色。湿度大时，叶背病健交界处长出白色霉层。条件适宜时病斑迅速扩展至全叶，造成叶片腐烂。干燥时病部干枯，呈青白色，脆而易破。茎及叶柄发病，初呈水浸状斑点，病斑呈暗褐色或黑褐色，很快绕茎及叶柄一周呈软腐状缢缩或凹陷，引起病部以上枝叶萎蔫。果实发病，主要为害青果，病斑呈不规则形的灰绿色水浸状硬斑块，后变成暗褐色至棕褐色云纹状，边缘明显，病果一般不变软；湿度大时长少量白霉，迅速腐烂。

3.病征

发病部位表面潮湿时生有白色稀疏霉层，为病菌的孢囊梗和孢子囊。

三、病原特征

病原为致病疫霉（*Phytophthora infestans*），属鞭毛菌亚门真菌。菌丝有分枝，无色无隔，较细，在寄主间隙生长，以少量的丝状吸器吸收寄主养分。孢囊梗无色，单根或多根成束从气孔长出，具3~4个分枝，无限生长，当孢囊梗顶端形成一个孢子囊后，孢囊梗又向上生长而把孢子囊推向一侧，顶端又形成新的孢子囊，使孢囊梗膨大呈节状，顶端尖细。孢子囊单胞无色，卵圆形，顶端有乳状突起。低温下孢子囊萌发释放出肾形游动孢子，双鞭毛，水中游动片刻后静止，鞭毛收缩，变为圆形休止孢，休止孢萌发产生芽管侵入寄主。温度较高（15℃以上）时，孢子囊一般不产生游动孢子，而是直接产生芽管侵入寄主。病菌卵孢子不常见。除番茄外，病菌还可为害马铃薯等多种茄科植物。

四、发生规律

1.侵染循环

病菌主要以菌丝体在马铃薯块茎中越冬，或在冬季棚室栽培的番茄上为害，成为翌年发病的初侵染来源。孢子囊借气流或雨水传播，从气孔或表皮直接侵入，在田间形成中心病株。条件适宜时，病部3~4天后就可产生孢子囊，借风雨不断传播蔓延，进行多次再侵染，引起病害流行。

2.发病条件

晚疫病是一种为害性大，流行性强的病害。发生轻重与气候条件、栽

培管理和品种抗性关系密切。

(1) 气候条件 低温高湿是病害发生和流行的主要因素。在番茄的生育期内,温度条件容易满足,病害能否流行与相对湿度密切相关。在相对湿度 95%~100%且有水滴或水膜条件下,病害易流行。因此,降雨的早晚,雨日多少,雨量大小及持续时间长短是决定病害发生和流行的重要条件。

(2)栽培条件 田间地势低洼,排灌不良,过度密植,行间郁蔽,导致田间湿度大,易诱发此病。凡番茄和马铃薯连作或邻作地块易发病。土壤瘠薄,追肥不及时,偏施氮肥造成植株徒长,或肥力不足,植株长势衰弱,会降低寄主抗病力,均有利于发病。

(3) 品种抗性 番茄品种间抗病性存在明显差异,种植感病品种是病害流行的必要条件,而种植抗病品种则可有效控制病害流行。

五、防治技术

1.选用抗病、丰产品种

据报道,渝红 2 号,中蔬 4 号、中蔬 5 号,佳红,中杂 4 号,荷兰 5 号、荷兰 6 号等番茄品种对晚疫病有不同程度的抗病性,可因地制宜地选种。

2.农业防治

重病田应与非茄科作物实行 2~3 年以上轮作;要选择土壤肥沃,排灌良好的地块种植番茄。合理密植,氮、磷、钾配合使用,避免植株徒长,提高寄主抗病性。及时整枝打杈和绑架,适当摘除底部老叶、病叶,改善通风透光条件。合理灌水,雨季要及时排水,降低田间湿度。保护地番茄从苗期开始严格控制生态条件,经常通风,防治棚室高湿条件出现。

3.化学防治

田间发现中心病株后,及时摘除病叶、果,深埋或烧毁,并立即进行全田喷雾保护。保护地最好采用烟雾法和粉尘法防治,在傍晚关闭大棚或温室,施用 45%百菌清烟剂,每亩用药 200~300 克,或每亩喷撒 5%百菌清粉尘剂 1~2 千克,第二天通风换气,隔 10 天左右 1 次。发病初期,也可喷施 72.2%普力克、40%疫霜灵、58%雷多米尔·锰锌、72%赛露、64%杀毒矾、72%克露等药剂,注意保护植株中下部叶片和果实,隔 7~10 天喷 1 次,连续 3~4 次。一般保护地用药掌握在上午 10 点以后,喷药后要通风散湿。

病害:茄子黄萎病

一、发生为害特点

1.病害分布及为害程度

黄萎病是茄子重要病害之一,世界各地普遍发生,我国分布广泛,东北、华北、西北、华东等地区都有发生。近年,随着保护地蔬菜栽培面积的不断扩大,茄子黄萎病有发生越来越重的趋势。一般病田发病率为50%~70%,减产20%~30%,重病田发病率达90%以上,减产近40%,甚至绝产,危害极大。

2.病害类型

为典型土传真菌性病害。

3.难防指数 ★★★★★

4.难防原因

(1)土传病害,病原物可以长期在土壤中存活;

(2)缺乏高抗品种,大多数品种感病;

(3)缺乏高效防治药剂,药剂防治效果很差;

(4)寄主范围广泛,轮作措施等农业防治措施很难有效进行;

(5)忽视预防工作,一旦发病,很难防治。

二、诊断要点

1.为害部位

根部侵染,系统发病,全株表现症状。

2.症状特点

大田一般在门茄座果后开始发病,多自下而上或从一边向全株发展。发病初期,病叶先从叶脉间或叶缘出现失绿成黄色的不规则形斑块,病斑逐渐扩展呈大块黄斑,甚至整张叶片发病。病株早期晴天中午呈现凋萎,早晚尚能恢复。随着病情的发展,不再恢复。病叶由黄渐变成黄褐色向上卷曲,凋萎下垂以致脱落,重病株最终可形成光杆。病株的果实小而少,质地坚硬且无光泽,果皮皱缩干瘪。剖检病株根、茎、分枝及叶柄等部,可见维管束变褐。

3.病征

湿度大时病株枯死叶片等部位可产生白色霉层。

三、病原特征

病原为大丽轮枝菌(*Verticillium dahliae*),属半知菌亚门真菌。菌丝体初无色,老熟时变褐色,有隔膜。分生孢子梗直立,较长,呈轮状分枝,在孢子梗上生1~5个轮枝层,每层2~3个轮枝,顶枝或轮枝顶端着生分生孢子。分生孢子椭圆形,单胞,无色。后期病菌菌丝相互交织,形成大量黑色微菌核及由胞壁增厚而产生的、成串的、黑褐色的厚垣孢子。该病菌寄主范围十分广泛,除为害茄子外,还可侵染番茄、辣椒、马铃薯、瓜类及棉花、烟草等38科数百种植物。

四、发生规律

1.侵染循环

病菌以休眠菌丝、厚垣孢子和微菌核随病残体在土壤中越冬,一般可存活6~8年,微菌核则可存活10年以上,成为翌年病害初侵染来源。土壤带菌是此病的主要侵染源,带菌土壤、肥料随气流、雨水、人畜和农具等方式进行传播。病菌也能以菌丝体和分生孢子在种子内越冬,是远距离传播的主要途径。病菌从根部伤口或从幼根表皮直接侵入引起发病。侵入寄主后,以菌丝体先在皮层薄壁细胞间扩展,病原菌产生果胶酶分解寄主细胞间的中胶层,从而进入导管并在其内大量繁殖。随着液流病原菌迅速向地上部扩展,直至枝叶、果实内,使微管束变淡褐色致植株萎蔫死亡,而构成系统侵染。黄萎病主要依靠初次侵染引起发病,一般无再侵染。

2.发病条件

茄黄萎病发生与气候条件、栽培管理等因素有关。

(1) 气候条件　病害发病适温为19~24℃,一般气温20~25℃,土温22~26℃和湿度较高的条件下发病重,持久干旱、高温发病轻,气温高于28℃或低于16℃时症状受到抑制。一般气温低,定植时根部伤口愈合慢,利于病菌从伤口入侵,从茄子定植到花期,日均温低于15℃,持续时间长,发病早而重。

(2)栽培管理　重茬病重,且重茬年限越长病越重,合理轮作可减轻病害。地势低洼,土壤黏重或多雨年份,或久旱后直接浇灌井水发病重。肥力不足，施用未腐熟的有机肥发病重。灌水不当会促进发病。定植过早,栽苗过深,起苗带土少,伤根多,过于稀植等都会加重发病。生长期连阴雨或暴雨会导致土温下降而土壤湿度过高,病害明显加重。

此外,生产上推广的品种大多数为感病品种,但也有部分品种具有一定抗性。

五、防治技术

1.选用抗病、丰产品种

据报道,少数茄子品种对黄萎病具有一定抗性和耐病性,如河南许昌紫茄、昆明长茄、辽宁紫长茄、盐城吉长茄、黑龙江齐茄3号等较抗病。另外,野生茄对黄萎病抗病性强,如刚果茄、观赏茄等。

2.农业防治

(1) 使用无病种子及种子处理 应从无病地和健康植株留种,严禁从病区引种，引入种子应做好种子处理，可用50%多菌灵500倍液浸种2小时或55℃温水浸种15分钟，冷水冷却后催芽、播种。

(2)合理轮作 病田应实行轮作,旱地可与禾本科作物实行4~5轮作,若水旱轮作1年即可有效控制此病发生。

(3)加强栽培管理 选用净土、净肥或无病营养土育苗,或每平方米苗床用50%多菌灵8~10克加5~6千克细土拌匀,均匀撒于苗床上,后耙入土中,浇水后复盖地膜,隔10天后播种。起苗带土要多,尽量避免伤根。合理密植,最好覆盖黑色地膜,以提高地温,促进植株生长;适时追肥,合理灌水,避免用过冷的井水浇灌,雨后或灌水后及时中耕,创造适宜茄子生长发育的良好条件，增强植株抗病性。

3.化学防治

定植穴内施1:50的50%多菌灵药土,每亩用多菌灵0.5~75千克。发病初期用50%多菌灵、70%甲基硫菌灵800倍液灌根,每株灌0.5千克,10天1次,连续灌2~3次,能收到较好的防病效果。

4.嫁接防病

选抗病砧木如托鲁巴姆(*Solanum torvum*)与茄子进行嫁接,可有效防治茄黄萎病。

病害:辣椒疫病

一、发生为害特点

1.病害分布及为害程度

辣椒疫病是生产上的一种世界性分布的毁灭性病害,我国各地普遍发生。由于疫病流行,常导致植株成片死亡,损失严重。一般地块病株率为20%左右,严重的地块可达80%以上,甚至绝收。

2.病害类型

为典型的土传真菌性病害。

3.难防指数 ★★★★★

4.难防原因

(1)流行性强,病害一旦发生,扩展蔓延迅速,难于防治;

(2)缺乏抗病品种,大多数品种感病;

(3)缺乏有效防治药剂,药剂防治效果不佳;

(4)土传病害,主要为害根部,难以诊断;

(5)病菌在土壤中可长期存活,难以实施轮作等农业措施。

二、诊断要点

1.为害部位

主要为害茎基部,茎、叶和果实也可受害。

2.症状特点

从苗期至成株期均可发病。苗期受害,先在茎基部形成暗绿色水渍状病斑,迅速褐腐缢缩而猝倒。有时茎基部呈黑褐色,幼苗枯萎死亡。成株期茎和枝发病,病部初呈水渍状暗绿色,后出现环绕表皮扩展的褐色或黑色条斑,病部以上枝叶迅速凋萎,条件适宜时造成整片、整田植株枯死。叶片感病,病斑圆形或近圆形,直径2~3厘米,边缘黄绿色,中央暗褐色。果实发病,多从蒂部开始,水渍状、暗绿色,边缘不明显,扩大后可遍及整个果实,潮湿时表面产生稀疏的白霉,即病菌的孢子囊和孢子囊梗。后果实失水干燥,形成僵果,残留在枝上。

3.病征

潮湿时发病部位表面产生稀疏的白色霉层。

三、病原特征

病原为辣椒疫霉(*Phytophthora capsici*),属鞭毛菌亚门真菌。菌丝无隔膜,丝状,有分枝,偶尔呈瘤状或结节状膨大,寄生于寄主细胞间或细胞内。无性繁殖时形成不分枝或单轴分枝的孢囊梗。孢囊梗无色,丝状,顶生孢子囊。孢子囊卵圆形,长圆形或扁圆形,无色、单胞,顶端乳头状突起明显,偶有双乳突。藏卵器球形,淡黄色至金黄色,雄器围生,扁球形。卵孢子球形,浅黄色至金黄色。厚垣孢子球形,单胞,黄色,壁平滑。病菌生长发育温度10~37℃,最适温度28~32℃。该菌寄主范围较广,除侵染辣椒外,还可侵染番茄、茄子、黄瓜、甜瓜、豆类等作物。

四、发生规律

1.侵染循环

病菌主要以卵孢子和厚垣孢子在土壤中或残留在地上的病残体内越冬,属典型的土壤习居菌,卵孢子在土中病残体组织内可存活3年。土壤中或病残体中的卵孢子是主要的初侵染源。条件适宜时卵孢子萌发产生游动孢子囊,并释放游动孢子,经雨水或灌溉水传播到植物地上茎、叶及果实上,引起发病。病菌可直接侵入或伤口侵入,有伤口存在则更有利于侵入。肾形双鞭毛的游动孢子在水中游动到侵染点附近,形成休止孢,再长出芽管侵入寄主。田间发病表现出明显的发病中心,再侵染主要来自病部产生的孢子囊,借气流和雨水不断扩展,引起多次再侵染,导致病害流行。24℃时病害潜育期仅为为2~3天,因此,在条件具备时,很快使全田毁灭。

2.发病条件

辣椒疫病的发生与气候条件、品种抗性和栽培条件有关。

(1)气候条件 气温在20~30℃时,适合孢子囊产生,在25℃左右最适合游动孢子的产生和侵入,适温高湿有利于病害的发生和流行。降雨多,发病重。一般大雨后天气突然转晴,气温急速上升,或灌水量大,次数多,病害易流行。相反,干旱少雨年份发病轻。田间大水漫灌,或灌水次数多,病害蔓延迅速。

(2)品种抗性 尽管多数品种感病,但品种间抗病性有一定差异。一

般甜椒系列品种不抗病,辣椒系列品种比较抗病或耐病。

(3) 栽培条件 辣椒或茄科作物重茬发病重。地势低洼积水,过于密植,施肥未经腐熟或施氮肥过多等均有利于该病的发生和流行。棚室内湿度过大,叶面结露或叶缘吐水,光照不足或长时间阴雨,有利于病菌的扩展与侵染,发病严重。

五、防治技术

1.选用抗病、丰产品种

近年来,我国各地已培育出一批抗病材料,如杂种一代9188、9119、94101,都椒1号、沈椒3号、苏椒2号、甜杂1号、西杂7号、牛角椒、湘研5号等品种或品系比较抗病,可因地制宜加以选用。

2.农业防治

(1) 合理轮作 避免与茄果类和瓜类蔬菜连作,可与禾本科作物或十字花科、葱蒜类蔬菜实行3年以上的轮作。据报道,前茬是葱、蒜、菠菜、玉米、小麦的田块发病轻,辣椒与大蒜套种防病效果显著。

(2) 加强栽培管理 施足腐熟基肥,实行配方施肥;推广高垄双行栽培;合理灌水,严禁大水漫灌,雨后及时排除积水,以防高湿条件的出现;合理密植,每亩定植3300~3500株,以改善田间通风透光条件,降低田间湿度。

(3) 田间卫生 选用无病新土育苗;发现中心病株及时拔除;收获后清除田间病残体,集中销毁处理,减少田间菌源。

3.化学防治

发病初期可喷施走红(72%霜脲·锰锌可湿性粉剂)、久生(80%代森锌可湿性粉剂)、72.2%普力克、40%乙膦铝、75%达克宁、72.2%扑霉特、64%杀毒矾等杀菌剂,间隔7~10天,交替用药3~4次,施药后6小时内遇降雨应重新喷施。棚室内用45%百菌清烟剂或疫霉净烟剂熏烟,每亩用药200克。此外,雨季来临前,畦面可喷撒96%硫酸铜粉,每亩用3千克,然后浇水,防效显著。

病害:茄科蔬菜病毒病

一、发生为害特点

1.病害分布及为害程度

病毒病是茄科蔬菜上的最重要的病害之一，世界各地均有发生,我国各蔬菜产区发生普遍而严重,常给番茄、辣(甜)椒、马铃薯等作物的生产造成严重损失。在病毒种类复杂,发病率高、一般地块减产20%~30%,严重地块损失高达60%以上，甚至绝产。

2.病害类型

该病属于种类复杂、传播方式多样的病毒性病害。

3.难防指数 ★★★★★

4.难防原因

(1) 病毒病害，缺乏高效防治药剂;

(2) 缺乏高抗品种，多数品种感病;

(3) 病毒种类多,毒源植物丰富;

(4)诊断困难,预防工作重视不够。

二、诊断要点

1.为害部位

系统侵染,整株发病。

2.为害症状

不同作物上病毒病症状大致相同,但也有一定差异。

(1) *番茄* 常见的症状类型有花叶型、条斑型和蕨叶型3种。

①花叶型:苗期和成株期均可出现。田间常见的症状有两种类型:一种是轻型花叶,叶片平展、大小正常,植株不矮化,多在新生叶片上出现深绿与浅绿相间的斑驳，呈花叶状,对产量影响不大；另一种是重花叶,叶片凹凸不平,扭曲畸形,叶片变小,嫩叶上花叶症状明显,植株矮化,果小质劣,多呈花脸状,对产量影响较大。

②条斑型:可侵染茎、叶和果实。叶片发病,上部叶片呈现或不呈现花叶症状;茎部发病,茎秆上、中部初生暗绿色下陷的短条纹,后变为深褐色下陷的油浸状坏死斑，逐渐蔓延扩大;果实发病,果面散布不规则形褐色下陷的油浸状坏死斑，病果畸形。有时先从叶片开始发病,后顺叶柄蔓

延至茎秆，在茎秆上形成条状病斑。植株主茎上的黑色枯斑由上向下蔓延至20~30厘米时，病株即可整株枯萎死亡。

③蕨叶型：症状多发生在植株上部，上部新叶细长呈线状，生长缓慢，叶肉组织严重退化，甚至完全退化，仅剩下主脉；病株一般明显矮化，中、下部叶片向上卷起。发病早时，植株不能正常结果。有时在同一植株上会同时出现两种或两种以上不同症状类型。同时，两种或两种以上不同病毒的复合侵染也相当普遍。

(2)辣(甜)椒　辣(甜)椒病毒病从苗期至成株期均可发病，引起花叶、黄化、坏死、矮化、畸形等症状。主要有4种类型。

①花叶型：通常分为轻型花叶和重型花叶。轻型花叶病叶初期为明脉和轻微褪绿，后呈现浓淡绿色相间的斑驳，病株无明显畸形和矮化；重型花叶病除表现褪绿斑驳外，叶面多凹凸不平，叶片皱缩畸形，或形成线状叶，植株生长缓慢，果形变小，严重矮化。重病果果面有深绿、浅绿相间的花斑和疱状突起。

②黄化型：病叶明显变黄，出现落叶现象。

③坏死型：叶脉呈褐色或黑色坏死，沿叶柄、果柄扩展到侧枝、主茎及生长点，出现系统坏死条斑，维管束变褐，造成落叶，落花、落果，严重时嫩枝、生长点甚至整株枯死。

④丛生型：植株受害后，幼叶狭窄或呈线状，植株上部明显矮化，枝叶丛生。有时几种症状同时或先后在同一株上出现。

3.病征

病毒病害，无病征。

三、病原特征

引起茄科作物病毒病的病毒种类主要有TMV、CMV、PVY等。其特征见烟草病毒病。

四、发生规律

1.侵染循环

TMV可以在多种多年生的植物和宿根性杂草上越冬；病毒还可附着于番茄种子表面果肉残屑上，少量可侵入种皮内和胚乳中越冬。此外，TMV还可在多种植物病残体中存活相当长的时期，并能土壤传播。TMV具有高度的传染性，可接触传染，如：移栽、整枝、打杈、中耕、锄草等农事操作均可人为传播，但蚜虫不传染。

CMV 和 PVY 主要由蚜虫传播，如桃蚜、棉蚜等多种蚜虫均可传毒，但以桃蚜为主，种子和土壤均未发现有传病现象。CMV 主要在多年生的植物和宿根性杂草上越冬，如鸭跖草、紫罗兰、反枝苋、刺儿菜等，这些植物在春季发芽后蚜虫随即发生，通过蚜虫的取食与迁飞，将病毒传播到番茄及辣椒植株上，引起发病。

2.发生条件

病害的发生发展主要受气候条件、栽培管理和品种抗性等因素影响。

(1) *气候条件* 一般平均气温达20℃，病害开始发生，25℃时进入发病盛期。高温干旱有利于蚜虫的迁飞和传毒，也有利于病毒的增殖和症状表现，因此 CMV、PVY 等蚜传病毒病发生严重。TMV 引起的番茄花叶病和条斑病主要是由汁液摩擦传染，风雨天气会导致病健植株的相互摩擦而增加传毒的机会，发病严重。

(2) *栽培管理* 田间杂草多，毒源丰富，发病重。番茄定植期的早晚与发病程度有关，一般春番茄定植期早的发病轻，定植晚的发病重。土壤中缺少钙、钾等元素，花叶病发生严重。土壤瘠薄、排水不良、追肥不及时，病毒病发生较重；反之，发病较轻。有资料报道，用硝酸钾作根外追肥，可以减轻花叶病的发生。

(3) *品种抗性* 番茄和辣椒品种对 TMV 和 CMV 都存在明显抗病性差异。我国目前已培育出一批对 TMV 某些株系表现抗病的品种，但在抗 CMV 病毒病育种方面进展有限，抗病品种较少。

五、防治方法

1.选用抗、耐病品种

番茄品种中强丰、佳红、佳粉、中蔬 4 号、中杂 4 号、早丰、早魁、苏抗 4 号、苏抗 5 号等比较抗病；辣椒品种一般早熟有辣味的品种较晚熟无辣味品种抗病。各地可因地制宜选用抗病品种。

2.农业防治

(1) *种子处理* 从无病株留种，种子可用 10%的磷酸三钠溶液浸种 20~30 分钟，洗净后播种，可以钝化种传病毒。

(2) *合理轮作* TMV 引起的病毒病发生严重的地区应实行轮作，避免茄科蔬菜连作。

(3)*加强栽培管理* 适时播种，培育壮苗。育苗定植前 7~10 天可用矮

壮素灌根,定植后适当蹲苗,促进根系发育;施足底肥,增施磷钾肥,实施根外追肥,提高植株抗病性。及早中耕,促进根系发育,做到晚打杈早采收。在发病初期用1%过磷酸钙或1%硝酸钾作根外追肥,可减轻发病。合理灌水,坐果期应避免缺水缺肥;避免人为传播,农事操作时,应剔除病苗,及时用肥皂水或10%磷酸三钠溶液消毒,以免在分苗定植、整枝打杈时传播病毒;注意田间卫生,清除田间、地头杂草,收获后清除病残体,秋冬深翻,减少田间病源。

3.化学防治

发病之初喷施生长调节剂或化学制剂,有控制病情发展的作用,如高锰酸钾1000倍溶液,或a-萘乙酸20毫克/千克,或增产灵50~100毫克/千克,以及1%过磷酸钾,1%硝酸钾作根外施肥,调节生长,增强抗性。发病初期喷施病毒必克、植病灵、病毒A、宁南霉素等,对病毒病有一定控制作用。

4.早期避蚜治蚜

高温干旱年份注意早期防蚜避蚜。可利用黄板诱杀蚜虫,或利用银灰膜反光驱避蚜虫。将银灰膜全畦或畦梗覆盖,或8~10厘米的银灰膜条拉在棚架上,可以减少蚜传CMV。从苗床期开始,尤其是在蚜虫迁飞盛期,及时喷药治蚜,以减少CMV的初侵染和再侵染。

5.生物防治

近年来,国内外在番茄病毒病的生物防治方面有了新的进展,如利用TMV弱毒株系N14和CMV的卫星RNA S51、S52等,在苗期用高压喷枪接种喷雾,或移栽期蘸根接种,可预防病毒病发生。

病害:蔬菜灰霉病

一、发生为害特点

1.病害分布及为害程度

蔬菜灰霉病是一种世界性病害,在我国各地发生普遍。在露地栽培条件下,尤其是在潮湿条件下及多雨季节,灰霉病发生严重;近年来,保护地栽培面积的扩大,如果管理不善,尤其是遇到低温多雨天气,灰霉病发生严重。早熟栽培的茄科蔬菜,由于受早春阴雨和气温多变的影响,每年有30%左右面积的番茄、茄子、甜椒遭受灰霉病为害,造成大量死苗和烂果。一般年份损失率15%左右,流行年份损失率可达40%以上。

2.病害类型

该病属于气流传播的真菌性病害。

3.难防指数 ★★★★

4.难防原因

(1)病原菌繁殖率高,寄主范围广泛,病原菌在病残体上易产生菌核,越冬存活率高田间病菌数量大;

(2)保护地栽培环境条件有利于发病;

(3)品种抗性差,缺乏高抗品种;

(4) 不注意田间卫生等预防措施,长期进行化学防治,病原菌已对多种杀菌剂产生较强的抗药性。

二、诊断要点

1.为害部位

该病可以为害叶片、茎、枝条、花和果实,以花和果实最易发病。田间发病首先在靠近地面的衰老叶片、花瓣和果实上,然后再侵然染其他部位。

2.为害症状

(1)*番茄灰霉病* 花、果、叶、茎均可以受害。叶片发病多由小叶尖部开始,沿支脉之间成楔形发展,由外及里,初为水浸状,病斑展开后呈黄褐色,边缘有深浅相间的纹状线,使病健组织界限分明。幼果发病,多由残留的花瓣、柱头或花托侵染,分别向果实和果柄扩展、病斑沿花托周围逐渐蔓延果面,致使整个果面呈灰白色,上覆厚厚的灰色绒状霉层,果实软腐。茎部发病,最初呈水浸小斑点,向上下扩展后,变成长圆形或条状病斑,浅褐色。潮湿时表面生有灰色霉层,严重时使病斑变灰褐色,病斑以上枝叶枯萎死亡。

(2)*辣椒灰霉病* 幼苗受害,主要为地上部的茎和叶片,初呈水渍状边缘不明显的病斑,后变为褐色,茎部缢缩变细,叶片变褐腐烂,表面密生灰色霉状物。成株期茎、叶、果均可受害。茎部发病初见水渍状病斑,后变褐色至灰白色,病斑可向上下左右延伸,环绕茎一周后,其上端枝叶迅速枯死,病部表面密生一层灰色霉层。花器被害后花瓣上可见褐色斑点,后期整个花瓣呈褐色腐烂,花丝、柱头亦呈褐色。病花上初见灰色霉状物,

随后从花梗到与枝连接处，并在枝上下左右蔓延，呈灰色或灰褐色，一般向下蔓延至分枝处止，病枝叶片凋萎枯死。

3.病征

在发病部位产生灰色霉层，为病菌的分生孢子梗分生孢子；后期在发病部位产生黑色不规则形鼠粪状菌核。

三、病原特征

病原为灰葡萄孢（*Botrytis cinerea*）、葱鳞葡萄孢（*Botrytis squamosa*）和葱腐葡萄孢（*Botrytis allii*）等多种葡萄孢属病菌，均属半知菌亚门真菌，其中以灰葡萄孢为主。灰葡萄孢的无性时期菌丝体白色，有隔膜；分生孢子梗丛生，分生孢子簇生于顶端，圆形或倒卵形，表面光滑，无色，孢子聚集时呈淡褐色。菌核黑色，不规则状，扁平。该菌寄主范围十分广泛，且腐生性很强，可为害数百种植物。

四、发生规律

1.侵染循环

病菌主要以分生孢子、菌丝体或菌核在病残体上和土壤中越冬，分生孢子存活期较短，仅4~5个月，但菌核可在土壤中存活数年。如当地种植有保护地蔬菜，病菌则可在越冬蔬菜上继续为害。次春条件适宜时，菌核萌发产生分生孢子梗及分生孢子，病残体上也可产生大量分生孢子，借助气流和雨水进行传播。分生孢子在适宜的温度和湿度下萌发产生芽管，通过伤口或衰老组织侵入寄主植物。发病部位在潮湿的环境条件下不断产生分生孢子，进行多次再次侵染，并造成病害流行。

2.发生条件

病害发生与气候条件、栽培管理、植株生育期等因素有关。

（1）气候条件 主要是与温度、湿度关系密切。灰霉病菌分生孢子5~30℃均可萌发，最适温度为13~25℃，其中以偏低温度最为适宜；分生孢子的萌发对湿度要求很高，在水中最易萌发，相对湿度低于95%分生孢子不能萌发。当气温达20℃左右，相对湿度持续在90%以上发病严重。长期阴雨，低温寡照，有利于病害发生，干旱、少雨、高温则发病轻。

（2）栽培管理 灰霉病菌是一类寄生性较弱的病菌，当寄主植物生长健壮时，植株抗病性较强，不易被侵染，寄主处于生长衰弱的状况下，抗病性较弱，易感病。因此，种植过密，田间郁闭，施肥不足，或偏施氮肥，植株生长衰弱，发病重。保护地放风不当，湿度大，发病加重。

(3) 生育期 灰霉病主要在茄科蔬菜苗期和幼果期为害。苗期的植株和幼果期的果实幼嫩，花萼和花瓣处易积水，坐果期发病盛期在4月中旬至5月，此时的温湿度十分适宜病菌侵入，故发病重；植株生长后期往往发病较轻。

五、防治方法

蔬菜灰霉病的防治应采取以农业防治为主，化学防治为辅，结合生态调控和生物防治等措施。

1.农业防治

(1)加强田间管理 合理密植，科学施肥，避免偏施氮肥；合理灌水，改进灌水方式，提倡滴灌和膜下暗灌，控制田间湿度；保护地注意通风透光，促进植株健壮生长。

(2) 田间卫生 发病后及时清除病果、病叶和病枝，并集中烧毁或深埋，避免乱扔乱放，减少再次传播和侵染的几率；蔬菜收获后，及时将病残体清出田间集中销毁，减少病原越冬基数。

2.化学防治

(1) 烟雾法 保护地可用10%速克灵烟剂每次200~250克/亩，或用45%百菌清烟剂250克/亩，傍晚密闭棚室，熏烟3~4小时。

(2) 粉尘法 有条件地区可采用粉尘法防治。如用10%灭克粉尘剂，或5%百菌清粉尘剂，或10%杀霉灵粉尘剂，每次1千克/亩，10天左右1次，连续使用或与其他防治方法交替使用2~3次。

(3) 喷雾法 发病初期可用50%速克灵可湿性粉剂1000倍液，或50%扑海因（异菌脲）可湿性粉剂1000~1500倍液，或65%抗霉威可湿性粉剂1000~1500倍液，或托上托(70%甲基硫菌灵可湿性粉剂)800倍液，或菌大夫（50%多菌灵可湿性粉剂)500倍液7~10天1次，连续2~3次。上述药剂的预防效果好于治疗效果，应尽早施药，不要等病害发生严重后再施药，并要注意交替使用药剂，以防产生抗药性。

3.生态防治

利用设施栽培蔬菜可以调节温度和湿度的特点，进行生态防治。从初花期开始，晴天上午9时后关棚，

棚温迅速升高，当棚温升至32℃,开始放风,中午继续,下午棚温保持在20~25℃;当棚温降至20℃时关棚,夜间棚温保持在15~17℃；早上开棚通风;阴天白天开棚换气。通过生态调控管理的大棚,发病较轻。

4.生物防治

国内外研究发现，木霉菌(*Trichoderma spp.*) 可以寄生在灰霉病菌的菌核上,具有很好的生防作用。国内用木霉菌制剂特力克防治蔬菜灰霉病,效果良好。

病害:蔬菜根结线虫病

一、发生为害特点

1.病害分布及为害程度

根结线虫病是蔬菜生产上发生普遍、为害严重、防治困难的一类病害。该病在世界各地均有发生,我国分布十分广泛。近年由于保护地蔬菜种植面积的增长，该病发生日益严重,一般病田减产20%~30%,严重的甚至绝收。蔬菜根结线虫寄主范围非常广,瓜类、茄果类、豆类、十字花科和芹菜等作物受害较重。

2.病害类型

属土壤传播为主的线虫病害。

3.难防指数 ★★★★★

4.难防原因

(1)土传病害,病原物可以长期在土壤中存活;

(2)缺乏高抗品种,大多数品种感病;

(3)缺乏高效、低毒的防治药剂;

(4)寄主范围广泛,难以实施轮作;

(5) 为害根部,难以识别和诊断。

二、诊断要点

1.为害部位

主要侵染根部,以侧根和须根受害最重。

2.为害症状

从苗期到成株期均可受害。根部受害后形成大量根结,根结的大小和在根上的分布因不同寄主种类而异。葫芦科、豆科蔬菜和芹菜发病后,在侧根和须根形成大小不等成串的瘤状根结,根结初为白色,质地柔软,后变为浅黄褐色或深褐色，表面粗糙,有时龟裂；茄科或十字花科蔬菜受害,形成的瘤状结较肥大。受害后根系萎缩、畸形,输导组织被严重破坏,水分、养分不能正常运输,地上部分生长受阻,生长迟缓、衰弱,植株矮小,叶色较淡,似缺水、缺肥状。近底部叶片易脱落,上部叶片黄化,果菜开花延迟,结实不良或不结实,易早衰。重病株后期根部腐烂,导致植株死亡。

3.病征

剖视根结内部,可见到白色梨形的粒状物,即线虫的雌成虫。

三、病原特征

我国引起蔬菜根结线虫病的病原种类较多，包括南方根结线虫(*Meloidogyne incognita*)、花生根结线虫（*M. arenaria*)、北方根结线虫(*M. hapla*)和爪哇根结线虫(*M .javanica*),其中南方根结线虫为优势种群。

该种线虫属内寄生线虫,雌雄异形。雌成虫梨形,头尖,腹部膨大,乳白色,肉眼可见,主要在寄主体内营寄生生活,致使寄主增生,产生根结,大部分虫体生活在根结中；雄虫线状,细长,尾部稍圆,无色透明,肉眼可见，主要生活在根部附近的土壤中。卵肾脏形或椭圆形,黄褐色,两端圆,卵藏于黄褐色的胶质卵囊内。单个卵囊内有卵300~500粒。一龄幼虫呈“8”字形卷缩在卵壳内,蜕皮后破壳而出为二龄幼虫;二龄幼虫体细长线形无色透明,头部较钝,尾部尖,开始侵染寄主故又称侵染性幼虫。三龄幼虫雌雄虫体开始分化,再经两次蜕皮即成为成虫。雌虫产的卵排出到胶质卵囊中,有时部分留在体内。雌虫寄生部位不深的，尾端稍微露出根外，卵囊和其中的卵则可露到根外,卵囊就长期留在细根上;寄生部位很深的所产的卵则留在根组织内。

四、发生规律

1.侵染循环

根结线虫多在5~30厘米土层内生存,并以成虫或卵在病根残体内或以幼虫在土壤中越冬。病土、病株(苗)、或用带线虫的块根及块茎繁殖、灌溉、病株残根沤肥等为主要来源和传播途径。次年,越冬幼虫或由越冬卵孵化的幼虫由根部侵入植株,引起田间初侵染。线虫发育到四龄后即可交尾产卵，卵可于根结中孵化发育,也有大量的卵被排出体外进入土壤,卵孵化后进行再侵染。由于雌虫可连

续产卵，线虫的数量呈对数增殖，故在生长季节，线虫世代交替，反复侵染，使寄主根系布满根结，为害越来越重。

2.发生条件

蔬菜根结线虫病发生与土壤条件、栽培管理、气候因素和品种抗性等因素有关。

(1) 土壤和栽培条件 根结线虫具有好气性，地势高，土壤疏松，含水量较低，含盐量低，呈中性的砂壤土适于线虫活动，发病较重；土壤过于潮湿，黏重，土壤板结，不利于根结线虫活动，发病较轻。土壤肥沃，幼苗健壮，水肥适宜，则发病轻。

(2)气候因素 在27~32℃的适宜温度下，根结线虫完成1代大约只需17天；15℃时则需要2个月左右。因此，南方根结线虫在南方温暖气候地区或北方保护地中发生严重。温度高于40℃，或低于8℃则雌成虫将不能发育成熟。致死温度为55℃，10分钟。一般久旱无雨有利于发病，多雨年份发病轻。发病地块如长期浸水，可抑制土壤中根结线虫活动。

(3)品种抗性 尽管多数蔬菜品种感病，但仍有一些品种表现一定的抗性和耐病性，各地应选育或筛选适合当地种植的丰产抗病品种。

五、防治方法

1.选用抗病、丰产品种

根据当地具体情况，选用抗病和耐病品种。据报道，番茄品种仙客2号、佳红6号、春雪红、抗线1号、抗线2号、罗曼娜、耐莫尼塔、千禧等比较抗病。

2.农业防治

(1)高温消毒 夏季田闲时，可利用高温强光对土壤进行高温消毒。即深耕灌水后，在土表覆盖农用塑料薄膜，然后密闭闷7~10天，能杀死土壤中95%根结线虫。保护地结合盖棚膜，效果更好。

(2) 实行轮作 各种蔬菜对该病的感病程度有明显差异，蔬菜生长期短，容易轮作换茬，可将重病地块改种感病轻的蔬菜品种，实行3年以上轮作。瓜类、芹菜、番茄较易感病，受害重，可与葱、蒜、韭菜、辣椒等感病轻的蔬菜轮作，有条件地方可与禾谷类作物进行轮作，水旱轮作效果更好。

(3) 培育无病健苗 选择未发生过根结线虫病的地块作苗床，或用烈日曝晒过的苗床进行育苗，也可用泥塘土、长期种植禾谷类作物的田间土壤作床土,防止苗期发病。

(4)加强田间管理 增施肥料,特别是有机肥,可减轻病害为害。河南农业大学研究发现增施腐熟麦秸可显著减轻病害发生程度。由于根结线虫多分布在20厘米左右的土层中,尤其在3~10厘米的土层内最多,加上线虫活动性不强,土层越深,透气性越差,越不适宜其生存,因此,实行深翻可有效杀灭线虫。

(5) 田间卫生 收获后及时清除菜田病根和病株残体,并集中烧毁,以减少根结线虫基数。

(6) 人工诱集 在发病严重的菜园内种植速生叶菜,如生菜、小白菜、菠菜等,这些蔬菜易感根结线虫,根部形成大量根结后,及时采收,并尽可能将病根全部挖出,集中销毁,可减少土壤中根结线虫的数量。

3.化学防治

(1) 土壤消毒 苗床上可撒施10%灭线磷颗粒剂30~40克/10平方米。保护地蔬菜定植时,穴施10%力满库颗粒剂5千克/亩,或50%克线磷颗粒剂300~400克/亩。

(2)灌根 发病初期可采用药液灌根法控制病害的发展蔓延,使用药剂有50%辛硫磷乳油1000倍液,或2.5%阿维菌素3000倍液,每株灌0.25~0.5千克药液,有一定的防治效果。

4.生物防治

研究发现厚垣轮枝菌和淡紫拟青霉生防制剂对蔬菜根结线虫有较好的防治效果,可因地制宜加以推广。

病害:蔬菜菌核病

一、发生为害特点

1.病害分布及为害程度

菌核病又称菌核性软腐病,过去多在南方沿海地区及长江流域各省蔬菜产区发生普遍,为害严重。近年来,北方菜区有所加重。在各种蔬菜中,以甘蓝、大白菜、芹菜、茄果类蔬菜受害最重,有些地块造成植株大量枯死,损失惨重。

2.病害类型

为典型的土传真菌性病害。

3.难防指数 ★★★★

4.难防原因

(1)土传病害,病菌菌核可长期在土壤中存活;

(2)缺乏抗病品种,大多数品种感病;

(3)寄主范围广泛,很难实现有效的轮作;

(4) 菜田多高湿,环境条件有利于发病;

(5) 病菌容易产生抗药性,化学防治效果不佳。

二、诊断要点

1.为害部位

可为害地上所有部位,以茎基部、叶片发病较重。

2.症状特点

苗期到成熟期都可发生,以生长后期及留种株上发生较重。幼苗受害,茎基部出现水渍状病斑,逐渐软腐,造成猝倒和植株枯死。甘蓝、大白菜等成株受害,一般在靠近地表的茎、叶柄或叶片边缘开始发病,最初出现水渍状、淡褐色的病斑,逐渐导致茎基部或叶球软腐,发病部位产生白色或灰白色棉絮状霉层,以后散生黑色鼠粪状菌核。采种株发病,一般先从植株基部近地面的衰老叶片边缘或叶柄开始,并从叶柄蔓延到茎部。茎上病斑稍凹陷,水渍状,初呈浅褐色,后变为灰白色,在适宜条件下,病斑扩展迅速,可蔓延到全茎,后期组织腐朽呈纤维状,茎内中空,内有黑色菌核,重者全株枯死,轻者果荚小,籽粒不饱满。种荚受害,病斑白色,不规则形。荚内生有黑色类似菜籽的菌核。

3.病征

潮湿时发病部位产生白色或灰白色棉絮状霉层,以后散生黑色鼠粪状菌核。

三、病原特征

病原为核盘菌(*Sclerotinia sclerotiorum*),属子囊菌亚门真菌。菌丝白色,有隔,由菌核或子囊孢子萌发产生。菌核表面黑色,鼠粪状,大小差异较大。菌核萌发时产生1至多个子囊盘,初淡黄色,后变为褐色,有柄与菌核相连。子囊盘表面由子囊和侧丝组成子实层。子囊无色,棍棒状,有柄,内有8个子囊孢子。子囊孢子单细胞,无色,椭圆形。菌核病菌的寄主范围很广,可为害数十科的上百种植物。

四、发生规律

1.侵染循环

病菌以菌核遗留在土壤中或混杂在种子中越冬、越夏。温湿度适宜时，菌核萌发产生子囊盘和子囊孢子,成熟后子囊孢子弹射散发,并随气流传播,侵染衰老的叶片和凋落的花瓣,也可从伤口侵入。发病后病部长出菌丝体,发病后期形成菌核。条件适宜时通过菌丝扩展,逐渐向健康的茎秆或邻近的植株蔓延。田间的再侵染主要是靠病健植株或组织相互接触,田间农事操作及流水也可传播引起再侵染。

2.发病条件

病害发生与气候条件和栽培管理有密切关系。温度20℃左右,相对湿度85%以上，有利于病菌发育,发病重;相对湿度在70%以下,发病较轻。因此,多雨的早春和晚秋易引起菌核病流行。十字花科、豆科、茄科等易感病蔬菜连作利于病害发生。此外,田间地势低洼,排水不良,浇水过多,偏施氮肥,种植过密,田间通透性差,发病均较重。

五、防控技术

应采取以农业防治和药剂防治相结合的综合防治措施。

1.农业防治

(1)种子处理 选用无病种子及种子处理　从无病株上采种,汰除混杂在种子中的菌核及病残屑。播种前,用10%盐水或10%~20%硫酸铵选种,用清水冲洗干净后播种。

(2) 合理轮作　菜田应避免易感病蔬菜种类长期连作，有条件的地区,可与水稻或其他禾本科作物实行隔年轮作,可有效减轻病害发生。

(3) 加强栽培管理　合理施肥,增施磷、钾肥,提高植株抗病能力。合理密植,改善田间通风透光条件。控制灌水,雨后及时排水,降低田间湿度。在菌核产生子囊盘的盛期中耕1次,可减少病菌侵染几率。注意田间卫生，及时清除植株下部的老叶、病叶，菜株收获后及时清除病残体,减少田间病菌数量。

2.化学防治

发病初期,采用行间撒施药土或喷洒药液的办法进行防治。使用药剂有：50%甲基立枯磷、40%多·硫悬浮剂、70%甲基硫菌灵、50%扑海因、50%速克灵、50%菌核净等，隔10天左右喷施1次,连续2~3次。

虫害:豆野螟

一、发生为害特点

1.虫害分布及为害程度

豆野螟 (*Maruca testulalis*) 又称豇豆螟、豇豆荚螟、大豆卷叶螟等,我国的热带、亚热带和温带各省区都有分布, 在分类中它属于鳞翅目螟蛾科,是豇豆(豆角)、四季豆(龙牙豆)、大豆(黄豆)、豌豆(荷兰豆)、蚕豆等豆科蔬菜的重要害虫。

以幼虫蛀食花蕾、豆荚,常使花蕾、花朵、嫩荚脱落;被害豆荚蛀孔内、外堆积粪便,严重影响产量和质量。幼虫亦能卷叶为害。

2.难防指数 ★★★★

3.难防原因

(1)缺乏高抗品种,多数品种抗性较差;

(2) 老熟幼虫常在荫蔽处的叶背、土表等处作茧化蛹;

(3)成虫趋光性强,白天常躲在荫蔽处,难于发现,不利诊断;

(4)药剂使用单一,产生较强抗药性。

二、诊断要点

1.为害部位

主要蛀食花蕾、豆荚等。

2.为害特点

成虫产卵于花蕾、叶柄及嫩荚上、单粒散产,卵期 2~3 天,初孵幼虫蛀入花蕾和嫩荚, 被害蕾易脱落,被害荚的豆粒被虫咬伤,蛀孔口常有绿色粪便, 虫蛀荚常因雨水灌入而腐烂。幼虫为害叶片时,常吐丝把两叶粘在一起,躲在其中咬食叶肉、残留叶脉,叶柄或嫩茎被害时,常在一侧被咬伤而萎蔫至凋萎。

三、形态特征

成虫 体长 10~13 毫米, 翅展 20~26 毫米,体色黄褐,前翅黄褐色,中室的端部有一块白色半透明的近长方形斑,中室中间近前缘处有一个肾形白斑, 稍后有一个圆形小白斑点,有紫色的闪光,后翅白色、半透明。

卵 椭圆形, 长 0.7 毫米左右,黄

绿色,表面有近六角形的网纹。

幼虫 体长18毫米左右,头黄褐,前胸背板黑褐色。

蛹 长约12毫米左右。淡褐色,翅芽明显,伸至第4腹节,蛹外有两层白色的薄丝茧。

四、生活习性

1年发生4~9代,西北地区4~5代,长江流域5~6代,福建、广西、台湾6~7代,广州9代。西北地区,以蛹在土壤中越冬,越冬代成虫出现于6月中、下旬,基本是1个月1代,第1、2、3代分别在7月、8月和9月上旬出现,第4代在9月上旬至10月上旬出现成虫,10月下旬以蛹越冬。6~8月为害最重,豇豆、四季豆、豌豆受害较重。

成虫趋光性强,白天常躲在荫蔽处。另外,老熟幼虫常在荫蔽处的叶背、土表等处作茧化蛹。

五、防治方法

1.农业防治

(1)实行豆科与非豆科蔬菜轮作1~2年,豆科蔬菜与豆科绿肥邻作。

(2)及时清理田园。对落花、落蕾和落荚要及时清理出田外处理,以免转移为害。

2. 物理防治

诱杀。在面积较大的地方,有条件时可安装黑光灯诱杀成虫。

3.化学防治

药剂防治策略是"沾花不沾荚",即在豇豆等作物始花期第一次施药,第二次在盛花期(2~3个花相对集中时),于早晨8点前花瓣张开时喷药,重点是喷蕾、花、嫩荚及落地花上,连喷2~3次。两次喷药的间隔期,春播豇豆以10天、夏播豇豆以7天为宜。

在发生的田块中,最好从发现初孵幼虫时即开始喷药,可选用虫寂(2%阿维菌素乳油)2000~3000倍液或斯达速(480克/升毒死蜱乳油)1000~2000倍液、燕化捍卫(4.8%高氯·甲维盐微乳剂)1500~2000倍液、20%杀灭菊酯3000~4000倍液或或5%抑太保乳油1500~2500倍液,每10天左右喷施一次。

4.其他防治措施

生物防治。可用3.2%BT可湿性粉剂1000~1500倍液喷雾,使用生物农药应从开花期开始防治,在10~15天后再喷一次,喷药的重点是蕾、花比较密集的地方,及早消灭初龄幼虫,防止扩散。

虫害:瓜蓟马

一、发生为害特点

1.虫害分布及为害程度

瓜蓟马 (*Thrips palmi*) 又称棕榈蓟马、棕黄蓟马，主要为害节瓜、冬瓜、西瓜、苦瓜、番茄、茄子及豆类蔬菜。

2.难防指数 ★★★

3.难防原因

(1)田间寄主多,很难彻底防除;

(2)一年发生 17~18 代,世代重叠,终年繁殖,为害严重;

(3)成虫活跃、善飞、怕光,不易发现;

(4)单一杀虫剂使用,产生较强抗性。

二、诊断要点

1.为害部位

主要是心叶、嫩梢、嫩芽及花蕾。

2.为害特点

主要为害西瓜、冬瓜、茄子等作物的幼嫩部位。成虫和若虫锉吸植株心叶、嫩梢、嫩芽及花蕾和幼果的汁液，被害株的生长点嫩梢变硬而萎缩，上面的茸毛呈褐色或黑褐色,植株生长缓慢,节间缩短,节间丛生出的幼芽也受害萎缩变硬,茸毛呈褐色或黑褐色。受害叶片向正面卷缩,有的似小勺，受害的心叶不能展开,幼蕾受害后不能开花而脱落,幼瓜幼果受害后出现畸形,毛茸变黑,有的脱落，被害植株受害后再加强管理,也难以正常生长，而是形成无顶心、丛生、不正常的腋芽,群众称之“无头疯棵”。瓜蓟马发生时，一般是连片发生。

三、形态特征

成虫体长 1 毫米,金黄色,头近方形,复眼稍突出,单眼 3 只,红色,排成三角形,单眼间鬃位于单眼三角形连线的外缘,触角 7 节,翅狭长,周缘具细长缘毛,腹部扁长。卵长约 0.2 毫米,长椭圆形,黄白色。若虫黄白色,3 龄时复眼红色。

四、生活习性

瓜蓟马在广西1年发生17~18代,世代重叠,终年繁殖,3~10月为害瓜类和茄子，冬季取食马铃薯等作物,每年有3个为害高峰期,即5月下旬至6月中旬,7月中旬至8月上旬以及9月，尤以秋季发生普遍,为害严重。瓜蓟马成虫活跃、善飞、怕光,多在节瓜嫩梢或幼瓜的毛丛中取食,少数在叶背为害。雌成虫主要行孤雌生殖,也偶有两性生殖;卵散产于叶肉组织内，每雌产卵22~35粒，若虫也怕光，到3龄末期停止取食，坠落在表土。

五、防治方法

1.农业防治

(1)预防为主,清除田园周围的野生茄科植物,减少虫源。

(2)覆盖地膜,防止若虫入土化蛹及成虫出土。

(3)根据成虫有嗜蓝色特性,可采用PVC板,每隔15米田地插1块，每块约80厘米，高出植株约30厘米,蓝色的板面涂上不干胶(双面)，可防止瓜蓟马成虫产卵为害。

2.化学防治

瓜蓟马对西瓜为害很大,而西瓜嫩梢多茸毛,触杀药剂往往难以发挥理想的效果,须用内吸性强的农药如吡虫啉类如燕化毒吡（22%毒·吡乳油)2000~2200倍液、啶虫脒类或有层移作用的阿维菌素类，这些药剂混用,有显著的增效作用,能有效快速控制种群发生的数量,促进西瓜恢复生长。但这些药剂的药效发挥高峰一般在喷药后3~5天,因此应在药后3~5天观察田间控制效果，才能正确判断实际药效。蓟马的繁殖代数多,易形成对农药的抗性,所以要轮换使用上述药剂。喷药部位重点是蓟马集中为害的植株中上部,如生长点、花朵、幼瓜。为节省农药,老叶可不喷射。

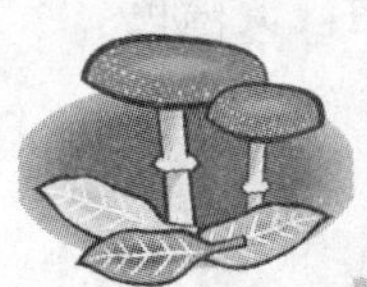

虫害:甜菜夜蛾

一、发生为害特点

1.虫害分布及为害程度

甜菜夜蛾（*Laphygma exigua*）俗称青布袋虫,属鳞翅目夜蛾科,是一

种世界性的害虫。近年来,在我国许多地方暴发成灾,为害遍及20多个省、市。除为害十字花科蔬菜以外,还严重为害玉米、花生、大豆、棉花、烟草、花卉、果树等近百种作物。一般造成作物减产15%左右,严重者可减产30%~40%,更有甚者可达75%以上。

2.难防指数 ★★★★

3.难防原因

(1)幼虫还可钻蛀青椒、番茄等蔬菜的果实,容易误诊;

(2)幼虫可成群迁飞,稍受震扰吐丝落地,有假死性,不易发现;

(3)白天潜于植株下部或土缝,傍晚移出取食为害;

(4)单一杀虫剂使用,产生较强抗性。

二、诊断要点

1.为害部位

叶片、果实。

2.为害特点

甜菜夜蛾以幼虫为害,低龄幼虫将叶肉吃掉,留下表皮成透明小斑,3龄幼虫可将叶片吃成缺刻,4、5龄时可将全叶吃成网状,严重时叶片大部或全部被吃尽,仅余叶脉和叶柄。甜菜、萝卜、白菜的苗期受害,可造成严重缺苗,甚至毁种。幼虫还可钻蛀青椒和番茄的果实,造成果实腐烂、脱落。

三、形态特征

成虫:体长10~14毫米,翅展25~34毫米。体灰褐色。前翅中央近前缘外方有肾形斑1个,内方有圆形斑1个。后翅银白色。

卵:圆馒头形,白色,表面有放射状的隆起线。

幼虫 体色变化很大,有绿色、暗绿色、黄褐色、黑褐色等,腹部体侧气门下线为明显的黄白色纵带,有时呈粉红色。成虫昼伏夜出,有强趋光性和弱趋化性,大龄幼虫有假死性,老熟幼虫入土吐丝化蛹。

幼虫:体长约22毫米。体色变化很大,有绿色、暗绿色至黑褐色。腹部体侧气门下线为明显的黄白色纵带,有的带粉红色,带的末端直达腹部末端,不弯到臀足上去。

蛹:体长10毫米左右,黄褐色。

四、生活习性

成虫昼伏夜出,趋光性强而趋化性弱。每头雌蛾产卵100~600粒,产卵于叶背,呈块状,卵期2~6天。幼虫

5~6 龄,3 龄前群集为害,4 龄以后分散取食,食量大增,昼伏夜出,有假死性。幼虫期 11~39 天,老熟幼虫入土筑土室化蛹,蛹期 7~11 天。幼虫可成群迁飞,稍受震扰吐丝落地,有假死性。3~4 龄后,白天潜于植株下部或土缝,傍晚移出取食为害。一年发生 6~8 代,7~8 月发生多,高温、干旱年份更多,常和斜纹夜蛾混发,对叶菜类威胁甚大。

五、防治方法

1.农业防治

(1)结合田间管理,及时摘除卵块和虫叶,集中消灭。

(2)此虫体壁厚,排泄效应快,抗药性强,防治上一定要掌握及早防治,在初卵幼虫未发为害前喷药防治。在发生期每隔 3~5 天田间检查一次,发现有点片的要重点防治。

2.化学防治

使用卡死克、抑太保、农地乐、快杀灵 1000 倍液,或万灵、保得、除尽 1500 倍液,及时防治,将害虫消灭于 3 龄前。对 3 龄以上的幼虫,用雷通(24%甲氧虫酰肼悬浮剂)1000~1500 倍液喷雾,每隔 7~10 天喷一次。雷通对甜菜夜蛾是一种经济高效的药剂,但该药作用速度较慢,应比常规药剂提前 2~3 天施药,喷药后虽然害虫暂时没有死亡,但已不再为害,不必担忧防效而重喷。也可选用燕化捍卫(4.8%高氯·甲维盐微乳剂)1500~2000 倍液或 50%高效氯氰菊酯乳油 1000 倍液加 50%辛硫磷乳油 1000 倍液,或加 80%敌敌畏乳油 1000 倍液喷雾,防治效果均在 85%以上。也可用 5%抑太保乳油、5%卡死克乳油,或 75%农地乐乳油 500 倍液或 5%夜蛾必杀乳油 1000 倍液喷雾防治,5 天的防治效果均达 90%以上。

3.其他防治措施

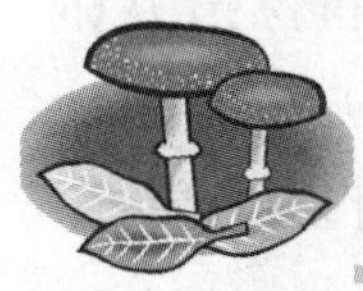

虫害:烟粉虱

一、发生为害特点

1.虫害分布及为害程度

烟粉虱(*Bemisia tabaci*)属同翅目、粉虱科,是一种世界性害虫,我国各地均有发生,可为害 600 多种植物,在我国北方对十字花科蔬菜造成

十分严重的为害，而在南方地区对瓜类作物可造成毁灭性灾害。

2.难防指数 ★★★★

3.难防原因

(1)烟粉虱繁殖能力强，繁殖速度快，种群数量庞大；

(2)成虫有趋嫩性，在植株顶部嫩叶产卵；

(3)田间寄主多，很难彻底防除；

(4)单一杀虫剂使用，产生较强抗性。

二、诊断要点

1.为害部位

叶片。

2.为害特点

以大量的成虫和幼虫密集在叶片背面吸食植物汁液，使叶片萎蔫、褪绿、黄化甚至枯死，还分泌大量蜜露，引起煤污病的发生，覆盖、污染了叶片和果实，严重影响光合作用，同时还可传播病毒，引起病毒病的发生。

烟粉虱繁殖能力强，繁殖速度快，种群数量庞大，相聚为害。不仅在保护地为害秧苗，并且随秧苗的定植在露地继续为害。

三、形态特征

成虫 体长约0.9毫米，淡黄白色或白色，雌雄均有翅，左右翅合拢呈屋脊状，全身披有白色蜡粉，雌虫个体大于雄虫，其产卵器为针状。

卵 长梨形，初产淡黄色，后变为黑褐色，有卵柄。

若虫 椭圆形、扁平。淡黄或深绿色，体边缘无蜡丝。

蛹 椭圆形、平坦，无或极少有蜡质分泌物；皿状孔长三角形，舌状突长匙状。

四、生活习性

亚热带地区1年发生10~15代，北方冬天室外不能越冬，华中以南以卵在露地越冬。每头雌虫平均可产卵160粒左右，多者可达500粒。卵产在叶背面，长椭圆形、具一柄，以柄附着在叶面上，初产时淡黄绿色，以后颜色逐步加深，孵化前变为黑褐色，卵期约5天。在不同寄主植物上，从卵发育到成虫需要18~30天不等。若虫淡绿色，1龄若虫具相对长的触角和足，较活跃；2~4龄若虫足和触角退化，固定在叶上不动，若虫期约15天。成虫通过第4龄若虫背面的“T”形线羽化出来，体黄色，翅白色无斑点,体长比温室白粉虱小。成虫可在植株内或植株间作短距离扩散,寿命一般2周,长则可达1~2个月。

成虫喜在作物幼嫩部位产卵,但随着作物的生长,若虫在下部叶片发生较多。成虫对黄色敏感,有强烈趋性。当受害植株萎蔫时,成虫大量迁出。在北方露地不能越冬,保护地可常年发生,呈现明显的世代重叠现象。在干热的气候条件下易暴发,特别是在氮肥用量高、水分少的敏感作物上发生严重。

五、防治方法

1. 物理防治。黄色对烟粉虱成虫有强烈的诱集作用,可在温室内或田间设置黄板诱杀成虫(将板涂成橙黄色,再涂一层黏油,可使用10号机油加少许黄油调匀)。

2. 生物防治。其"天敌"有恩蚜小蜂、丽蚜小蜂、瓢虫、草蛉、花蝽及捕食螨类等,它们对烟粉虱具有相当的抑制能力,应加以保护利用。

3. 化学防治。当烟粉虱种群密度较低时早期防治至关重要,可选用:

(1)具有内吸、熏蒸作用的新型硫脲杀虫杀螨剂50%宝路(丁醚脲)1000倍液。

(2)具有内吸、触杀、胃毒作用的氨基甲酸酯类药剂20%好年冬1500倍液。

(3)具有触杀、胃毒和内吸活性的硫化烟碱类新型杀虫剂25%阿克泰2500~5000倍液。对抗性粉虱和蚜虫的效果优异,但杀虫速度较慢,死虫的高峰一般在施药后2~3天。

(4)具有触杀、胃毒的昆虫生长抑制剂25%扑虱灵(噻嗪酮)1000~1500倍液,对成虫没有杀伤力,一般在用药后3~7天才见效,但持效期30天左右,建议和25%仲丁威600倍液混用(具有触杀和一定的胃毒、熏蒸、杀卵作用)。

(5)具有胃毒、触杀作用的芳基取代比咯类新型杀虫剂10%除尽1000倍液,可与阿克泰、扑虱灵混用。以上这些农药对烟粉虱有较好的防治效果,但要注意交替用药和合理混配,以减少抗性的产生,提高防治效果。

虫害:蚜虫

一、发生为害特点

1.虫害分布及为害程度

蔬菜蚜虫主要为害十字花科蔬菜,主要分为桃蚜(*Myzus persicae*)、萝卜蚜(*Lipaphis erysimi*)和甘蓝蚜(*Brevicoryne brassicae*),统称菜蚜。蚜虫属于同翅目害虫,主要以成虫、若虫密集在蔬菜幼苗、嫩叶、茎和近地面的叶背,刺吸汁液。由于繁殖量大,密集为害,造成受害蔬菜严重失去水分和营养,形成叶面皱缩、发黄,严重时造成叶片“坍塌”,此外还可以传播病毒病,引起病毒病发生,造成更大的损失。

2.难防指数 ★★★

3.难防原因

(1)蚜虫繁殖能力强,繁殖速度快,种群数量庞大;

(2)在温室内以无翅胎生雌蚜繁殖,终年为害;

(3)田间寄主多,很难彻底防除;

(4)单一杀虫剂使用,产生较强抗性。

二、诊断要点

1.为害部位

叶片、幼茎及生长点。

2.为害特点

在蔬菜上,桃蚜的寄主范围最广,除取食十字花科蔬菜外,还为害菠菜、辣椒、茄子等。萝卜蚜多为害表面蜡质少而毛多的品种,如萝卜、白菜等。甘蓝蚜偏食表皮光滑而蜡质厚的甘蓝、西兰花等,冷凉天气则群集叶背。

三、形态特征

(1)桃蚜

①有翅胎生雌蚜:体长约2毫米,头胸部黑色、腹部绿、黄绿、褐、赤褐色,背面有黑斑纹;腹管细长,圆柱形,端部黑色;尾片圆锥形,两侧各有3根毛。

②无翅胎生雌蚜:体长约2毫米,体全绿、黄绿、枯黄、赤褐色并带光泽,无翅,具足3对、触角1对,腹管和尾片同于有翅胎生雌蚜。

(2)萝卜蚜

①有翅胎生雌蚜:体长约1.6毫米,具翅2对、足3对、触角1对、体呈长椭圆形,头胸部黑色,腹部黄绿色,薄被蜡粉,两侧具黑斑,背部有黑色横纹,腹管淡黑,圆筒形、尾片圆锥形,两侧各有长毛2~3根。

②无翅胎生雌蚜:体长约1.8毫米,黄绿色、无翅,具足3对、触角1对。躯体薄被蜡粉,腹管淡黑,圆筒形,尾片圆锥形,两侧各有长毛2~3根。

(3)甘蓝蚜

①有翅胎生雌蚜:体长约2毫米,具翅2对、足3对、触角1对、浅黄绿色,被蜡粉,背面有几条暗绿横纹,两侧各具5个黑点,腹管短黑,尾片圆锥形,两侧各有毛两根。

②无翅胎生雌蚜:体长约2.5毫米,无翅,具有3对足、1对触角、体呈椭圆形、体色暗绿,少被蜡粉,腹管短黑,尾片圆锥形,两侧各有毛两根。

四、生活习性

在华北地区全年至少可发生20代。

1. 桃蚜

以卵在桃枝或蔬菜上越冬,次年2~3月间孵化,随即迁飞为害油菜和十字花科蔬菜,夏季为害茄子、烟草、大豆等,秋季再迁飞为害油菜及十字花科蔬菜,晚秋产卵越冬,一般以3~6月盛发。

2. 萝卜蚜

以卵在十字花科蔬菜上越冬,越冬卵于次年3~4月卵化,6月以后在十字花科蔬菜上为害,秋季转入油菜地为害,在春秋两季盛发。油菜蚜虫和其他蚜虫一样,环境好时一般产生无翅蚜,环境变劣时产生有翅蚜,迁飞为害。有翅蚜对黄色有趋集性和对银灰色有负趋集性,可用盛水黄皿或涂凡士林的黄色板来诱测油菜蚜虫迁飞期;利用银灰色塑料薄膜遮盖育苗,以驱避蚜虫。

3. 甘蓝蚜

以卵在十字花科蔬菜上越冬,越冬卵次年4月开始卵化,5~9月在十字花科蔬菜上为害,秋初则转害油菜,在春季和秋末盛发。

五、防治方法

1.农业防治

尽量避免连作、实行轮作。在前一茬蔬菜收获后,一要及时翻耕晒畦、清除田间杂物和杂草,并及时摘

除被害叶片深埋，减少蚜虫源；二要根据有翅蚜的迁飞趋光性，可用涂有胶黏物质或机油的黄板诱蚜捕杀，也可在空地覆盖银灰色地膜进行避蚜；三要合理施肥，蚜虫喜食碳水化合物，在蔬菜栽培过程中，要多用腐熟的农家肥，尽量少用化肥，尤其不能一次性施肥过多，避免蔬菜叶片浓绿、徒长、组织柔嫩，植株体内碳水化合物骤增，蚜虫在短时间内暴发成灾。

2.化学防治

抓住有利时机防治。蚜虫生活最适宜的温度为20~25℃，相对湿度为80%。温度过高，相对湿度过低，均不利其生长、繁殖，短期内会大量死亡。雨后初晴温湿相宜，十分有利于蚜虫的发生。因此，抓住雨后初晴进行防治，是最有效的防治时机。

合理选用对口农药。实践证明，目前防治效果比较好，且符合国家无公害蔬菜生产要求的农药品种主要有：燕化毒吡(22%毒·吡乳油)、快杀灵、扑虱蚜、灭蚜菌、敌百虫等。

合理轮换使用农药。蚜虫具有繁殖快、发生代数多的特点，长期使用一种农药，极易产生抗药性。任何一种治蚜农药品种，一般只能在同一地方连用2次，应轮换使用，这样可避免蚜虫产生抗药性，达到用药少，效益高的目的。

3.其他防治方法

(1)*生物防治*　充分利用天敌来消灭蚜虫，蚜虫的天敌种类很多，主要有瓢虫、食蚜蝇、草蛉、蚜霉菌等。当蚜虫为害达到防治指标，需要用药时，也应在植株的受害部位用药，如植株的生长点、嫩叶、幼茎等，做到有的放矢，充分保护天敌。

(2)*黄板诱蚜*　有翅成蚜对黄色、橙黄色有较强的趋性，可用涂有10号机油的黄板来诱杀。黄板的大小一般为15~20厘米见方，插或挂于蔬菜行间与蔬菜持平。黄板诱满蚜后要及时更换。

(3)*银灰膜避蚜*　银灰色对蚜虫有较强的驱避性，可在田间挂银灰色塑料条或用银灰地膜覆盖蔬菜。防治秋白菜蚜虫，可在白菜播后立即搭0.5米的拱棚，每隔0.3米纵横各拉一条银灰色塑料薄膜，覆盖18天左右，当幼苗6~7片真叶时撤棚定植。避蚜效果达80%以上，可减少用药1~2次。

(3)*洗衣粉灭蚜*　洗衣粉的主要成分是十二烷基苯磺酸钠，对蚜虫等有较强的触杀作用。因此,可用洗衣粉 400~500 倍液灭蚜,每亩用液 60~80 千克,连喷 2~3 次,可收到较好的防治效果。

(5)植物灭蚜

①烟草磨成细粉,加少量石灰粉撒施;

②辣椒加水浸泡一昼夜,过滤后喷洒;

③桃叶浸于水中一昼夜,加少量生石灰过滤后喷洒。

(6) 植物驱蚜 韭菜挥发的气味对蚜虫有驱避作用,如将其与其他蔬菜搭配种植,可降低蚜虫的密度,减轻蚜虫对蔬菜的为害程度。

虫害:美洲斑潜蝇

一、发生为害特点

1.虫害分布及为害程度

美洲斑潜蝇(*Liriomyza sativae*)原产地南美洲,主要分布在巴西,我国除青海、西藏和黑龙江以外均有不同程度的发生,尤其是我国的热带、亚热带和温带地区。美洲斑潜蝇寄主植物达 110 余种,其中,以葫芦科、茄科和豆科植物受害最重。它对叶片的为害率可达 10%~80%,常造成瓜菜减产、品质下降,严重时甚至绝收。该种不易发现。我国的斑潜蝇近似种多,由于其虫体都很小,往往难以区别。对农药抗性产生快。南北发生差异大。

2.难防指数 ★★★★

3.难防原因

①我国的斑潜蝇近似种多,虫体小,难以区别;

②对农药抗性产生快;

③我国南北发生差异大。

二、诊断要点

1.为害部位

叶片。

2.为害特点

美洲斑潜蝇以幼虫和成虫为害叶片,幼虫取食叶片正面叶肉,形成先细后宽的蛇形弯曲或蛇形盘绕虫道,其内有交替排列整齐的黑色虫粪,老虫道后期呈棕色的干斑块区,一般 1 虫 1 道,1 头老熟幼虫 1 天可

潜食3厘米左右。成虫在叶片正面取食和产卵，刺伤叶片细胞，形成针尖大小的近圆形刺伤“孔”，造成为害。“孔”初期呈浅绿色，后变白，肉眼可见。幼虫和成虫的为害可导致幼苗全株死亡，造成缺苗断垄；成株受害，可加速叶片脱落，引起果实日灼，造成减产。幼虫和成虫通过取食还可传播病害，特别是传播某些病毒病，降低花卉观赏价值和叶菜类食用价值。

三、形态特征

成虫 体形较小，头部黄色，眼后眶黑色；中胸背板黑色光亮，中胸侧板大部分黄色；足黄色；

卵 白色，半透明；

幼虫 蛆状，初孵时半透明，后为鲜橙黄色；

蛹 椭圆形，橙黄色，长1.3~2.3毫米。

四、生活习性

南方地区1年可发生14~17代。世代随温度变化而变化：15℃时，约54天；20℃时约16天；30℃时约12天。成虫具有较强的趋光性，有一定飞翔能力。成虫吸取植株叶片汁液；卵产于叶肉中；初孵幼虫潜食叶肉，并形成隧道，隧道端部略膨大，老龄幼虫咬破隧道的上表皮爬出道外化蛹。成虫有一定飞翔能力，主要随寄主植物的叶片、茎蔓、甚至鲜切花的调运而传播。

五、防治方法

1.农业防治

(1)在害虫发生高峰时，摘除带虫叶片销毁。

(2)考虑蔬菜布局，把斑潜蝇嗜好的瓜类、茄果类、豆类与其不为害的作物进行套种。

(3)瓜类、茄果类、豆类与其不为害的作物进行轮作。

(4)适当疏植，增加田间通透性。

(5)及时清洁田园，把被斑潜蝇为害作物的残体集中深埋、沤肥或烧毁。

(6)蔬菜收获后，及时将枯枝干叶及杂草深埋或焚烧。将有蛹表层土壤深翻到20厘米以下，以降低蛹的羽化率。适当疏植，提高通风透光率，压低虫口密率。

2.化学防治

在受害作物某叶片有幼虫5头时，掌握在幼虫2龄前(虫道很小时)，喷洒98%巴丹原粉1500~2000倍液或1.8%爱福丁乳油3000~4000倍液、虫寂（2%阿维菌素乳油）2000~3000倍液、1%增效7051生物杀虫素2000倍液、斯达速(480克/升毒死蜱乳油)1000~2000倍液、48%乐斯本乳油1000倍液、25%杀虫双水剂500倍液、98%杀虫单可溶性粉剂800倍液、50%蝇蛆净粉剂2000倍液、40%绿菜保乳油1000~1500倍液、1.5%阿巴丁乳油3000倍液、5%抑太保乳油2000倍液、5%卡死克乳油2000倍液。

3.其他防治措施

(1)依据其趋黄习性，利用黄板诱杀。

(2)利用寄生蜂防治，在不用药的情况下，寄生蜂天敌寄生率可达50%以上。（姬小蜂 *Diglyphus* spp.、反领茧蜂 *Dacnusin* spp.、潜蝇茧蜂 *Opius* spp.等，这3种寄生蜂对斑潜蝇寄生率较高。）

(3)采用灭蝇纸诱杀成虫在成虫始盛期至盛末期，每亩设置15个诱杀点，每个点放置1张诱蝇纸诱杀成虫，3~4天更换一次。

虫害:小菜蛾

一、发生为害特点

1.虫害分布及为害症状

小菜蛾(*Plutella xylostella*)又叫菜蛾、方块蛾，幼虫叫小青虫、吊死鬼，属于鳞翅目、菜蛾科，分布于世界84个国家和地区。我国各地区均有分布，以长江中、下游各省为害严重。主要为害十字花科植物，其中以甘蓝、花椰菜、球茎甘蓝、芥菜、白菜、萝卜油菜等受害最重。

2.难防指数 ★★★★

3.难防原因

(1)田间野生寄主多，很难彻底防除；

(2)一年发生多代，世代重叠，终年繁殖，为害严重；

(3)产生较强抗性。

二、诊断要点

1.为害部位

叶片。

2.为害特点

小菜蛾以幼虫为害叶片，小龄幼虫食量小，仅啃食叶肉，叶面造成小

洼坑，有时头部可潜在叶组织内为害;幼虫稍大后多在叶背面取食叶肉留下一层表皮,成透明斑状如同“小天窗”,3~4 龄以后可将叶片吃成孔洞或缺刻,严重的菜叶成网状。还可为害留种菜的嫩茎幼荚及籽粒,直接影响产量。

三、形态特征

成虫 体长 6~7 毫米，翅展 12~15 毫米。头、胸背面黄白色,腹部黑灰色。翅狭长,缘毛长。前翅前半部灰褐色或淡褐色,中央有一纵行的黄白或黄褐色三度曲折的波状纹。翅的后半部色浅。停息时两翅合成屋脊状,黄白部分或黄褐部分合并成 3 个连串的斜方块。前翅缘毛翘起呈鸡尾状。雌雄虫区别是：雌蛾前翅为淡灰褐色，三度曲折为黄褐白色波状带,腹末节腹面左右分裂。

卵 长约 0.5 毫米，椭圆形,扁平,表面光滑。初产时乳白色,近孵化时为黄色。

幼虫 老熟时体长约 10 毫米,头部淡黄褐色,体绿色。体两头尖细,中间粗,呈纺锤形。前胸背板有褐色斑点,呈“UU”形排列。臀足细长,向后伸。

蛹 体长 7 毫米左右,初期淡绿色或绿色，孵化前变为黄褐色或灰褐色。腹末无臀棘,近肛门处有 3 对钩刺,末端有小钩 4 对。蛹外有 1 薄丝茧,灰白色,茧外可见蛹体。

四、生活习性

全国各地普遍发生,1 年发生 4~19 代不等。在北方发生 4~5 代,长江流域 9~14 代,华南 17 代,台湾 18~19 代。在北方以蛹在残株落叶、杂草丛中越冬；在南方终年可见各虫态,无越冬现象。全年内为害盛期因地区不同而不同,东北、华北地区以 5~6 月和 8~9 月为害严重，且春季重于秋季。在新疆则 7~8 月为害最重。在南方以 3~6 月和 8~11 月是发生盛期,而且秋季重于春季。

成虫昼伏夜出,白昼多隐藏在植株丛内,日落后开始活动。有趋光性,以 19~23 时是扑灯的高峰期。成虫羽化后很快即能交配,交配的雌蛾当晚即产卵。雌虫寿命较长,产卵历期也长,尤其越冬代成虫产卵期可长于下一代幼虫期。因此,世代重叠严重。每头雌虫平均产卵 200 余粒,多的可达约 600 粒。卵散产,偶尔 3~5 粒在一起。幼虫性活泼,受惊扰时可扭曲身体后退;或吐丝下垂,待惊动后再爬至叶上。

小菜蛾发育最适温度为20~30℃。此虫喜干旱条件,潮湿多雨对其发育不利。此外若十字花科蔬菜栽培面积大、连续种植,或管理粗放都有利于此虫发生。在适宜条件下,卵期3~11天,幼虫期12~27天,蛹期8~14天。

五、防治方法

1.农业防治

苗期及时清除田间杂草、枯叶、并中耕松土,可消灭大量虫源。

2.化学防治

由于小菜蛾常年猖獗,发育期短,世代数多,农药使用频繁,抗药性发展极快,化防时一定要做到农药交替使用或混用,以减缓抗药性产生。药剂可选用燕化捍卫(4.8%高氯·甲维盐微乳剂)1500~2000倍液、5%锐劲特悬浮剂2500倍、5%抑太保乳油2000倍、虫寂(2%阿维菌素乳油)2000~3000倍液、2.5%功夫2000倍,均匀喷洒,每亩用水量40~50千克。

3.其他防治措施

生物防治。用生物杀虫剂如2.5%菜喜胶悬剂1000~1500倍;天力可湿性粉剂1500倍;Bt乳剂350倍,可使小菜蛾幼虫大量感病而死。

草害:马唐

马唐的为害特点、诊断要点、形态特征和发生规律参见玉米田疑难草害–马唐解决方案。

防治技术

1.农业防治

(1)田间盖草 地表覆盖不含杂草子实的麦秆等可减轻马唐的发生和为害。

(2)免耕灭茬,再加上灭生性除草剂和土壤处理剂的混用,进行灭杀和封闭,可有效地控制杂草为害。

2.化学防治

(1)瓜苗移栽前 瓜类多为育苗移栽,可采用封闭性除草剂。移栽前3~5天,使用33%二甲戊乐乳油150~200毫升/亩,对水40千克喷洒,或20%敌

草胺乳油300~400毫升/亩，或50%乙草胺乳油150~200毫升/亩，或72%异丙甲草胺乳油175~250毫升/亩，或72%异丙草胺乳油175~250毫升/亩，对水40千克喷洒。

(2)瓜苗生长期 在马唐3~5叶期时，用5%精禾草克乳油50~75毫升/亩，或10.5%高效盖草能乳油40毫升/亩，或15%精稳杀得乳油50~75毫升/亩，或12.5%拿捕净机油乳剂50~75毫升/亩，对水30千克，喷施于茎叶。

草害:牛筋草

牛筋草的为害特点、诊断要点、形态特征和发生规律参见玉米田疑难草害–牛筋草解决方案，防治技术同西、甜瓜田马唐。

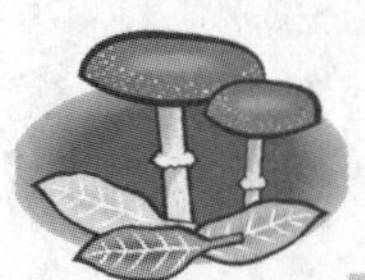

草害:香附子

香附子的为害特点、诊断要点、形态特征、发生规律和防治技术参见棉田香附子。

草害:刺儿菜

刺儿菜的为害特点、诊断要点、形态特征、发生规律和防治技术参见豆田刺儿菜。

第十部分 果树疑难病虫草害防控指南

病害：苹果树皮腐烂病

一、发生为害特点

1.病害分布及为害程度

苹果树腐烂病又称烂皮病，是苹果树树干上一种毁灭性的病害。我国各苹果产区均有发生，以东北地区受害最重。受害严重的果园，树干病疤累累，树势严重衰弱，死树和毁园现象时有发生。腐烂病除为害苹果外，还可为害梨树、桃树、樱桃、核桃、杨柳、泡桐等多种果树及林木。

2.病害类型

属具有潜伏侵染现象、风雨传播的真菌性病害。

3.难防指数 ★★★

4.难防原因

(1)不注意田间卫生，病死树、重病树、病死枝和修剪枝清除不及时，导致病菌数量大；

(2)田间管理不善，导致树势衰弱，容易感病；

(3)冬季低温等诱发病害发生的气候条件人为因素无法控制。

二、诊断要点

1.为害部位

腐烂病主要为害树龄 10 年以上的结果树，主干和大枝受害显著重于小枝。病害一般仅使皮层组织腐烂死亡，严重时可侵染靠近皮层的木质部。

2.症状特点

该病有溃疡型和枝枯型两种类型的症状。

(1) 溃疡型 主要发生为害结果树的中心干和主枝下部以及结果树主枝与主干分叉处，少数发生在幼树的主干。病斑大小不等，红褐色，水渍状，稍隆起，近圆形或不规则形，病部树皮组织质地糟烂，有酒糟味，用手指按压即下陷，并流出红褐色汁液。随着苹果树展叶开花进入生长期后，其抗性逐渐增强，病部扩展渐趋停止，失水下陷，颜色变深，呈黑褐色，形成溃疡斑，病组织上产生大量黑色粒点，在雨后或天气潮湿时，涌出橘黄色卷须状孢子角。

此病有潜伏侵染现象，早期病变多在皮层内隐蔽产生，外表无明显症状不易识别，若掀开表皮或刮去粗皮，可见许多形状、大小不一的红褐色湿润斑点或黄褐色干斑。只有在条件适宜时，内部病变才得以向外进一步扩展使外部呈现症状。在条件不适宜情况下，病斑停止扩展，病菌只能潜伏生存在皮层内，而外部无任何症状表现。

(2) 枯枝型 多在春季发生在小枝、果台或树势极度衰弱的大枝上，病变蔓延迅速，全枝迅速失水干枯死亡，病疤不隆起，不呈水渍状，边缘也不明显。后期病部也产生很多小黑点。

苹果腐烂病除为害枝干外，有时也能侵染果实。果实上的病斑暗红褐色近圆形或不规则形，具轮纹，边缘清晰，病组织软腐状，有酒糟味。病斑中部散生或集生有时略呈轮纹状排列的小黑点，潮湿时涌出橘黄色卷须状的分生孢子角。

3.病征

病部早期产生大量黑色较小粒点，即病菌的外子座(分生孢子器)，在雨后或天气潮湿时，常涌出橘黄色卷须状孢子角。秋季病斑上产生较大、颜色略深的黑色粒点，即病菌的内子座(子囊壳)。

三、病原特征

病原有性态为苹果黑腐皮壳(*Valsa mali*)，属子囊菌亚门真菌；无性态为壳囊孢(*Cytospora mandshurica*)，属半知菌亚门真菌。病部初期产生的小黑点是其外子座，内含有1个分生孢子器，分生孢子器成熟时形成多个腔室，各室相通，只有一个共同的孔口；分生孢子梗无色透明，多不分枝，栅状排列；分生孢子无色，单胞，腊肠形，两端圆。分生孢子形成时与胶体物质混合在一起，遇雨水或高湿时，胶体物质吸水膨胀，连同孢子自孔口挤出，形成卷须状橘黄色的孢子角。后期在外子座下面或其周围形成较大的黑色粒点(内子座)，每个内子座中形成3~14个子囊壳；子囊壳球形或拟球形，具长颈，顶端有孔口，子囊壳内壁着生子囊层；子囊长椭圆形或纺锤形，一端较宽，顶端钝圆或较平，一般内含8个子囊孢子；子囊孢子排成两行或不规则排列，腊肠状，无色，单胞，比分生孢子稍大。

病菌菌丝生长温度范围为5~38℃,最适温度为28~32℃。分生孢子萌发最适温度为24~28℃。子囊孢子最适萌发温度为19℃左右。分生孢子和子囊孢子在蒸馏水或雨水中不易萌发,当给予一定的补充营养(苹果汁、苹果树皮煎汁、麦芽糖或蔗糖等)后,萌发良好。

四、发生规律

1.侵染循环

病菌以菌丝体、分生孢子器及子囊壳在病枝干、果园及其周围堆放的病残体上越冬,翌春遇雨时,大量分生孢子和子囊孢子从分生孢子器和子囊壳中排出,通过雨水飞溅和昆虫活动传播,主要从各种伤口(包括冻伤、剪锯伤、虫伤等)侵入,也可从叶痕、果柄痕和皮孔侵入。病菌的寄生性很弱,一般只能通过树皮伤口及孔口侵入已死亡的皮层组织,并在其中定殖。苹果树树皮带菌十分普遍,即使外观无症状的苹果树皮,往往都带有腐烂病菌。当树体或其局部组织衰弱、抗病力低下时,病菌迅速生长,产生毒素,杀死其周围的活细胞,并向四周扩展蔓延,使皮层组织腐烂。当侵染点组织健康、树势强壮时,病菌又停止扩展,处于潜伏状态。

病菌侵入后,一般先在树皮的生理落皮层扩展。在6~8月间,苹果树不断形成鳞片状自然落皮层,病菌在死亡但尚未干枯的落层皮上生长蔓延。自7月上、中旬起,落皮层组织逐渐变色死亡,形成表皮溃疡。晚秋冬初(10~11月间)苹果树逐渐进入休眠阶段,生活力下降,病菌活动增强,穿透周皮,侵入健康皮层组织,形成许多坏死斑点,并逐渐连合成较大的病斑,同时,树皮表层坏死组织内的病菌也可向纵横方向扩展,使病斑扩大。11月至翌年1月,内部病斑数急剧增多,至深冬季节,由于气温较低,病害扩展缓慢,症状不明显。至翌年2~3月,随气温回升,病斑扩展速度再度加快,形成外观明显的溃疡斑,对树体为害加重。苹果萌芽展叶进入生长旺盛期后,树体的抗病性增强,病斑扩展渐趋停止,至5月份,发病盛期结束。

2.发病条件

病害发生与气候条件、栽培管理、寄主愈伤能力等因素有关。

(1) 气候条件 腐烂病的发生轻重与雨日、湿度、温度没有直接的关系。在各种气候因素中,冻害与该病的关系最为密切,周期性的冻害往往是诱导腐烂病流行的重要因素。严重冻害年份,即腐烂病大发生之年。低洼积水和后期贪青的果园易遭冻害,常诱发病害流行。山地或砂地果园,向阳面的枝干易受日灼伤,发病也常较重。

(2) *栽培管理* 果园栽培管理粗放、树势衰弱是腐烂病流行的主导性因素。通常幼树很少发病,苹果树进入结果期后,腐烂病才逐渐开始发生。随着树龄增加,产量提高,腐烂病逐年加重。结果大年的果园或单株,当年秋冬及翌春腐烂病发生较结果小年的重。立地条件差,施肥不足,特别是磷、钾肥不足,或施肥时期和施肥技术不当,均可引起早期落叶,导致树势衰弱,腐烂病发生往往严重。修剪过度、造成的伤口过多,也常会导致树势衰弱,加重病害。另外,虫害及其他病害的为害也会导致树势衰弱,加重腐烂病的发生。

(3) *寄主愈伤能力* 树体的愈伤能力与抗病性关系密切,愈伤能力强的品种或单株抗病菌扩展能力也较强。凡生长健壮,营养充足的树体,愈伤能力强,发病轻。树体愈伤能力与树皮含水量密切相关。当枝条含水量在80%(枝条正常含水量)时,愈伤速度最快,病斑扩展缓慢;含水量接近100%(枝条含水量饱和)时,愈伤速度稍慢;含水量67%以下(枝条呈失水状态)时,愈伤速度最慢。高温高湿有利于愈伤,故一般年份6~7月间愈伤快,病斑扩展缓慢或停止。

此外,不同苹果品种对树皮腐烂病抗性有一定差异。

五、防控技术

该病防治应采取以加强栽培管理,壮树防病为中心;以清除病菌,降低果园菌量为基础;以及时治疗病斑,防止死枝死树为保障;同时结合保护伤口、防止冻害等内容的综合防治措施。

1 加强栽培管理

加强果园管理、提高树体抗病力是防治腐烂病的根本措施,主要方法包括:

(1)合理修剪整枝,培养良好的树形和树势;

(2)增施肥料,合理施肥,做到有机肥和化肥及氮、磷、钾肥的配合施用;

(3)合理疏花疏果,控制树体总载果量,对弱病树应少留果,以平衡

营养生长和生殖生长,克服大小年现象;

(4)秋季对幼树进行绑草、培土、树干涂白,以防冻害;

(5)注意果园排灌,防止早春的旱害和夏季积水,避免后期施肥、灌水,防止晚秋徒长以免遭冻害;

(6)预防害虫和早期落叶病。

2. 清洁果园

清洁果园,降低果园菌量是控制病害为害的基础。①果园卫生。结合冬季和夏季修剪,及时清除病残枝干、残桩,刨除病死树,修剪下来的枝干要运出果园集中处理销毁,不要堆放于田边地头。②实行重刮皮。5~7月,用刮皮刀将主干、骨干枝上的粗翘皮刮除干净,能明显减轻腐烂病的发生及蔓延程度。重刮皮主要有三方面作用:一是将枝干表面和树皮浅层的潜伏病菌刮除;二是刺激树体的愈伤能力;三是新形成的皮层2~3年内不产生落皮层。搞好该项措施技术关键有三,一是刮皮不能过重,深度在1毫米左右,刮后树干呈现“黄一块,绿一块”。二是刮皮后不能涂刷药剂,更不能涂刷高浓度的福美胂,以免发生药害,影响愈合。三是过弱树不要刮皮,以免进一步削弱树势;一般树刮前刮后要增施肥水,补充营养,促进新皮层尽早形成。③休眠期喷铲除剂。苹果树落叶后和发芽前喷施铲除性药剂可直接杀灭枝干表面及树皮浅层的病菌,对控制病情有明显效果。比较有效的药剂有40%福美胂、石硫合剂、95%精品索利巴尔等。

3.化学防治

(1) *病斑治疗* 入冬以前认真检查表面溃疡,将病部树皮表层组织及周围少量健康组织刮除(对处于扩展高峰期的病斑,应刮掉2厘米左右的健皮),并集中烧毁,以防入冬后向深层蔓延。每次刮治后,伤口应涂抹加有2%平平加的40%福美胂或50%退菌特可湿性粉剂50倍液或5~10波美度石硫合剂1~2次,以杀死残留在病部的病菌。也可用利刀以0.5厘米的间隔,在病斑上纵划几道,深至木质部表层,然后,用毛刷将上述药液涂抹于病部,每周1次,连续3次。由于病疤下木质部表层1.5厘米和离病斑边缘5厘米处皮层均可分离到病菌,常用的药剂渗透性有限,同时由病斑治疗造成的伤口可重新感染,故病斑治疗除费工费时外,还有一个病疤复发问题。选用渗透性强的药剂和增加涂药次数可减少复发率。

(2)药剂涂干 为控制夏季形成的落皮层上形成病变,防止表层产生溃疡和晚秋出现新的坏死病痕,可在6月下旬和11月上旬用50%福美胂可湿性粉剂100~200倍液涂刷主干、主枝及中心干以上第四主枝以下部位。晚秋时将树干涂上白涂剂,可防治冻伤,并能杀伤病菌,可有效减轻病害发生。白涂剂配方:生石灰27%,食盐4%,水66%,动物油或植物油3%。

4. 其他措施

(1)包泥治病 方法是用黏土加水成泥,糊住病斑并用塑料膜严密包扎,对病斑治愈率可达95%以上。该项措施关键一是泥要黏,尽量使用黏土,不能使用砂性土。二是包要严,包泥厚度2厘米以上,并且超出病斑2厘米以上;包泥后包扎要严,不能透风漏水。三是保持长时间,包扎严密状态最少要保持一个月以上,一般应达到2~3个月。

(2)桥接复壮 对产生大病斑且衰弱的树体,在进行病斑治疗时,应及时进行桥接,使树势恢复。常用方法是,取一年生嫩枝,两端削成马蹄形,而后插入病斑上下的"T"字环形切口的皮下,用小钉钉牢,涂蜡或糊泥并包塑料薄膜。如果病疤在主干上且树基部有合适的萌条时,可将萌条的上端接在病斑上部的好皮上。根据病疤的大小,一个疤上可接几根至十几根。嫁接成活后,营养运输流畅,对恢复树势有明显作用。

(3)选择抗旱品种和砧木 在比较寒冷的苹果产区,应利用抗寒砧木或品种,如用山定子、玻璃果、黄海棠等品种作中间砧,高接栽培品种,抗寒防病作用明显。

病害:苹果、梨轮纹烂果病

一、发生为害特点

1.病害分布及为害程度

苹果和梨轮纹烂果病是重要的果实病害,近年在全国各产区普遍发生,特别是黄河故道产区发病极其严重,一般年份生长期病果率为5%~10%,贮藏期达20~30%,流行年份可达50%以上。轮纹病除为害苹果和梨

外，还为害花红、海棠、桃、杏、枣等多种果树作物。

2.病害类型

属风雨传播的真菌性病害。

3.难防指数 ★★★

4.难防原因

(1)多数果园对田间卫生重视不够，导致田间病菌充足；

(2) 病菌具有潜伏侵染特性，侵染时期长，难以预防；

(3) 生长期气候条件有利于发病。

二、诊断要点

1.为害部位

轮纹病菌主要为害果实和枝干，分别形成烂果和粗皮症状，有时也可为害叶片。

2.症状特点

(1)果实　果实被侵染后，以皮孔为中心出现水渍状近圆形褐色小斑，逐步扩大而呈暗红褐色，具有明显的同心轮纹，病斑发展迅速，短期可全果腐烂，并有酸臭味。后期病斑上可产生散生的黑色小粒点。有时，果实腐烂后不脱落，在果树上逐渐失水干缩，形成僵果。轮纹病不仅在果园可以为害，而且在贮藏期，甚至运输途中均可造成大量烂果。

(2) 枝干　轮纹病菌侵染枝干多以皮孔为中心，初期出现水渍状暗褐色小斑点，逐渐扩大形成或圆形或近圆形褐色瘤状物，直径 0.3 厘米至 2~3 厘米不等。病斑质地坚硬，中心突出，边缘龟裂，病健组织交界处有一圈环沟，病部可翘起剥落。病部可深达木质部。枝干严重染病时表面粗糙，甚至枯死。

叶片受害，产生圆形或不规则形带有同心轮纹的褐色病斑。可使叶片提早脱落。

3.病征

病部后期出现黑色小粒点，尤其是僵果上比较明显。

三、病原特征

病原有性态为梨生囊壳孢(*Physalopora piricola*)，属子囊菌亚门真菌。无性态为轮纹大茎点菌(*Macrophoma kawatsukai*)，属半知菌类真菌。子囊壳在寄主表皮下产生，黑褐色，球形或扁球形，具孔口，内有许多子囊藏于侧丝之间。子囊长棍棒状，无色，顶端膨大，壁厚透明，基部较窄。子囊内生 8 个子囊孢子。子囊孢子单细胞，无色，椭圆形。分生孢子器扁圆形或椭圆形，具有乳头状孔口，内壁密生分生孢子梗。分生孢子梗棍棒状，单细胞，顶端着生分生孢子。分生孢子单细胞，无色，纺锤形或长椭圆形。

四、发生规律

1.侵染循环

病菌以菌丝体、分生孢子器在病组织内及病僵果上越冬，其中枝干上的越冬病菌是翌年的主要初侵染源。越冬后的病菌于春季开始活动，随风雨传播到枝条和果实上。在果实生长期，病菌均能侵入，其中从落花后的幼果期到8月上旬侵染最多。侵染枝条的病菌，一般从8月份开始以皮孔为中心形成新病斑，翌年病斑继续扩大。

2.发病条件

病害发生与栽培管理、气候条件、品种抗性等因素关系密切。

(1)栽培管理 管理粗放，树势衰弱，尤其是不重视田间卫生的果园发病重。以果树和其他树木的干枯枝作开张角度的支棍、防止果多压断枝干的顶棍或者果园的围墙篱笆，其上潜伏越冬的病菌也就比较多；用刺槐等寄主植物作果园的防护林或果园内外有其他寄主树木，均可成为果园发病的菌源，加重该病的发生。

(2)气候条件 多雨高湿是该病流行的主导因素。果实感病期内的降雨量、降雨日数、雨日分布都与该病的发生轻重有密切关系。年降雨量大、雨日多、雨水集中在果实感病期，尤其是5~7月出现阴雨连绵的年份该病就比较重。相反，气候干旱，尤其是果实感病期内干旱少雨，发病比较轻。

(3)品种抗性 品种间的抗病性存在差异，如苹果中富士、金冠、红元帅、白龙、王林、新乔纳金等病重；祝光、国光、红玉、印度、新红星和红魁等品种发病轻。品种间抗性差异主要决定于树体皮孔多少、大小和其组织结构。皮孔多、细胞组织结构疏松的品种就比较感病，反之就抗病。

五、防控技术

轮纹烂果病防治应从选用抗病品种、加强果园管理和及时进行药剂防治等方面入手。

1.选用抗病品种

在建果园时，要注意苹果品种间的抗性差异，避免单一种植高感品种，适当种植一些比较抗病品种。

2.农业防治

加强果园的水肥管理,促使树体健壮生长,提高树体和果实自身的抗病力;通过合理修剪,改善果园通风透光条件,创造不利于发病的条件,减少病害发生几率。

搞好清园工作,减少田间病原菌数量。秋后及时清除园内枯枝落叶、僵果落果及树体粗皮,并对树体枝干喷施石硫合剂、福美胂等药剂铲除剂,以减少病原基数,降低以后药剂防治压力。

3.化学防治

(1) 铲除越冬菌源 休眠期喷施铲除性药剂,直接杀灭枝干表面越冬的病菌,可明显降低果园菌量。6月份枝干施药可明显减少病原菌的孢子的释放量。休眠期枝干上使用常用药剂有1~3°Be石硫合剂等铲除剂。

(2) 生长期喷药保护 对不套袋的果实,苹果谢花后立即喷药,每隔10~15天喷药1次,连续喷5~8次,到9月上旬结束。在多雨年份以及晚熟品种上可适当增加喷药次数。根据情况选择下列药剂交替使用:1:1~2:200~240波尔多液、甲基硫菌灵、代森锰锌、多菌灵、氟硅唑、戊唑醇等。在一般果园,可以建立以波尔多液为主体、交替使用有机杀菌剂的药剂防治体系。波尔多液有耐雨水冲刷、保护效果好的特点,但在幼果期(落花后30天内)不宜使用,否则可引发果锈。对套袋果实,防治果实轮纹病关键在于套袋之前用药。谢花后和幼果期可喷施质量高、药害轻的有机杀菌剂,但要禁止喷施代森锰锌和波尔多液等药剂,以免污染果面,影响果品外观质量。苹果套袋应在生理落果后,结合疏果进行。对于不易产生果锈的中晚熟红色品种,如红富士、新红星、新乔纳金等,于6月初进行套袋比较适宜,最好在6月20日前套完。对于金帅等黄绿色品种,谢花后10天左右开始套袋。套袋前果园应喷一遍甲基硫菌灵等杀菌剂,待药液干燥后即可套袋。

(3)贮藏期防治 贮藏前要严格剔除病果及受其他损伤的果实,对苹果果实可在抑霉力、咪鲜胺、噻菌灵(特克多)等药液中浸泡10分钟,捞出晾干后入库。

4.套袋防病

近年,各地推广套袋防病技术,对烂果病具有很好防治效果,而且可减少杀菌剂的使用和农药残留,应大力推广。一般套袋前应注意喷1次杀菌剂。

病害:苹果早期落叶病

一、发生为害特点

1.病害分布及为害程度

为害果树的早期落叶病主要有褐斑病、灰斑病、轮斑病和斑点落叶病等4种叶斑病害,其中以褐斑病和斑点落叶病为害最重。

2.病害类型

属风雨和气流传播的真菌性病害。

3.难防指数 ★★★

4.难防原因

(1)生长期多雨,有利于病害暴发与流行;

(2)不少果园管理粗放,不注意田间卫生,病菌基数大;

(3)重治轻防,许多果农往往是普遍发病后再喷药防治,错过了最佳防治时期;

(4)品种普遍感病,缺乏抗病品种;

(5)种类复杂,发生时间长,给防治工作带来很大难度。

二、诊断要点

1.为害部位

主要为害植株叶片,有时也可为害果实和枝条。

2.症状特点

(1)褐斑病　褐斑病叶部病斑有3种类型:

①同心轮纹型:病斑较大,近圆形,暗褐色,边缘不整齐。病斑上由大量轮纹状排列的小黑点。

②针芒型:病斑较小,呈针芒状向四周放射状扩散。

③混合型:病斑多数圆形,常常几个病斑连在一起,形成不规则的大斑,有的周围呈针芒形。果实发病,初为淡褐色小点,渐扩大为近圆形病斑,褐色,稍下陷,边缘清晰,直径6~12毫米,散生黑色小点。病斑表皮下果肉变褐,坏死组织不深,呈海绵状干腐。

(2)斑点落叶病　主要为害叶片,特别是展叶20天左右的嫩叶最容易

受害。发病初期,叶片上出现褐色小斑点,直径2~3毫米,病斑周围有紫红色晕圈,边缘清晰。条件适宜时,病斑直径扩大为5~6毫米,数个病斑相连成不规则形,最后叶片枯焦脱落。天气潮湿,病斑反面长出黑色霉层,幼嫩叶片受侵染后,皱缩变黄,干枯脱落。

3.病征

褐斑病病斑上产生大量小黑点,为病菌的分生孢子器;斑点落叶病在天气潮湿时,病斑背面长出黑色霉层,为病菌的分生孢子梗和分生孢子。

三、病原特征

1. 褐斑病

病菌为苹果盘二胞(*Marssonina coronaria*),属半知菌亚门真菌。分生孢子盘初期埋生在表皮下,成熟后突破表皮外露;分生孢子梗栅状排列,单胞,无色,棍棒状;分生孢子无色,双胞,上胞大且圆,下胞窄且尖,分隔处缢缩,偶尔产生单胞分生孢子。

菌丝生长适温为20~25℃。分生孢子萌发最适25℃。褐斑病菌除可侵染苹果外,还可侵染沙果、海棠、山定子等。

2. 斑点落叶病

病原为苹果链格孢(*Alternaria mali*),属半知菌亚门真菌。分生孢子梗在病斑上通常簇生,直立,直或屈膝状弯曲,淡褐色,分隔。分生孢子短链生或单生,卵形、倒棒状或倒楔状,淡青褐色至深青褐色,具横隔膜3~6个,纵隔膜1~4个,分隔处略缢缩,多数孢子表面密生细疣。喙及假喙柱状,淡褐色。菌丝生长温度范围为5~35℃,适温28~30℃。

四、发生规律

1.侵染循环

褐斑病菌以菌丝体、分体孢子盘(器)在病落叶上越冬;斑点落叶病菌以菌丝体在病落叶、枝条或芽磷中越冬。第2年春苹果展叶后开始大量产生分生孢子随风雨传播,进行初次侵染。条件适宜时病斑上可产生大量的孢子,进行多次反复再侵染,造成落叶,严重时甚至造成整树叶片落光。

2.发病条件

早期落叶病的发生流行主要与气候条件、栽培管理、寄主抗性等因素关系密切。

(1) 气候条件　降雨是病菌分生孢子传播和侵染的必要条件,而温度主要影响病害的潜育期。一般来说,春雨早、雨量大、持续时间长,夏季阴雨连绵以及秋季多雨年份,早期落叶病发病早且重。在较高温度下,潜育期短,病菌积累速度快,发病高峰来的早。

(2)栽培条件 管理不善,地势低洼,排水不良,果园通风透光条件差,施肥不足,树势衰弱,发病严重。

(3) 寄主抗性 不同苹果品种对褐斑病的抗性有差异。如富士、嘎啦、红玉、金冠、北斗、元帅等品种易感病,而祝光、国光、鸡冠、倭锦、青香蕉等发病较轻;小国光则表现抗病。同一株树上,树冠内膛下部叶片比外围上部叶片发病早而且重,当年结果枝上的叶片发病率较无果枝上的高。对于斑点落叶病来说,新红星、红元帅、印度、青香蕉、北斗、玫瑰红等品种易感病,而嘎啦、红富士、国光、金帅、金冠、红玉、乔纳金、祝光等品种发病轻。较嫩的叶片最易感病,老叶不易被侵染。

苹果褐斑病一般5月上、中旬可见病斑。5~6月份是病原菌的累积期。若初侵染菌源量大,5~6月份降雨次数多,各次降雨持续时间长,病原菌积累速度快,7月份可达发病盛期,造成大量落叶。若生长前期天气干旱,或寄主抗病,病原菌积累速度慢,发病高峰推后。斑点落叶病田间自然发病始见于4月下旬,5月下旬若遇雨便可形成当年第一个发病高峰,至6月中下旬即可造成严重为害。7月下旬至8月上旬,由于秋梢的大量生长,病害发生达到全年的高峰,严重时常出现大量病落叶。

五、防控技术

1.选用抗病品种

苹果不同品种间对早期落叶病感病程度有明显差异,如红富士、国光、金帅、金冠、红玉、乔纳金、嘎啦等品种斑点落叶病发病轻;祝光、国光、鸡冠、倭锦、青香蕉等品种褐斑病发病较轻。各地在建园时应根据当地病情,因地制宜选用适宜品种。

2. 加强果园栽培管理,注意田间卫生

果园应多施有机肥,增施磷肥和钾肥,避免偏施氮肥,提高树体抗病能力;合理修剪,加强夏剪,于7月份及时剪除徒长枝,改善通风透光条件;雨后及时排除树底积水,降低果园湿度。休眠期清除残枝落叶,集中烧毁,以减少初侵染源。

3.化学防治

早期落叶病的化学防治一般结合其他病害的防治进行。在果树发芽前,全树喷布 5°Be 的石硫合剂,对越冬病菌有铲除作用; 在花期前后,可结合霉心病的防治,喷施多抗霉素等杀菌剂;在苹果生长季,药剂防治重点是保护春梢和秋梢的嫩叶不受害,可于新梢迅速生长季节, 选用 1:2:200 倍量式波尔多液、久生(80%代森锌可湿性粉剂)800 倍液、10%噁醚唑水分散粒剂 2500~3000 倍、10%多抗霉素可湿性粉剂 1000 倍液、50%异菌脲可湿粉剂 1000~1500 倍液、 搏菌(10%苯醚甲环唑水分散粒剂)1500~2000 倍液、帅菌(50%多·锰锌可湿性粉剂)600 倍液、倍绿(40%腈菌唑可湿性粉剂)8000~10000 倍液等药剂进行防治。

病害:苹果病毒病

一、发生为害特点

1.病害分布及为害程度

苹果树病毒病包括病毒、类菌原体、类立克次氏体(类细菌)和类病毒引起的各种病害,约有 30 余种,其中显症明显的病毒(表现出症状)有花叶病、锈果病等 6 种,潜隐性病毒有褪绿叶斑病毒、茎沟病毒病等 20 多种。 病毒病对苹果生产影响很大,常造成生长不良,果实畸形,果味变劣,严重影响产量和品质。

2.病害类型

苹果病毒病是由病毒、类病毒、植原体等引起的一类病害的总称,均属系统侵染,传播类型复杂,以苗木和接穗传播为主。

3.难防指数 ★★★★

4.难防原因

(1)由多种病毒复合侵染,病原复杂,传播途径多;

(2)果树感染病后,大多不表现症状,具潜隐性,不易诊断,难以防治;

(3)品种抗性较差,缺乏高抗品种;

(4)缺乏有效防治药剂。

二、诊断要点

1.为害部位

系统性病害，整株发病。

2.症状特点

(1) 苹果花叶病　苹果的花叶病由于苹果品种的不同和病毒株系间的差异，表现多种症状类型。

①斑驳型：病叶上出现大小不等，形状不定，边缘清晰的鲜黄色的病斑，后期病斑处常易枯死，这是花叶病中常见的一种症状。

②花叶型：病叶上出现较大块的深绿与浅绿的色变斑，边缘清晰。

③黄脉型：病叶上会沿中脉失绿黄化，并延及附近的叶肉组织。有时也沿主脉及支脉发黄化，变色部分较宽；有时主脉、支脉、小脉都会呈现较窄的黄化，能使整叶呈网纹状。

④环斑型：病叶上会产生鲜黄色的环状或近似环状的病纹斑，环内仍成绿色。

⑤镶边型：病叶边缘的锯齿及其附近发生黄化，似缺钾症状，其他部分表现正常。这种病症仅在金冠、青香蕉等少数品种上可以偶尔见到。

(2) 苹果锈果病　病果症状表现为锈果型、花脸型和混合型 3 种类型。

①锈果型：果实顶部初出现颜色稍浓的水渍状变色部分，渐扩大成为规格整齐的 5 条纵纹，恰与心室顶部相对。此后，病部斑纹木栓化，呈铁锈色，以国光、富士等品种较多。

②花脸型：病果着色不均匀，果面散生圆形、黄绿色斑块，果实成熟后，成为红绿相间的花脸果，以祝光等品种常见。

③混合型：着色前多在果顶部出现或在果面散生零星锈斑，着色后在未生锈斑部分出现不着色斑块，元帅、新红星等品种多见。

(3) 苹果绿皱果病　感病树谢花后 20 天左右即可出现症状，果面出现水渍状凹陷斑块，继而果面凹凸不平，成为畸形。7 月下旬以后果皮木栓化，铁锈色，无裂纹。病果内部凹陷斑下的维管束呈绿色，弯曲变形；有的果实无明显凹陷斑，但产生木栓化小丘状突起或条沟；有的果形正常，但着色前果面发生浓绿色斑痕，斑痕处也常木栓化。

(4) 苹果褪绿叶斑病毒　潜隐病毒。感病树枝干木质部表现出凹陷斑沟，叶片向背面弯曲，植株生长衰弱。

(5)苹果茎沟病毒　潜隐病毒。感病树叶片变黄，嫁接口坏死，植株生长衰弱。

果树病毒病为害一般具有以下

特点：

①系统感病：果树一旦染上病毒，则全株终生带毒，持久受害。

②嫁接传染：病毒通过嫁接向健株扩展侵染。果树感染病毒病后，用其作接穗繁育苗木时，繁殖的苗木则有100%的带有病毒。

③ 混合侵染：果树可以被几种病毒混合侵染，如苹果高接病就是由苹果褪绿叶斑毒、苹果茎沟病毒、苹果茎痘病毒混合侵染造成的。

3.病征

病毒类病害，无病征。

三、病原特征

1.苹果花叶病

病原为苹果花叶病毒（*Apple mosaic virus*，*AMV*）。病毒粒体为球状致死温度为64℃；稀释终点2×10^{-3}；病毒在体外较不稳定，数分种内即失活。

2.苹果锈果病

该病的病原尚未确定。过去一直认为是由病毒所致，但近年大多数学者普遍公认苹果锈果病由类病毒引起。日本和我国的研究均证实，有两种低分子量的*RNA*是锈果病的病原，一种是环状的低分子量的*RNA*，称为*RNA-ASS-1*；另一种是低分子量*RNA*，具有线形双链*RNA*的特性，称为*ASS-RNA-2*。

四、发生规律

1.侵染循环

此类病害均属系统性侵染。苹果树在感染病后，可导致全株性症状，只要寄主仍然存在，病毒也一直存活，并会不断繁殖。病毒主要靠嫁接传播，无论砧木和接穗带毒，均会形成新的病株。有资料报道在海棠苗中也有花叶病，推测种子也能带毒，但目前尚未证实。昆虫是否传毒尚不清楚，由于在自然条件下，花叶病可缓慢传播蔓延，因此昆虫传播的可能性也是存在的。

苹果病毒病具有潜伏侵染特性。果树受害后有的表现症状，有的不表现症状，表现症状的称为非潜隐性病毒，例如苹果褪绿叶斑病毒等，有些病毒侵入果树后不表现症状，称潜隐病毒。即使非潜隐性病毒也有一定时间的潜伏期。潜隐性病毒侵染果树后，虽不表现症状，但是导致慢性为害，病树生长不整齐，树体生长量一般要比无病毒树减少，而且果实品质变劣，不耐贮藏。一旦改变砧穗组合，当中一方不耐病时，病毒就会由潜伏侵染状态变为发病状态，造成直接经济损失，使病树急剧衰弱、死亡。

2.发病条件

苹果病毒病发生与环境条件、接种时间和植株的大小等有关。温度10~20℃时，光照较强，土壤干旱及树势衰弱时，会较易使花叶病表现症状；在幼苗上接种，潜育期一般较短，发病快。有资料报道，梨树较普遍带有锈果类病毒，但不显症状，因此苹果与梨混栽或靠近梨树的苹果树锈果病发病重。

五、防控技术

苹果病毒病防治应采取以培育无毒苗木为主的防治措施。

1. 培育无病毒苗木

由于主要通过嫁接途径传染，可通过培育和栽培无病毒的种苗达到控制病毒病的发生为害的目的。用育苗时无病种子繁殖砧木，选用无毒接穗进行嫁接。栽植时应仔细检测，应剔除病苗。田间应及时刨除未结果的病株。

2. 加强栽培管理

轻病株应加强水肥管理，促进植株生长，减轻为害。在锈果病常发病区对锰、铁过剩的果园，要控制施用含锰、铁的化肥和农药，增施有机肥，同时要施足磷、钾、锌、铜、钼、镁等肥料，可使病症得以抑制。另外，施用亚硒酸钠也可减轻锈果病为害。

3. 加强植物检疫

加强检疫是防止病毒病通过人为调运种苗传播的重要措施。在苹果病毒病中，有一些检疫对象，很容易通过引种和苗木及繁殖材料调运传入和蔓延，必须加强检疫检验和无病毒母本材料的管理，不要去病区调运苗木。

病害：梨黑星病

一、发生为害特点

1.病害分布及为害程度

梨黑星病又叫疮痂病，是南北梨区发生普遍，流行性强，损失大的一种重要病害。该病为害果实，果面产生病斑，使之失去商品价值；为害叶

片，导致早期落叶，严重消弱树势。20世纪80年代中后期该病在种植鸭梨、白梨等高度感病品种的梨区发生较重，近年原来抗病的雪花梨、酥梨等品种其受害程度也逐渐加重。

2.病害类型

属气流传播的真菌性病害。

3.难防指数 ★★★

4.难防原因

(1)病害流行性强，短期内就可严重发生；

(2)品种抗性差，部分品种高度感病；

(3)长期依靠化学防治，病菌抗药性强，导致药剂防治效果差。

二、诊断要点

1.为害部位

梨黑星病可侵染梨树所有绿色幼嫩组织：花序、叶片、叶柄、新梢、芽鳞及果实等，其中以叶片、果实为主。

2.症状特点

(1)叶片受害　初在叶背主、支脉之间呈现淡黄色斑，不久病斑上沿主脉边缘长出黑霉。为害严重时，许多病斑互相愈合，整个叶片的背面布满黑色霉层，失绿、干枯，光合功能严重下降并形成大量落叶。叶柄受害表现为近椭圆形的凹陷病斑，由于影响水分及养料运输，往往使叶片干枯引发早期落叶。

(2)果实发病　发病初生淡黄色圆形斑点，并逐渐扩大，病部稍凹陷、上长黑霉，后病斑木栓化，坚硬、凹陷并龟裂。幼果因病部生长受阻碍，常变成畸形。果实生长期受害，则在果面生大小不等的圆形黑色病疤，病斑硬化，表面粗糙，商品价值下降。

(3)其他部位　果梗受害，出现黑色椭圆形的，上长黑霉；新梢受害，初生形成黑色或黑褐色椭圆形的病斑，后逐渐凹陷，表面长出黑霉。最后病斑呈疮痂状，周缘开裂，可造成新梢枯死。

3.病征

潮湿条件下病部产生大量黑色霉层，即为病菌的分生孢子梗和分生孢子。

三、病原特征

病原有性态为梨黑星菌(*Venturia pirina*)，属子囊菌亚门真菌；无性态为梨黑星孢（*Fusicladium pirimum*)，属半知菌亚门真菌。分生孢子梗暗褐色，散生或丛生，直立或稍弯曲。分生孢子着生于孢子梗的顶端或中部,脱落后留有瘤状的痕迹。分生孢子淡褐色或橄榄色,纺锤形、椭圆形或卵圆形,单胞,但少数孢子在萌发前可产生一个隔膜。有性态一般在过冬后的落叶上产生假囊壳。假囊壳圆球形或扁圆形,黑褐色,喙部突出。子囊棍棒状,聚生于假囊壳底部,无色透明,每个子囊内含有8个鞋底状子囊孢子。子囊孢子淡黄绿色或淡黄褐色,双胞。

四、发生规律

1.侵染循环

病菌主要以菌丝体在病芽鳞片间或鳞片内越冬,第二年病芽萌发长出病梢(乌码、病芽梢),病梢上产生分生孢子,成为该病的主要初侵染来源。病菌的分生孢子及未成熟的假囊壳也可在带病落叶上越冬,成为来年的初侵染来源,次年假囊壳成熟,产生并散发子囊孢子。第二年春季一般在新梢基部最先发病,而这些病(芽)梢即是重要的侵染中心。病菌主要依靠风雨传播和气流传播,在以病梢上的病菌为初侵染来源的条件下,早期病叶及病果多数出现在病梢的下方,形成一个以病梢为顶端的圆锥型发病中心。孢子萌发后可直接侵入,潜育期一般为10~20天。如环境条件合适,病部可产生大量分生孢子,进行多次再侵染。

2.发病条件

黑星病发生与气候条件、栽培条件和品种抗性等因素有关。

(1)气候条件 降雨的早晚、降雨量的大小和持续时间长短是左右年度间病害流行波动的主导因素。一般来说,多雨年份病重,干旱年份病轻。但是,在降雨量相近的条件下,雨水的分布和雨日的多少对该病流行程度的影响尤其巨大。发芽后一个月左右的时间是越冬病菌进行初侵染的关键时期,此期多雨潮湿,有利于初侵染的发生,早期积累一定数量的病菌,必将加速后期流行。如此期干旱少雨,幼叶及幼果发病轻,对后期流行速度将有一定程度的限制作用。采收前一个半月,果实逐渐进入高度感病期,若遇阴雨连绵的气候条件,近成熟果的发病率或带菌率将明显增加。

(2)品种抗病性 目前主要的栽培品种大都是感病品种。鸭梨、京白梨最感病,雪花梨、酥梨较抗病。另外,梨树还存在阶段抗病性。幼叶高度感病,展叶一个月以上的叶片极难

受病菌侵染。对果实来说，阶段抗病性不甚明显。幼果及成果均感病，但果实越近成熟，抗病性越差。

(3)栽培条件 果园地势低洼、树冠茂密、通风透光不良、湿度较大的梨园，发病重；管理粗放，肥力不足、树势衰弱的梨树均易发病。

五、防控技术

1.选用抗病品种

不同品种对梨黑星病抗病性差异非常明显，如西洋梨、日本梨较中国梨抗病，中国梨中以沙梨、褐梨、夏梨等系统较抗病，而白梨系统最感病，秋子梨次之。在新建梨园时应选用抗病品种。

2. 果园卫生

果园卫生是防治黑星病的关键措施，主要包括：

(1) 清除落叶 梨树落叶后至发芽前，采取先树上，后树下的方法，彻底清扫落叶，集中烧毁和深埋；对难以清扫的残余落叶，通过翻耕果园土壤的方法，尽量将其埋入土下，促进其腐烂分解。

(2) 彻底摘除病梢 病梢上产生的分生孢子是该病的主要初侵染来源，从5月初到5月底，经常巡视果园，发现病梢，彻底摘除，集中烧毁或深埋，可明显降低初侵染菌量，控制或延缓该病的发生或流行。

(3)及时摘除病叶及病果 6月以后导致黑星病蔓延和流行的病菌主要来源于病叶及病果。因此，结合其他农事活动，及时摘除病叶及病果并集中处理，也可有效降低病害的流行程度。

3.化学防治

(1) 萌芽前后防治 芽萌动时喷施高效药剂，如40%福星、12.5%特谱唑(速保利、烯唑醇)、12.5%腈菌唑等内吸性杀菌剂，可以杀灭病芽中的部分病菌，减少病芽萌发成为病梢的几率，大大降低果园中的初侵染的菌量，对梨黑星病有较好的防治效果。另外，发芽前喷 1~3°Be 石硫合剂或5%~10%的硫酸铵溶液，也有一定效果。

(2) 生长期防治 生长期药剂防治的关键时期一是落花后 30~45 天内的幼叶幼果期，二是采收前 30~45 天内的成果期。

①幼叶幼果期。梨树落花后，由于叶片初展，幼果初成，正处于高度感病期；落叶上的越冬病菌开始飞散传播，病芽萌生病梢也产生孢子开始

飞散传播。如果阴雨较多,条件适宜,越冬的黑星病菌将向幼叶及幼果转移,导致幼叶及幼果发病,为当年的多次再侵染奠定病原基础,因此这个时期是药剂防治的第一个关键时期,一般年份和地区,从初见病梢开始喷药,麦收前用药3次,即5月初、5月中下旬及6月上中旬。使用药剂有80%超邦生、80%大生M-45、80%喷克、62.25%仙生等药剂为保护性药剂,应在发病前和在幼果期使用;而40%福星、10%世高、12.5%特谱唑、12.5%腈菌唑、40%博舒等均为内吸性杀菌剂,防病效果优良,有一定的治疗作用,关键时期应当选用。

②成果期。7月中下旬以后,果实加速生长,抗病性越来越差,越接近成熟的果实,越易感染黑星病。因此,采收前30~45天内,必需抓紧药剂防治,防治果实发病。此时一般需喷药2~3次,采收前7~10天,必须喷药1次。

对于一些常规杀菌剂,如70%代森锰锌、50%退菌特、50%代森铵等药剂也都是保护性药剂,可在发病前使用,但应注意,如果使用不当,可能发生药害,幼果期应用时要多加小心。此外,铜制剂也是一种防治黑星病常用的药剂,最常用的是1:2~3:200~240倍波尔多液,还有绿得宝、绿乳铜、高铜、科博等多种铜制剂,这类药剂对黑星病的防治效果比较好,但也容易发生药害,尤其是果皮幼嫩的幼果期不宜使用,阴雨连绵的季节慎用。

4.套袋防病

近年,许多梨园推广套袋技术,由于套袋有阻断病菌、减少侵染的作用,对黑星病具有很好防治效果,而且可减少杀菌剂的使用和农药残留,应大力推广。

病害:果树根癌病

一、发生为害特点

1.病害分布及为害程度

果树根癌病又称冠瘿病、癌肿病,是由根癌土壤杆菌引起的一种世界性病害,在我国各地均有分布。该菌寄生范围广,可侵染近百科600多

种植物，果树中以核果类、苹果、葡萄等受害较重。发病后细胞分裂失控，形成较大根瘤，而严重影响根部生长，甚至导致树木死亡。

2.病害类型

属土壤传播的细菌性病害。

3.难防指数 ★★★

4.难防原因

① 寄主范围广泛，土壤中存在大量病原菌；

②土传病害，主要为害根部，诊断困难，发病后难以防治；

③品种普遍感病，缺乏抗病品种。

二、诊断要点

1.为害部位

根癌病主要发生部位在根颈部，也发生于侧根和支根上，嫁接处较为常见；有时病害发生在茎部，所以也称冠瘿病。

2.为害症状

根癌病的常见症状是在为害部位形成大小不一的病瘤，严重时整个主根变成一个大瘤状物。病瘤的形状通常为球形或扁球形，也可互相愈合成不规则形的。根部病瘤的数目少的1~2个，多的达10多个不等。病瘤的大小差异很大，小如豆粒，大如胡桃和拳头，最大的直径可达数十厘米。苗木上的病瘤一般只有核桃大，绝大多数发生在接穗与砧木的愈合部分。初生病瘤乳白色或略带红色，光滑，柔软，后逐渐变褐色乃至深褐色，木质化而坚硬，表面粗糙或凹凸不平。发病后植株生长不良，严重时可引起植株死亡。

三、病原特征

病原为根癌土壤杆菌(*Agrobacterium tumefaciens*)，属薄壁菌门细菌。菌体短杆状，单生或链生，具1~6根周生鞭毛，有荚膜，无芽孢。革兰氏染色阴性反应；在琼脂培养基上菌落白色、圆形，光亮、透明。发育最适温度为25~28℃，最高37℃，最低0℃，致死温度为51℃ 10分钟。

四、发生规律

1.侵染循环

病原细菌在病瘤组织的皮层内越冬，或在病瘤破裂时进入土壤中越冬。细菌在土壤中能存活一年以上。雨水和灌溉水是传播的主要途径，地下害虫如蛴螬、蝼蛄、线虫等在病害传播上也起一定的作用。嫁接或人为因素造成的伤口，是病菌侵入植物的主要通道。苗木带菌则是远距离传播的重要途径。从病菌侵入到显现病瘤所需的时间,一般要经几周甚至一年以上。

2.发病条件

病害发生与土壤温湿度、土壤理化性质、嫁接方式、果树类型等因素有关。

(1)温、湿度 病菌侵染与发病随土壤湿度的增高而增加,土壤湿度大发病重,反之则减轻。病瘤形成与温度关系密切。根据番茄上的接种试验,病瘤的形成以22℃时为最适合,18℃或26℃时形成的病瘤细小,在28~30℃时病瘤不易形成,30℃以上则几乎不能形成。据资料报道,葡萄根癌病在5月中旬以前和9月下旬以后,旬平均气温低于17℃,病瘤不发生。当旬平均气温达20~23.5℃时,病瘤大量发生。

(2)土壤性质 土壤为偏碱性时有利于发病,酸性土壤对发病不利。在pH6.2~8范围内均能保持病菌的致病力。当pH达到5或更低时,带菌土壤即不能引致植物发病。一般土壤黏重、排水不良的果园发病多,土质疏松、排水良好的砂质壤土发病少。此外,如土壤中地下害虫和线虫数量大,使根部受伤,有利病菌侵入,可增加发病机会。

(3)嫁接方式 嫁接口的部位、接口大小及愈合的快慢均能影响发病。在苗圃中,切接苗木伤口大,愈合较慢,加之嫁接后要培土,伤口与土壤接触时间长,染病机会多,因此发病率较高;而芽接苗木接口在地表以上,伤口小愈合较快,嫁接口很少染病。

不同种类的果树抗性差异很大,核果类的桃、杏、樱桃最易发病,苹果、梨等仁果类果树次之,葡萄发病也比较严重。

五、防控技术

1.培育无病苗木,严格苗木检查消毒

生产上应该选择无病土壤作苗圃,已发生过根癌病的土壤或果园不能作为育苗基地。所有接穗、出圃苗木,都应在未抽芽前将接口以下部位,用1%硫酸铜溶液浸5分钟,或用3%次氯酸钠液浸泡3分钟,再放入20%的石灰水中浸2分钟。

嫁接时应选择抗病砧木。有资料报道,在樱桃砧木中,酸樱桃作砧木时发病重,中国樱桃作砧木则很少发

病。用大青叶作砧木，根系发达，抗根癌病能力强。

2.化学防治

在定植后的果树上发现病瘤时，要先彻底切除病瘤，然后用100倍硫酸铜溶液或50倍抗菌剂402溶液消毒切口，再外涂波尔多液保护。切下的病瘤应立即烧毁。病株周围的土壤要用2000倍抗菌剂402溶液消毒。山东近年发现10%杀菌优对根癌病的防治有一定的效果，苗木定植前，可用10%杀菌优600~800倍液，浸泡根系2小时。对已发病的植株，可用10%杀菌优600~800倍液灌根，1~3年生树 每株用药量3~5千克，4~6年生树每株用药量5~7千克，7年生以上树，每株用药量10~15千克。另外，用硫磺降低中性土和碱性土的碱性，病株灌浇抗菌剂402进行消毒处理，对减轻为害也有一定作用。

3.生物防治

国内外在根癌病生物防治方面已经取得重大进展。我国用K84菌株发酵产品制成的拮抗根癌病生物农药----根癌宁，防病效果很好。浸根一般用30倍的根癌宁液浸根5分钟；对于3年以下的幼树，可扒开根际土壤，每株浇灌1~2千克30倍根癌宁溶液预防。在病株治疗时，可在刮除病瘤的根上贴附吸足30倍根癌宁的药棉，并灌以适量药液治疗，防治效果达90%以上。

病害：果树褐腐病

一、发生为害特点

1.病害分布及为害程度

果树褐腐病的主要寄主植物有桃、李、梅、杏、苹果、梨等多种果树。该病在我国分布广泛，常流行成灾，损失很大。褐腐病在春季开花展叶期如遇低温多雨，引起严重的花腐和叶枯；在生长后期如遇多雨潮湿天气，引起大量果腐，使果实丧失经济价值。除在果园发生外，在运输、贮藏期间也易发生，造成严重的损失。

2.病害类型

属气流传播的真菌性病害。

3.难防指数 ★★★

4.难防原因

(1)田间管理粗放，僵果或枝梢

的溃疡部等残体清除不彻底,加上寄主广泛,导致菌源充足;

(2)品种抗性差,多数优质品种感病;

(3)病害流行性强,条件适宜时发病迅速,难以防治。

二、诊断要点

1.为害部位

褐腐病能为害果树的花、叶、枝梢及果实,其中以果实受害最重。

2.症状特点

(1) 花与叶 花部受害自雄蕊及花瓣尖端开始,先发生褐色水渍状斑点,后逐渐延至全花,随即变褐而枯萎。天气潮湿时,病花迅速腐烂,表面丛生灰霉, 若天气干燥时则萎垂干枯,残留枝上,长久不脱落。嫩叶受害,自叶缘开始,病部变褐萎垂,最后病叶残留枝上。

(2) 新梢 侵害花与叶片的病菌菌丝、可通过花梗与叶柄逐步蔓延到果梗和新梢上,形成溃疡斑。病斑长圆形,中央稍凹陷,灰褐色,边缘紫褐色,常发生流胶。当溃疡斑扩展环割一周时,上部枝条即枯死。气候潮湿时,溃疡斑上出现灰色霉丛。

(3) 果实 果实被害最初在果面产生褐色圆形病斑, 如环境适宜,病斑在数日内便可扩及全果,果肉也随之变褐软腐。继后在病斑表面生出灰褐色绒状霉丛, 常成同心轮纹状排列,病果腐烂后易脱落,但不少失水后变成僵果,悬挂枝上经久不落。

3.病征

在病斑表面生出灰褐色绒状霉丛,常成同心轮纹状排列。

三、病原特征

褐腐病菌常见有两种:

1.水果褐腐病菌(*Monilinia fracticola*)

属子囊菌亚门真菌。发病部位长出的霉丛是病菌的分生孢子梗和分生孢子。分生孢子无色,单细胞,柠檬形或卵圆形,在分生孢子梗顶端成串生长;分生孢子梗较短,分枝或不分枝。病菌有性阶段形成子囊盘,一般情况下不常见。该菌主要侵害果实,引起果腐症状。

2.果生链核盘菌(*Monilinia fructicola*)

属于子囊菌亚门真菌。分生孢子无色,单细胞,柠檬形或卵圆形;子囊盘直径 1 厘米左右,具有长柄,柄暗褐色,盘紫褐色;盘内生一层子囊,子

囊圆筒形,内生8个囊孢子,单列;子囊间长有侧丝,有隔膜,分枝或不分枝。子囊孢子无色,单细胞,椭圆形。该病菌主要侵害花器,引起花腐。

四、发生规律

1.侵染循环

病菌主要以菌丝体在僵果或枝梢的溃疡部越冬。悬挂在树上或落在地面的僵果,第二年春季都能产生大量的分生孢子,借风、雨、昆虫传播,引起初次侵染。分生孢子萌发产生芽管,经虫伤、机械伤口、皮孔侵入果实,也可直接从柱头、蜜腺侵入花器造成花腐,再蔓延到新梢。在适宜的环境条件下,病果表面长出大量的分生孢子,引起再次侵染。病菌分生孢子除借风雨传播外,果园昆虫也是病害的重要传播者,在贮藏期病果与健果接触,也可引起健果发病。

2.发病条件

该病发生与气候条件、果园管理水平、品种抗性等因素有关。

(1) 气候条件 高湿温暖有利于病害的流行。分生孢子萌发的温度范围是10~30℃, 最适温度24~26.5℃。病菌生长的最适温度24~25℃,10℃以上就能形成孢子,开始侵染。30℃以上病斑的扩大明显受到抑制,湿度在80%以下发病时间则延长。因此开花期及幼果期低温潮湿, 容易发生花腐; 果实近成熟期温暖多雨多雾,容易发生果腐。

(2)果园管理水平 管理粗放,修剪粗糙,枝叶过密,树势衰弱,地势低洼, 排水不良等都会加重发病程度。不同果树混栽,因为花期不同,如早花果树花腐发生多,晚花果树病害发生也多。

(3) 品种抗性 品种间发病程度有明显差异。桃树品种中成熟后质地柔软,味甜,皮薄的品种较易感病;表皮角质层厚,果实成熟后组织坚硬的品种较抗病。

另外,果园虫害的发生程度和病害的为害轻重密切相关。害虫的为害不仅直接传播病菌而且造成大量虫伤,增加果实感病机会,加重病害的发生程度。

五、防控技术

1.抗性品种

不同果树及同种果树不同品种对褐腐病抗病性存在一定差异,褐腐病严重地区在建园时应适当考虑,不要单一大面积种植感病品种。

2.加强果园管理

(1) 消灭越冬菌源 结合修剪做好清园工作,彻底清除僵果、病枝,集中烧毁,同时进行深翻,将地面病残体深埋地下。

(2) 及时防治害虫 减少果实伤口 如桃象虫、桃食心虫、桃蛀螟、桃蝽象等,应及时喷药防治,减轻病害发生。有条件套袋的果园,在5月上中旬进行套袋,保护果实。

3.化学防治

如果春季低温多雨,容易发生花腐病,要从初花期(花开20%左右)开始喷药,而后10~15天再喷1~2次。在大部分桃区,主要是果实生长后期发病较重,应在采收期30~45天喷药2~3次。常用药剂有:搏菌(10%苯醚甲环唑水分散粒剂)800~1000倍液,50%代森铵可湿性粉剂1000倍液,50%速克灵可湿性粉剂2000倍液,50%苯菌灵可湿性粉剂1500倍液,50%乙霉威可湿性粉剂1500倍液,菌大夫 (50%多菌灵可湿性粉剂)1000倍液、托上托(70%甲基硫菌灵可湿性粉剂)1000~1200倍液、30%绿得保胶悬剂400~500倍液及50%扑海因可湿性粉剂1000~2000倍液等。

病害:桃穿孔病

一、发生为害特点

1.病害分布及为害程度

桃穿孔病是桃树上最常见的叶部病害。在世界各桃产区都有发生。该病包括细菌穿孔、霉斑穿孔和褐斑穿孔3种,其中以细菌性穿孔最为常见,并广泛分布于全国各桃产区。桃树感染此病可造成大量叶片穿孔脱落,枝梢枯死,严重削弱树势,影响花芽分化,造成巨大损失。穿孔病除为害桃外,还为害李、杏、樱桃等核果类果树。

2.病害类型

属风雨传播的细菌性或真菌性病害。

3.难防指数 ★★★

4.难防原因

①缺乏抗病品种,大多数品种感病;

②病原复杂, 很难准确诊断,给防治选药造成困难;

③多生长后期发病,忽视防治工

作。

二、诊断要点

1.为害部位

3 种穿孔均可为害叶片、枝条和果实，以叶片受害最重。

2.症状特点

(1)细菌性穿孔 为害叶片、枝条和果实。叶片受害，初期多在叶脉两侧产生水渍状小斑点，渐扩大成褐色或紫褐色的近圆形病斑，周围有黄绿色晕圈，潮湿时背面溢出黄白色胶状黏液，后期病斑干枯脱落，形成穿孔，穿孔边缘破碎，不整齐。枝梢受害，形成春季溃疡和夏季溃疡两种不同病斑。春季溃疡发生在上年夏季抽出的枝条上，初期产生水浸状褐色疱疹，后期病斑扩大，春末病部表皮破裂，流出黄色黏液，为当年的初侵染源；夏季溃疡发生在当年嫩枝上，以皮孔为中心，形成水渍状圆形或椭圆形的暗紫色病斑，后变褐，稍凹陷，很快干枯。果实受害，初生褐色小斑，渐扩展为近圆形紫褐色斑，边缘水浸状，中央凹陷，后期干裂，潮湿时溢出黄白色黏液。

(2)霉斑穿孔 为害叶片、枝梢、花芽和果实。叶片上病斑初淡黄绿色，后变为红褐色或褐色斑点，圆形或不规则形，直径 2~6 毫米，具红晕，最后坏死的中央部位脱落穿孔，病叶随后脱落。穿孔边缘整齐，不残留坏死组织。幼叶受害，大多焦枯，不形成穿孔。湿度大时，在病斑背面长出灰色霉状物(病菌分生孢子梗及分生孢子)，有的延至脱落后产生。枝梢受害，以芽为中心形成长椭圆形病斑，边缘紫褐色，并发生裂纹和流胶。果实受害，形成初为紫色，渐变褐色，边缘红色，中央凹陷的病斑。

(3)褐斑穿孔 为害叶片、新梢和果实。在叶片两面发生圆形或近圆形的病斑，边缘紫色或红褐色略带环纹，大小 1~4 毫米；后期病斑上长出灰褐色霉状物，中部干枯脱落，形成穿孔，穿孔的边缘整齐，穿孔外常有一圈坏死组织。在新梢和果实上形成褐色，凹陷，边缘红褐色病斑，上生灰色霉状物。

3.病征

细菌性穿孔病潮湿时在背面溢出黄白色胶状黏液；霉斑穿孔病湿度大时在病斑背面长出灰色霉状物；褐斑穿孔病后期病斑上长出灰褐色霉状物。

三、病原特征

1.细菌性穿孔病

病原为树生黄单胞菌李致病变种（*Xanthomonas arboricola* pv. *pruni*），属薄壁菌门细菌。菌体短杆状。单根极生鞭毛，革兰氏染色阴性，好气性。在肉汁琼脂培养基上菌落黄色，圆形，光滑，边缘整齐。病菌发育适温为25℃。

2. 霉斑穿孔病

病原为嗜果刀孢（*Clasterosporium carpophilum*），属半知菌亚门真菌。分生孢子梗丛生，有分隔。分生孢子棍棒形或纺锤形，3~6个分隔，稍弯曲，无色或淡褐色。

3. 褐斑穿孔病

病原为核果假尾孢（*Pseudocercospora circumscissa*），属半知菌亚门真菌。分生孢子梗丛生，不分枝，直或微弯，橄榄色。有隔膜0~2个。分生孢子细长，鞭状或倒棍棒状，直或微弯，浅青黄色，3~9个隔膜。病菌发育温度7~37℃，适温为5~28℃。

四、发生规律

1.侵染循环

（1）细菌性穿孔病　病原细菌在病枝条组织内越冬，翌春开始活动。桃树开花前后，病菌从病组织中溢出，借风雨或昆虫传播，经叶片的气孔、枝条的芽痕和果实的皮孔侵入，潜育期一般7~14天，病部产生的病菌可借风雨进行再侵染。

（2）霉斑穿孔病　病菌以菌丝体或分生孢子在被害叶、枝梢或芽内越冬。翌年越冬病菌产生分生孢子，借风雨传播，多先从幼叶侵入，引起发病。病部产生新的分生孢子后，再侵入枝梢或果实，具有多次再侵染。该病潜育期因温度不同差异较大，叶部潜育期一般5~14天，枝条上7~11天。

（3）褐斑穿孔病　病菌以菌丝体在病叶或枝梢组织内越冬，翌春气温回升后产生分生孢子，借风雨传播，侵染叶片及枝梢和果实。以后，病部不断产生分生孢子进行多次再侵染。

2.发病条件

桃树几种穿孔病发生与气候条件、树势、管理水平及品种抗性有关。一般多雨高湿气候条件有利于发病；细菌性穿孔病多在7~8月发病严重，此期温度适宜，雨水频繁或多雾，有利于发病。霉斑穿孔病和褐斑穿孔病在低温多雨年份发病严重。树势强比树势弱发病较轻且较晚，树势强病害潜育期可达40天。果园地势低洼、排水不良、种植过密，通风透光差、偏施

氮肥等发病重。从品种上看，一般早熟品种发病轻，晚熟品种发病重。

五、防控技术

1.抗性品种

桃树品种间抗性存在较大差异，如源东白桃、皮球硬桃、双玉一号等桃树品种抗病性较好，发病较轻。

2. 加强果园管理，增强树势

合理施肥，增施有机肥，避免偏施氮肥；对地下水位高或土壤黏重的桃园，要改良土壤，及时排水；合理整形修剪，改善田间通风透光条件；结合冬剪及时剪除病枝，彻底清除病叶，集中烧毁或深埋，减少田间菌源。

3.化学防治

早春桃树萌芽前喷施铲除剂。选择天晴无风的日子，喷施石硫合剂或45%晶体石硫合剂，或1:1:100的波尔多液，也可用碱式硫酸铜或五氯酚钠。展叶后发病初期根据病害种类，及时进行喷药防治，细菌性穿孔病可用农用链霉素和硫酸链霉素喷雾，也可用20%赛高可湿性粉剂1000倍液，或50%超铜水溶性粉剂1500倍液，或3%克菌康可湿性粉剂1000倍液喷雾；霉斑穿孔病和褐斑穿孔病有效药剂有代森锌、甲基硫菌灵、百菌清、克菌丹和代森锰锌等。

病害：葡萄白腐病

一、发生为害特点

1.病害分布及为害程度

白腐病是葡萄重要病害之一，世界各地葡萄种植区均有发生，我国主要发生在东北、华北、西北和华东北部地区。该病发生普遍，流行性强，损失严重。一般年份果实损失为15%~20%，多雨流行年份损失达60%以上，甚至整园无收。

2.病害类型

属风雨传播为主的真菌性病害。

3.难防指数 ★★★★

4.难防原因

(1)为害部位多，病原菌易在病残体上越冬存活，逐年累积；

(2)缺乏抗病品种，多数品种抗

性较差；

(3) 病害盛发期于恰逢适于发病的多雨高湿季节，雨季药剂防治比较困难，效果不佳。

二、诊断要点

1.为害部位

主要为害果穗，穗轴和果粒，枝蔓和叶片也可受害。

2.为害症状

果穗受害，多发生在果实开始着色时期。一般先从近地面的果穗尖端开始发病。首先在穗轴和果梗上产生淡褐色、水渍状、边缘不明显的病斑，进而病部皮层腐烂，手捻极易与木质部分离脱落，并有土腥味。果粒受害，多从果柄处开始，而后迅速蔓延到果粒，使整个果粒呈淡褐色软腐，严重时全穗腐烂，病果极易受震脱落，重病园地面落满一层，这是白腐病发生的最大特点。

枝蔓受害，多在有机械伤或接近地面的部位发病。最初出现水浸状、红褐色、边缘深褐色病斑，以后逐渐扩展成沿纵轴方向发展的长条形病斑，色泽也由浅褐色变为黑褐色，病部稍凹陷，病斑表面密生灰色小粒点。

叶片发病，首先从植株下部近地面的叶片开始，然后逐渐向植株上部蔓延。多在叶尖、叶缘或有损伤的部位形成淡褐色、水渍状、近圆形或不规则形的病斑，并略具同心轮纹，其上散生灰白色至灰黑色小粒点，且以叶脉两边居多，后期病斑干枯易破裂。

3.病征

病部散生灰白色小粒点，为病菌的分生孢子器。

三、病原特征

病原为白腐盾壳霉(*Coniothyrium diplodiella*)，属于半知菌亚门真菌。在病组织内菌丝密集形成子座，从子座上产生分生孢子器，分生孢子器球形，壁较厚，灰褐至暗褐色，底部壳壁突起呈丘状，其上着生分生孢子梗，单孢，不分枝。分生孢子单孢，卵圆形至梨形，一端稍尖，内含1~2个油球，初无色，后渐变为暗褐色。

四、发生规律

1.侵染循环

病原菌以分生孢子器及菌丝体在病组织上越冬。土壤中的病残体是翌年初次侵染的主要来源。在露地栽培条件下，降雨后分生孢子借助雨

溅、风吹和昆虫等传播到当年生枝蔓和果穗上，在有雨水或露水的情况下，分生孢子萌发，通过伤口或自然孔口，侵入组织内部，进行初次侵染。以后病斑又产生分生孢子器，散射分生孢子反复进行再次侵染。

2.发病条件

白腐病的发生与气候条件、田间管理、品种抗性等因素有关。

(1)气候条件　高温、高湿和伤口是病害发生和流行的主要因素。降雨次数越多，雨量越大发病率越高，为害越严重。病菌发育最适宜温度范围为25~30℃，分生孢子萌发的温度范围为13~40℃。在24~27℃的环境条件下，分生孢子萌发迅速，空气相对湿度在92%以上时，病斑扩展快。空气湿度低于92%时，温度低于23℃高于36℃时，病斑扩展缓慢。白腐病的发生与降雨关系密切，雨季早发病早，雨量大发病重，雨季长发病持续时间长。果园发病后，每逢雨后就会出现一个发病高峰。特别是在暴风雨或雹灾后，造成大量伤口，为病菌侵入创造了有利的条件，更易导致病害的流行。

(2)田间管理　土质黏重，地势低洼，通风不良的果园发病重。架下杂草丛生、枝蔓过密架面郁闭、植株负载量过大都有利于病害的发生。结果部位与发病关系密切，越接近地面的果穗、新梢及叶片发病越重，尤其距地面40厘米以下的果穗发病最重，离地面距离50厘米以上的果穗较少发病。

(3)品种抗性　品种间抗病性不同，一般欧亚种较易感病，欧美杂交种较抗病。巨峰、佳利酿、马福尔多、黑赛白利等最为感病；感病较轻的品种有红提、黑虎香、紫玫瑰香、保尔加尔等。

五、防控技术

1.选用抗病品种

建园时应因地制宜，选用抗性较好的葡萄品种，避免单一种植高感品种。

2 田间卫生

生长季节经常检查果园，发病初期及时剪除病穗、病枝蔓，拣净落地病果；秋末埋土防寒前结合修剪，彻底剪除病穗、病蔓，扫净病果、病叶，摘净僵果，集中烧毁或运出园外深埋。发病前用地膜覆盖地面可防治地面病菌侵染果穗，减少发病。

3. 加强栽培管理

通过修剪绑蔓提高结果部位,对地面附近果穗可实施套袋管理,减少病菌侵染机会;及时打副梢、摘心,适当疏叶,调节架面枝蔓密度,改善架面通风透光条件;增施有机肥,增强树势;注意果园排水,防止雨后积水,及时中耕除草,降低地面湿度;调节果实负载量。

4. 药剂防治

开花前后开始喷第1次药,以后每隔10~15天喷1次,多雨季节防治3~4次。所用药剂有:搏菌(10%苯醚甲环唑水分散粒剂)1500~2500倍液、50%苯菌灵可湿性粉剂1500倍液、或托上托(70%甲基硫菌灵可湿性粉剂)1000倍液、1:0.5:200倍式波尔多液、75%百菌清可湿性粉剂600~800倍液、40%多硫悬浮剂500倍液、70%代森锰锌700倍液、77%氢氧化铜600~800倍液、菌大夫(50%多菌灵可湿性粉剂)1000倍液、50%腐霉利可湿性粉剂1000倍液、40%福星3000~4000倍液等均有有较好防治效果。为防止病菌产生抗药性,要不断更换药剂品种。雨季喷药,除波尔多液外,其他药剂配置好后可加入2000倍皮胶或其他黏着剂,以提高药液的黏着性。为控制来自土壤的病菌,重病果园在发病前应地面撒药灭菌。可用1份福美双、1份硫磺粉、2份碳酸钙,混合均匀,撒在果园土表,撒施15~30千克/公顷。

病害:葡萄霜霉病

一、发生为害特点

1.病害分布及为害程度

葡萄霜霉病是一种世界性病害,除高温干旱地区外,世界各葡萄产区均有发生。我国各地分布普遍。该病流行性极强,常造成叶片焦枯早落,枝梢扭曲畸形,对树势和产量均有较大影响。

2.病害类型

为典型的气传真菌性病害。

3.难防指数 ★★★

4.难防原因

(1)缺乏抗病品种,大多数品种感病;

(2)多年依靠药剂防治,病菌抗药性强,防治困难;

(3)病害流行性强,短期内即可

暴发。

二、诊断要点

1.为害部位

主要为害叶片，也为害新梢、叶柄、卷须、幼果、果梗及花序等幼嫩部分。

2.症状特点

叶片受害，初期在叶正面产生半透明油渍状的淡黄色小斑点，边缘不明显；随后渐渐变成淡绿色至黄褐色的多角形大斑，后变黄枯死。多个病斑常融合成一个不规则形的大斑块，叶片似火烧状焦枯、卷缩，早期脱落。在潮湿条件下，叶片背面形成大量白色的霜霉状物。新梢、叶柄及卷须受害产生水浸状，略凹陷的褐色病斑，潮湿时也可产生白色霜霉状物，但比叶片上稀疏。病部干缩下陷，生长停滞，扭曲变形，皱缩脱落，甚至枯死。幼果从果梗开始发病，受害幼果呈灰色，果面布满白色霉层。感病的果粒初期变硬，成熟时变软，易脱落。

3.病征

在潮湿条件下，叶片背面形成白色的霜霉状物，即病菌的游动孢子囊梗及游动孢子囊。

三、病原特征

病原为葡萄生单轴霜霉（*Plasmopara viticola*），属鞭毛菌亚门真菌。无性阶段产生孢囊梗和孢子囊。孢囊梗从叶背气孔伸出，丛生，无色，单轴分枝 3~6 次，一般 2~3 次，分枝处近直角，分枝末端有 2~3 个呈圆锥状的小梗，顶端着生孢子囊。孢子囊无色，卵圆形，有乳状突起，萌发产生游动孢子。游动孢子单胞，肾形，侧生双鞭毛，能游动，具双游现象。有性生殖产生卵孢子。卵孢子一般于生长后期在病组织中形成，褐色，球形，外壁很厚，表面平滑，略具波纹状起伏。卵孢子在水滴中萌发形成芽管，芽管顶端形成梨形孢子囊，内生并释放 30~60 个游动孢子。

四、发生规律

1.侵染循环

病菌主要以卵孢子在病组织中或随病叶等在土壤中越冬。气候温暖地区，也能以菌丝在芽鳞或未脱落的叶片内越冬。卵孢子在潮湿的土壤表层存活最好，可长达 2 年。翌年春季，当条件适宜时，卵孢子可在水滴或潮湿土壤中萌发，形成孢子囊。孢子囊借风雨传播到植株上，在游离水中萌发,并释放出游动孢子。游动孢子在气孔附近萌发,自气孔或皮孔侵入寄主,引起初侵染。潜育期7~12天,发病叶片从气孔中伸出孢囊梗及孢子囊,孢子囊萌发进行再侵染。只要条件适宜,病菌可不断产生孢子囊进行再侵染。后期在病残组织内形成大量的卵孢子,可随病叶等病残组织落入土中越冬,成为次年的初侵染来源。

2.发病条件

病害的发生和流行与气候条件、栽培管理、品种抗性等因素密切相关。

(1)气候条件 气候因素中湿度是主导影响因子,温度、光照也有一定关系。凡增加土壤、空气和寄主表面湿度的因子和白天无直射光以及阴暗的环境,如降雨、大雾、阴天等均有利于病菌侵入,其中降雨最易引起病害流行。孢子囊的产生需要95%~100%的相对湿度和至少4小时的黑暗条件,通常在夜间形成,阳光下暴露几小时就会失活。孢子囊及卵孢子的萌发需要在水滴中进行。孢子囊形成温度范围为13~28℃,最适温度15℃;萌发的温度范围为5~21℃,最适温度为10~15℃。游动孢子萌发的温度范围为12~30℃,最适温度18~24℃。孢子囊的产生、萌发及游动孢子的萌发都离不开高湿,因此高湿冷凉是发病的重要条件。昼夜温差大、持续降雨、雾多露大少风情况下最适发病。

(2)栽培管理 果园地势低洼、土壤黏重、种植过密、管理粗放等,使园内通风不良,增加了小气候湿度,也有利于病害的发生与流行。施肥不当,偏施或迟施氮肥,刺激抽发新梢,造成枝叶徒长、架面郁闭,使秋后枝叶繁茂,组织成熟延迟,都能使病害加重。果园管理不善,棚架过低、架面过密、排水不畅、杂草丛生、枯枝落叶乱堆乱放,不注意田园卫生,使果园通风透光不良,小气候潮湿,都会使病害严重发生和流行。

(3)品种抗性 品种间的抗病性有明显差异,一般来说,美洲种葡萄、夏葡萄、园叶葡萄、沙地葡萄、心叶葡萄较抗病,欧亚种葡萄高度感病。当前生产上种植的品种红地球、巨峰、玫瑰香、粉红玫瑰等高度感病。康拜尔早生、无核一号、无核白鸡心等抗病性较强。

五、防控技术

1.选用抗病品种

建园时应因地制宜,尽可能选用抗性较好的葡萄品种,避免单一种植高感品种。

2. 果园卫生

秋季结合修剪,剪除架上病梢、病枝和病果,清除架下枯枝落叶,集中烧毁或深埋,减少越冬菌源。发病始期发现病花序、叶片及果粒及时摘除深埋。

3.加强栽培管理

及时进行夏剪和绑缚新梢,改善架面通风透光条件。应注意果园排水,及时中耕除草;合理修剪,清除近地面的蔓、叶,降低小气候湿度;适当增施磷钾肥,提高植株抗病能力。

4.生态防治

近年葡萄保护地栽培较多,可通过调控棚内温湿度条件对霜霉病进行生态防控。具体做法是:早晨太阳出来前放风1小时,排出废气;上午闭棚,将温度提高到30~34℃,但不超过35℃;中午放风,将棚温降至20~25℃,湿度降到65%~70%,使叶片上既无水滴也无水膜;傍晚再放风2~3小时。晚上闭棚后,温度降至11~12℃,如果夜间最低温度达14℃以上,则可整夜放风。阴雨天也要适当放风,但要防止雨水溅到叶上。通过生态调控,可有效地控制霜霉病的发生。

5.药剂防治

发病前要适时喷施保护性杀菌剂,如1:0.7:200~240倍的波尔多液或80%代森锰锌600~800倍液,有很好的预防保护作用。病害发生后,在发病初期应及时喷洒内吸性杀菌剂,如阿米西达、翠贝、克露、达科宁、百得富、烯酰吗啉、锰锌·霜脲、霜霉威、甲霜·锰锌等。为防止病菌产生抗药性,应注意药剂轮换、交替及混合使用。

病害:枣疯病

一、发生为害特点

1.病害分布及为害程度

枣疯病是一种毁灭性病害,在全国各枣区均有发生,以河南、河北、山西、陕西、山东、安徽、广西等枣区发生较严重。病树一旦发病,第二年后很少结果，又称“公枣树”。一般幼树1~2年、大树3~4年便因病死亡。一般枣园病株率达3%~5%，有的枣园高达30%以上，甚至造成大批枣树枯死，枣园被毁，对枣树生产造成较大损失。

2.病害类型

属嫁接和介体昆虫传播的植原体病害。

3.难防指数 ★★★★★

4.难防原因

(1)栽植品种抗性差，多数枣树品种感病；

(2)缺乏有效的防治药剂，枣树一旦发病，很难根治；

(3)传播途径复杂，昆虫传播介体叶蝉一旦获毒，便可终身传毒；

(4)发病时期较长，早期难以诊断。

二、诊断要点

1.为害部位

系统侵染，全株发病。一般是先从一个或几个枝条开始，然后再传播到其他枝条，最后扩展至全株，但也有整株同时发病的。

2.为害症状

枣疯病主要症状类型包括：

(1)花器叶变　花器退化，花柄延长，萼片、花瓣、雄蕊均变成小叶，雌蕊转化为小枝。

(2)枝叶丛生　芽不正常萌发，病株1年生发育枝的主芽和多年生发育枝上的隐芽，均萌发成发育枝，其上的芽又大部分萌发成小枝，如此逐级生枝，病枝纤细，节间缩短，呈丛状，叶片小而萎黄。病根上的不定芽，可大量萌发长出一丛丛短疯枝，出土后枝叶细小、黄绿、日晒后全部焦枯呈“刷状”。

(3)叶片病变　先是叶肉变黄，叶脉仍绿，以后整个叶片黄化，叶的边缘向上反卷，暗淡无光，叶片变硬变脆，有的叶尖边缘焦枯，严重时病叶脱落。花后长出的叶片比较狭小，具明脉，翠绿色，易焦枯。有时在叶背面主脉上再长出一小的明脉叶片，呈鼠耳状。

(4)果实病变　病花一般不能结果。病株上的健枝仍可结果，果实大小不一，果面着色不匀，凸凹不平，凸起处呈红色，凹处是绿色，果肉组织松软，不堪食用。

三、病原特征

枣疯病的病原为植原体（*Phyto-*

plasma)，属原核生物。菌体为不规则球状，无细胞壁，常堆积成团或联结成串。植原体对四环素族抗生素比较敏感。

四、发生规律

1.侵染循环

病原主要在枣树体内生活，病树根部可终年带菌，而地上部的植原体则随枣树落叶进入休眠逐渐减少，越冬后期基本消失，所以根部带菌越冬是枣疯病翌年发病的重要初侵染来源。在根部越冬后的病原体，翌年春季随根部营养物质上行到地上部引起丛枝等枣疯病症状。枣疯病主要通过各种嫁接(如芽接、皮接、枝接、根接)和分根传染。从嫁接到新生芽上出现症状(即潜育期)最短 25 天，最长可达 1 年以上。影响潜育期的长短主要有 3 个因素：一是嫁接接种时间，6 月底以前嫁接的，当年就能发病，以后嫁接的要到翌年才发病。二是接种部位，根部接种的当年发病早，嫁接枝干的当年发病晚或到翌年才发病。三是接种量，枝(芽)接块数多或接种病原物数量大时发病快。一般苗木比大树发病快。

在自然界中，除嫁接和分根传染之外，也能通过橙带拟菱纹叶蝉、中华拟菱纹叶蝉、红闪小叶蝉。凹缘菱纹叶蝉等昆虫传病。

2.发病条件

调查结果表明：枣疯病的发病与下列因素有关：

(1) 介体昆虫数量 枣疯病的发生流行和几种菱纹叶蝉的分布及猖獗发生密切相关。例如：有侧柏的坟地是菱纹叶蝉主要越冬繁殖的地方，故病株首先出现在有侧柏的坟地附近，越靠近侧柏林，枣树染病的机会越多。

(2) 田间管理 发病与枣园管理水平有关。枣园管理粗放，树势衰弱的发病重，反之发病则轻。据调查，枣疯病发病与间作物品种有一定关系，与小麦、玉米间作的水浇地枣园发病率高，与花生、甘薯或芝麻间作的砂岗旱地枣园，发病率低。其原因可能是小麦、玉米地适于传病昆虫菱纹叶蝉的越冬和繁殖，加上水浇地枣树徒长枝多，易被侵染。

(3) 树龄大小 一般小于 20 年生的幼龄树发病重，50~100 年生的中老龄树发病轻。因为幼树徒长枝多，利于传病的菱叶蝉取食，结果大树，徒长枝少，不利于传病昆虫取食。

(4)枣树品种 河南调查,扁核酸和灰枣感病最重，发病率可达70%;其次是广洋枣,发病率为20%;九月青和鸡心枣发病较轻，为4%和5.9%；灵宝大枣发病最轻，仅为0.6%。

五、防控技术

1.选用抗病品种

新建枣园应注意选用抗病品种,或利用抗病的酸枣和具有枣仁的大枣品种作砧木,以培育抗病品种。

2.农业防治

(1)培育无病壮苗 应在无病的枣园中采取接穗、接芽或分根繁殖,以培育无病苗木。严禁病苗调入或调出,苗圃中一旦发现病苗,应立即拔掉。田间发现病树应立即刨除,或及时去除病根蘖及病枝,以减少初侵染来源。

(2) 加强枣园肥水管理 对土质差的进行深翻扩穴，增施有机肥,改良土壤,促进枣树生长,增强抗病能力,可减缓枣疯病的发生和流行。

(3) 实行主干环割 枣树落叶至发芽前,在病树主干距地面20~30厘米处,用手锯环锯1~3圈,锯环要连续,深度一致,锯透树皮而不要伤及木质部太深,以阻断病原体向地上部运转。

3.化学防治

(1) 防虫治病 及时喷药消灭传病叶蝉可有效地降低枣疯病传播蔓延的速度。以4月下旬、5月中旬和6月下旬为最佳喷药时期,全年共喷药3~4次。一般可在4月下旬枣树萌芽时喷布燕化毒吡（22%毒·吡乳油）2000~2200倍液，或50%辛硫磷乳剂1000倍液,防治中国拟菱纹叶蝉初龄幼虫;5月中旬花期前喷布10%氯氰菊酯乳油1000倍,防治第1代若虫,兼治凹缘菱纹叶蝉;6月下旬枣盛花期后,喷布80%敌敌畏乳油1000倍,50%辛硫磷乳油1000倍液,20%氰戊菊酯1000倍液，防治第1代成虫;7月中旬喷布20%氰戊菊酯乳油1000倍、2.5%溴氰菊酯乳油1000倍液、安通(10%联苯菊酯乳油)1000~1500倍液、50%杀螟硫磷乳油1000倍液等进行防治。

(2) 树干注药 利用植原体对四环素族抗生物质敏感的特点,对病树使用四环素类药物注干,可使丛枝症状明显受到抑制或减轻。一般每年发芽前注干1次。

病害:柑橘溃疡病

一、发生为害特点

1.病害分布及为害程度

柑橘溃疡病是柑橘生产上普遍发生的一种病害。在我国，广东、广西、福建、台湾、江西、浙江、江苏、湖南、湖北、贵州、四川等省均有分布。发病后造成落叶、枯梢,树势衰弱,落果等,严重影响产量和品质。

2.病害类型

为风雨和昆虫传播的细菌性病害。

3.难防指数 ★★★

4.难防原因

(1)病菌寄主范围广泛,传播途径多,且具有潜伏侵染现象;

(2)多数柑橘品种感病,尤其是柑、橙类品种高度感病;

(3) 抗生素类药剂被限制使用,药剂防治效果不够理想;

(4) 生长期气候条件有利于发病,病情发展速度快,为害严重。

二、诊断要点

1.为害部位

主要为害叶片、果实和幼嫩枝条。

2.症状特点

发病后共同特点是病部出现带黄色晕环的圆形褐色枯斑,枯斑表面粗糙,呈溃疡状。叶片受害,开始在叶背出现黄色针头大小的油渍状斑点,后逐渐扩大到叶片正反两面,病斑隆起,圆形、米黄色病斑,病部木栓化,呈灰白色或灰褐色,不久病部表皮破裂,呈海绵状,隆起显著,表面粗糙。病斑中心凹陷,周围有黄色或黄绿色晕环,紧靠晕环处常有褐色的釉光边缘,有时几个病斑聚合呈不规则形大斑。枝梢受害以夏梢为重,病斑形状与叶上相似,但突起明显,周围无黄晕,严重时引起落叶、枯梢。果实上病斑与叶片相似,但病斑较大,木栓化程度比叶部更为坚实，开裂更为显著。病斑多限于果皮上,发生严重时引起早期落果。

3.病征

湿度大时，病部有菌脓溢出。

三、病原特征

病原为野油菜黄单胞杆菌柑橘致病型（*Xanthomonas campestris* pv. *citri*），属薄壁菌门细菌。菌体短杆状，多单生，少双生，极生单鞭毛，革兰氏阴性。营养琼脂上的菌落圆形隆起，蜜黄色，含非水溶性的黄色素。

四、发生规律

1.侵染循环

病菌在病叶、病枝或病果内越冬，尤其是秋梢上的病斑为主要越冬场所，翌春遇水从病部溢出菌脓，借风雨、昆虫和枝叶交接作近距离传播，远距离，主要通过带病的苗木、接穗和果实传播，有时带菌土壤亦能传病，侵染嫩梢、嫩叶和幼果上。病菌由伤口、气孔、皮孔侵入，生长季节潜育期较短，一般4~6天。病部产生的病菌可借助于风雨及昆虫传播，具有多次再侵染。

2.发病条件

病害的发生流行与气候条件，栽培管理措施及品种密切相关。

（1）气候条件　高温、高湿、多雨利于该病发生和流行，尤其是暴风雨和台风过后易造成病害流行。

（2）栽培管理　施肥不足，或偏施氮肥，徒长枝增多，发病重。幼树、幼苗较成年树、老龄树发病重。在田间以夏梢发病最重，秋梢次之，春梢最轻。

（3）品种抗性　柑橘各品种间感病性存有差异，广柑、脐橙、甜橙、印子橙、柳橙、酸橙、枳橙等高度感病，柚和枳中等，福橘、南丰蜜橘和金橘高度抗病。

五、防治技术

1.选用抗病品种

建园时应根据当地病情，选用适合当地的抗病树种。据报道，温州蜜柑、碰柑、南丰蜜橘等发病较轻。

2 建立无病苗圃，培育无病健苗

苗木繁育期间，开展正常性的产地检疫，一旦发现病株，必须进行除害处理，甚至拔除烧毁，并及时喷药保护健苗。苗木出圃前要经过全面检疫检查，确认无发病苗木后，才允许出圃种植或销售。

3.农业防治

合理施肥。施肥应以有机肥为

主，化肥为辅，避免偏施氮肥，注意增施磷、钾肥和钙肥；应早施春肥，追施夏肥，夏至后控制述效氮肥的施用。果园注意防寒防冻，避免由于低温等自然灾害造成柑橘树体受伤。控制夏梢，抹除早秋梢和晚秋梢，适时放梢。幼树进行主干包扎，成年树进行主干涂白，采果后施好还阳肥，并加强水分管理。冬季注意清园，采收后的果园应剪除病枝、枯枝、病叶，清扫落叶、病果、残枝，集中烧毁，并喷石硫合剂进行全园消毒。

4.化学防治

在冬季清园时或春季萌芽前喷施石硫合剂50~70倍，有利于消灭该病菌源和其他病虫害。在春、夏、秋三次新梢期或幼果发病初期采用47%加瑞农800倍液，或52%龙克菌800倍液，或600~1000单位／毫升农用链霉素+1%酒精，或53.8%可杀得1000倍液，或20%龙可菌500倍液喷雾，每隔7~10天一次，连续喷药2~3次。要注意农药的轮换使用，以防产生抗药性。

同时，在生长期要加强虫害防治，防止害虫在柑橘生长发育过程中严重发生，造成大量伤口，诱发柑橘溃疡病的发生。

病害：柑橘黄龙病

一、发生为害特点

1.病害分布及为害程度

柑橘黄龙病又称黄梢病，是柑橘生产上一种世界性的为害严重、损失巨大的毁灭性病害，严重制约着柑橘产业的发展，也是柑橘的检疫性病害。我国主要分布在广东、广西和福建，云、贵、川、湘和海南局部地区也有发生。发病后常造成幼树死亡，老树或枯死或丧失结果能力，甚至全园毁灭。近年由于多种因素的影响，传播媒介柑橘木虱繁衍迅速，加上部分果园失管或管理粗放，造成柑橘黄龙病蔓延发展迅速，成为影响柑橘产业健康发展的严重隐患。

2.病害类型

属介体传播的细菌性病害。

3.难防指数 ★★★★

4.难防原因

(1)系统性侵染病害,早期难以诊断,发病后难以防治;

(2)缺乏有效药剂,抗生素类药剂被限制,药剂防治效果不佳;

(3) 传毒介体昆虫寄主广泛,难于彻底清除;

(4)缺乏抗病品种。

二、诊断要点

1.为害部位

为系统侵染病害, 整株受害,新梢首先表现症状。

2.症状特点

发病初期先在浓绿的树冠中出现一些发黄的枝梢, 称“鸡头黄”或“插金花”。病害从一个主枝到另一个主枝逐渐扩展, 最后全部枝梢发病。

春梢发病:当年新抽的春梢正常转绿,在5月后部分枝梢叶片褪绿变黄,叶脉肿突呈黄白或淡绿色,叶片硬化出现黄绿相间的斑驳或均匀黄化,病情扩展快。

夏、秋、冬梢发病:不同树种症状有所差异。橘类与蕉柑都表现为枝梢嫩不能正常转绿,叶片均匀黄化或黄绿斑驳,叶硬化,脉肿胀;椪柑的病叶叶脉先变橙黄, 叶肉有橙黄色网络,以后均匀黄化或黄绿间斑驳;柠檬和柚树、温州蜜柑和橙类病叶都呈黄绿相间的斑驳。发病的病梢到秋末陆续落叶,翌春病梢萌动早,长成的新梢短而细, 叶片因品种不同表现有差异,蕉柑、椪柑和橘类,叶脉多绿色,叶肉黄色,叶小狭长呈缺锌状;橙和柚类虽也呈缺锌状,但叶片变小不明显;温州蜜柑也呈缺锌状,叶片细长硬化, 主侧脉肿突, 叶缘向叶面卷转。

花、果症状:病枝开花早、多,花小、畸形,小枝上花多聚集成团,俗称“打死球”,这些花易脱落,不结果或结果少,即使有果,也是果酸、着色不匀。病果小,畸形(果脐偏歪一边),果皮光滑无光译。有的品种果蒂附近变橙红色, 其余绿色, 俗称“红鼻子果”。

幼树受害后一般在1~2年内死亡, 老树发病2~3年内干枯死或丧失结果能力。

3.病征

无病征。

三、病原特征

病原为韧皮部杆菌(*Liberobacter*),属原核生物薄壁菌门细菌。该类病菌在韧皮部中寄生为害,电镜下观察菌体梭形或短杆状,无鞭毛,革兰氏染色反应阴性。在人工培养基上难以培养。

四、发生规律

1.侵染循环

病菌可在病植株体内长期存活,主要是通过苗木、接穗和虫媒柑橘木虱进行传播为害。一般5月下旬开始发病,8~9月最严重。

2.发病条件

病害的发生流行与田间病株和虫媒数量、气候条件、立地条件及栽培管理水平等因素有关。田间病株和虫媒数量多,发病严重;春、夏季多雨,秋季干旱时发病重;施肥不足,果园地势低洼,排水不良,树冠郁闭,发病重。同一品种中,幼龄材较老龄树抗病,4~8年生的树发病重。

五、防治技术

1.选用抗病品种

不同树种及品种间抗感差异较大,一般柑、橘、橙类易感病,柚类、柠檬等发病较轻。

2. 加强检疫,培育无病苗木

严格禁止从疫区引进苗木、接穗和砧木。新开辟的果园,一律要用无病苗木种植。培育种植无病苗木,是防治柑橘黄龙病的关键性措施,要培育出不带黄龙病的无病苗木,可采取自繁自育。嫁接时砧木种子采自健康母本树,播种前砧木种子用50~52℃热水预浸5分钟,再用55~56℃温水浸泡50分钟。接穗选自无病毒的高产母树,或用1000毫克/千克盐酸四环素液浸泡2小时,取出后用清水洗净再嫁接。

3.农业防治

(1) 挖除病株　及时彻底挖除病树、清除病源是防治黄龙病的关键,又是控制病害传播流行最有效的措施。对发病率10%以下幼龄果园可采取彻底挖除病树,补种无病苗木和加强管理,并注意防治木虱;发病率在15%以下成龄果园,采用重剪病枝和梢期喷药防治,减少蔓延,减轻经济损失。当发病率在10%~20%的幼龄果园及发病率在20%~30%的成年果园,经评估无经济效益时,可实行整片及时挖除,轮作后再建。

(2) 清除木虱寄主　九里香是木虱的主要寄主植物,柑橘园应禁用九里香作防护林或绿篱，果园附近地区有九里香的应立即挖除。

(3) 加强果园管理 柑橘木虱主要为害新梢嫩叶，可通过控制水肥来控制抽梢，使抽出的新梢整齐一致，缩短抽梢期。在栽培技术上，应增施有机肥，改良加深熟化土层，增强树势，提高抗病能力。对易积水或地下水位高的果园要挖沟排水，降低地下水位，抑制黄龙病的发生。

3.化学防治

轻病树，可在主干基部钻孔，深达主干直径的2/3，从孔口注射药液，每株成年树注射1000毫克/千克盐酸四环素液2~5升。

要注意防治传病介体昆虫柑橘木虱。春、秋新梢抽发至1~2厘米时，嫩梢抽发期用25%扑虱灵可湿性粉剂1500倍液或2.5%功夫菊酯乳油3000倍液喷杀。

病害：柑橘青霉病、绿霉病

一、发生为害特点

1.病害分布及为害程度

柑橘青霉病和绿霉病是一种世界性重要病害，主要为害贮藏期的果实，常造成大量烂果。同时，这两种病害也可以为害田间的成熟果实。如采果期间多雨闷湿的天气，果园多有发生。当夏橙采果前阴雨连绵，近地面的果实可见到该病。

2.病害类型

为气流传播的真菌性病害。

3.难防指数 ★★★

4.难防原因

(1) 病菌在空气中大量存在，基数大；

(2) 病菌主要从伤口侵入，贮藏和运输过程中难以避免伤口；

(3) 贮藏期病害，药剂防治受到较大限制。

二、诊断要点

1.为害部位

主要为害成熟的果实。

2.症状特点

青霉病和绿霉病症状相似。病菌多从伤口或蒂部开始侵入，发病初期在果面出现水渍状的圆形病斑。病部果皮软腐，后扩展迅速，用手指轻压即破裂。最后病部长出白色霉层，随后在白色霉层中间产生一层青色或绿色粉状物。二者差异主要是：绿霉病的白色菌丝环较宽，绿霉物在病果的表面，细密较厚，暗绿色；而青霉病的白色菌丝环较窄，青霉较疏松，灰蓝色，可延至病果内部。前者腐烂部位的边缘不规则、不明显，后者规则而呈明显水渍状。绿霉病和青霉病都可引起贮藏果实大量腐烂。

3.病征

病部首先出现白色霉层，后期产生青色和绿色霉层，为病菌的分生孢子梗和分生孢子。

三、病原特征

青霉病病原为意大利青霉(*Penicillium italicum*)，绿霉病病原为指梗青霉(*Penicillium digitatum*)，二者均属半知菌亚门真菌。病部霉层是其分生孢子梗和分生孢子。分生孢子梗无色，顶部有多次分枝，排列成扫帚状，最上层分枝呈瓶状，顶端形成大量串生的分生孢子；分生孢子单细胞，近球形，近无色。

四、发生规律

1.侵染循环

两种病菌均可在各种有机物质上营腐生生活，并产生大量分生孢子散布在空气中。分生孢子随气流传播，青、绿霉病菌均为弱寄生菌，都必须通过各种伤口或蒂部才能入侵。病果也可通过接触传染，引起腐烂，以后在病部又产生大量分生孢子进行重复侵染。

2.发病条件

高温高湿是两病发生的主要条件。青霉发病最适温度是18~26℃，绿霉病在25~27℃，相对湿度95%以上两种病害发展迅速。通常贮藏初期多发生青霉病，后期多发绿霉病。在雨后或重雾，露水未干时采收的果实，贮藏过程中病害发生重。采收、装运、贮藏过程中，造成伤害的果实，容易引发病害。此外，果实成熟程度与发病也有一定关系。一般充分成熟的果实在贮运期发病轻，而未充分成熟的果实发病则重。

五、防治技术

1.适时精细采收，避免产生伤口

适时采收果实,雨后和露水未干时不宜采果。采果前7天内不宜灌水;避免雨天和果皮含水量高时采果。果实采收时一定要保证成熟度,八成成熟时采收为适宜。采果、运输、采后果实处理整个过程做到轻采、轻放,保证果实完好无损。要选择晴天采收,采收后的果实应堆放在阴凉通风处预贮4~6天,使果皮变软后再入库贮藏。

2.果实药剂处理

对计划贮藏的柑橘果实采下后即用药浸果。药剂可用50%多菌灵或50%苯莱特或50%托布津1000倍液加2,4-D 200毫克/升,或用500毫克/升的抑霉唑加200毫克/升的2,4-D浸果1~2分钟,均有良好的防治效果;也可用50%施保功可湿性粉剂或25%施保克乳油1000~2000倍液,或45%特克多悬浮剂1000倍液,70%甲基托布津可湿性粉剂800倍液浸果。

3.安全贮藏

贮藏库和工具可用70%甲基托布津800倍液或福尔马林40倍液消毒,也可用贮果前半个月用4%漂白粉的澄清液喷洒库壁和地面,或用硫磺粉进行熏蒸,每立方米用10克,密闭熏蒸24小时。贮藏期应及时检查,发现烂果及时清除,防止向周围蔓延扩展。

病害:香蕉枯萎病

一、发生为害特点

1.病害分布及为害程度

香蕉枯萎病又称香蕉巴拿马枯萎病,在世界重要香蕉产区发病严重。我国目前在广西、广东、海南、台湾等地局部发生,部分地块严重发病,造成植株大量枯死。主要发现在龙芽蕉和粉蕉类型的品种上,为我国对外检疫对象。

2.病害类型

为典型的土传真菌性病害。

3.难防指数 ★★★★★

4.难防原因

(1)土传病害,病菌在土壤中长期存活,很难彻底清除;

(2)缺乏抗病品种,大多数品种感病;

(3)缺乏有效药剂,药剂防治效果不佳;

(4)难以实施轮作等农业措施。

二、诊断要点

1.为害部位

根部侵染,系统发病,整株表现症状。

2.症状特点

苗期到成株期均可发病。苗期感病后无明显症状;成株期发病最下部叶片发黄,由叶缘开始逐渐向中脉扩展,病叶迅速凋萎;叶柄在靠近叶鞘处折曲下来,叶片倒挂在假茎旁;随后其他叶片自下而上相继发黄、凋萎、倒挂,叶片由黄色变褐色干枯,直至全株枯死,在枯死的株干上倒挂着干枯的叶片。有些后期感染的病株,不立即枯死,但纵使能抽蕾,但蕉如指头大小,数量少,无食用价值。该病是一种维管束病害,纵向剖开病株根茎,可见黄红色病变的维管束,越近茎基部颜色越深。病株的假茎及外部老叶鞘的维管束都有变色表现。

3.病征

后期植株枯死后,湿度大时,在茎秆破裂处可见有粉红色霉层,为病菌的分生孢子。

三、病原特征

病原为尖镰孢菌古巴专化型(*Fusarium oxysporum* f.sp *cubense*),属半知菌亚门真菌。病菌可产生两种类型的分生孢子。大型分生孢子镰刀形,无色,3~5 个分隔,多数 3 个分隔;小型分生孢子卵形或圆形,无色,单胞或双胞。厚垣孢子椭圆形至球形,淡褐色,壁厚。该菌是一种土壤习居菌,在土壤中可存活 8~10 年。

四、发生规律

1.侵染循环

香蕉生长在南方,病菌不存在越冬问题。枯萎病的初侵染来源主要是带病的香蕉吸芽、病残体及病蕉根部周围的土壤,在土壤中可存活数年至十数年之久。在环境条件适宜时,病菌能产生分生孢子,在田间,病害近距离传播主要通过水流或农事操作,病菌可以从根部伤口侵入或直接侵入,并通过寄主维管束向茎上发展。

病害远距离传播主要通过带病吸芽的调运。当植株枯死后,病菌随残体遗留在土壤中,随着水流或带菌的农具在蕉园内再进行自然传播。

2.发病条件

蕉田连作,土壤过湿和伤根多有利发病。在温度较高和土壤持水量为25%以上时,发病严重。香蕉品种之间发病程度存在较大差异,在国内目前发现为害粉蕉、西贡蕉、过山香蕉和香蕉等,而大蕉尚未见发病。

五、防治技术

1.植物检疫

该病为检疫对象,要严格限制病区蕉苗及其所附带的土壤输入。

2.农业防治

(1) 实行轮作 蕉田实行水旱轮作或与甘蔗轮作2~3年。平地重病蕉园有条件的可淹水休闲半年或与水稻轮作。

(2) 彻底改造病田 在病园改种抗病较强的大蕉或香蕉,但已发现香蕉亦感病的地区或园圃,则不宜改种香蕉。

(3) 清除病源 病菌是以吸芽和病土为初侵染源,发现病株后要刨除烧毁,对病株周围8米左右的病土可撒施石灰、淋2%福尔马林或尿素进行消毒处理,消灭初侵染源。

(4)加强栽培管理 增施肥料,开沟排水,增强植株抗病力。

3.化学防治

轻病株用含多菌灵2%有效成分的药液注射球茎,每株次3毫升、每年注射2次。也可用50%多菌灵500倍液浇灌植株,每株500毫升。

病害:香蕉束顶病

一、发生为害特点

1.病害分布及为害程度

香蕉束顶病俗称蕉公、虾蕉、葱蕉等,是世界各香蕉产区的一种严重病害,我国各香蕉产地均有不同程度发生。植株发病后矮缩,不开花结蕾;发病较晚的植株果少而小,没有商品价值,经济损失严重。一般发病率在5%~10%,严重的发病率在30%~40%,个别蕉园高达80%~90%。

2.病害类型

为蚜虫传播的病毒病害。

3.难防指数

4.难防原因

(1) 缺乏抗病品种，大多数品种感病；

(2) 病毒病害,缺乏有效药剂；

(3)病害潜育期长,很难及时发现处理,导致传播蔓延。

二、诊断要点

1.为害部位

病毒病害,系统侵染,整株发病。

2.症状特点

该病在香蕉各生育期均可发病。发病植株矮化,新发叶窄小,硬脆易断,叶边缘明显失绿,后变枯焦,硬直并成束长在一块。病叶背面沿侧脉和叶柄或主脉的基部出现一些深绿色的条纹,俗称青筋,这是诊断该病的特征性症状。病株通常不抽蕾挂果；若发病较晚,抽蕾时侵染的植株抽出的蕾和所结的果实畸形细小，味淡，无经济价值。病株吸芽较多,分蘖多,病株根尖变红紫色,无光泽,大部分根腐烂或变紫色,不发新根,最终枯死。

3.病征

病毒病害,无病征。

三、病原特征

病原为香蕉束顶病毒(*Banana Bunchy-top Virus*,*BBTV*)，病毒粒体为等径病毒。我国该病有重型和轻型两个株系,以前者为主。该病毒主要靠香蕉交脉蚜以连续吸食方式传播。

四、发生规律

1.侵染循环

病原初侵染来源主要是病株及其吸芽,病毒在园内主要借香蕉交脉蚜传播,远距离传播则通过病株吸芽调运。病毒不能借汁液摩擦、机械损伤及土壤传播。病毒侵染后经过 1~3 个月以上的潜育期才能显症。传毒蚜虫在病株上连续吸食 17 小时以上，经几小时至 48 小时的循回期，再到健株上吸食 1.5 小时以上，即可使健株染病。

2.发病条件

该病发生的轻重与气候条件、栽培管理和品种抗性等有密切的关系。

(1) 气象条件　干旱年份，蕉蚜发生量大,并且有翅蚜多,迁移频繁,传染的机会多。冬季冻害之后,易造成流行。春暖蚜虫大量繁殖,发病早而重。

(2) 栽培管理 栽培管理不善,蕉蚜多,病株率高,发病重;路边、园边及密植、不通风的蕉园发病也较多。

(3)品种抗病性 粉蕉、大蕉、龙牙蕉等较抗病,香蕉类最感病。香蕉品种中,以高干品种比矮干品种发病轻;吸芽种类上,以红笋芽比褛衣芽、隔山飞较少发病。

另外,苗木带病率高,田间的病株率也高。

五、防治技术

1.抗性品种

品种间抗性差异显著,重病区可种植粉蕉、大蕉、龙牙蕉等较抗病品种。

2.农业防治

(1) 选种无病种苗 由于本病的潜育期较长,故挖苗前过细地对母株进行检查,剔除病株。

(2) 加强栽培管理 蕉园附近不要种植木瓜、黄瓜、番茄和辣椒等病毒寄主植物。增施有机肥和钾肥。合理灌溉,长期保持土壤湿润,防止积水,增强植株抗病力。

(3) 田间卫生 发现病株及时挖除,集中烧毁或浸在河塘中腐烂。病情较轻的香蕉园,在冬季清除病株,半个月后病穴先施石灰消毒后进行补种。

3.化学防治

及时治蚜防病,尤其在3~5月和9~11月需加强喷药防治,要求每月喷药2~3次,可用10%吡虫啉1500倍液,或辟蚜雾1000~1500倍液,或10%氯氰菊酯乳油1500~3000倍液,或5%高效大功臣3000倍液喷洒吸芽、植株的“把头”及园内杂草,减少传毒机会。

病害:芒果炭疽病

一、发生为害特点

1.病害分布及为害程度

炭疽病是芒果生产中发生最普遍、为害性最大的一种病害,在世界芒果种植区都有发生,我国各芒果种植区均有分布。该病既可在果园内为

害，也可在贮藏期为害，常造成大量烂果，损失严重。

2.病害类型

为风雨传播的真菌性病害。

3.难防指数 ★★★

4.难防原因

(1)缺乏抗病品种，大多数品种感病；

(2) 生长季节多雨，有利于病菌侵入和发病；

(3) 该病具有潜伏侵染现象，发病初期往往不能及时防治。

二、诊断要点

1.为害部位

该病可以为害叶片、花序、果实和枝梢，以叶片和果实受害最重。

2.症状特点

(1)叶片 嫩叶最易受害，病叶初期出现褐色小斑点，周围有黄晕。病斑扩大后成圆形或不规则形，黑褐色，逐渐扩大或由几个小斑互相连结成大的枯死斑，病斑突起，病部易破裂或脱落穿孔。

(2) 枝梢和花序 嫩梢受侵染后出现淡黑色下陷病斑，以后发展成灰褐色斑块，病斑若环绕嫩茎一周，可使病部以上的枝条枯死。花序感病后产生黑褐色小点，扩展形成圆形或条形斑，多在花梗上。严重时整个花序变黑干枯，花蕾脱落，使芒果全部或部分不开花。

(3) 果实 幼果受侵染后不立即表现症状，病菌潜伏在果皮内暂不活动，待果实渐趋成熟，于果实采收前或采收后才陆续出现症状。未熟果实感病后，仅产生黑褐色小斑点。若果柄、果蒂感病，则果实很快脱落。接近成熟或成熟果实感病，初期形成黑褐色圆形病斑，扩大后呈圆形或不规则形，黑色，中间凹陷。有时病斑联合，果面变黑。病部果肉初期变硬，后期变软腐烂。

3.病征

潮湿条件下，病部长出橘红色黏稠状物及黑色小点，为病菌的分生孢子盘及分生孢子。

三、病原特征

病原为胶孢刺盘孢(*Colletotrichum gloeosporioides*)，属半知菌亚门真菌。分生孢子盘盘状，有黑色刚毛；分生孢子梗棍棒状，无色，一般不分枝；分生孢子椭圆形或圆柱形，单细胞，无色。

四、发生规律

1.侵染循环

病菌以菌丝体在受侵染的枝条，或以菌丝体、分生孢子盘在受侵染的枯枝、落叶、烂果、僵果等病残组织上越冬。春季气温回升，越冬的病菌产生分生孢子，借风雨、昆虫传播。分生孢子产生芽管，直接从表皮侵入，也可通过皮孔、伤口侵入果实。侵入后在果面蜡质层等处潜伏，该病具有潜伏侵染的特点。病残体在整个生长季节可以不断产生新的分生孢子进行多次的再侵染。

2.发病条件

该病的发生与流行主要与气象条件、栽培管理及品种抗性等因素密切相关。

(1)气候条件　高温、多雨、雾重、闷热潮湿的天气最适宜于炭疽病的发生。

(2)栽培管理　果园管理不善，种植过密，植株长势衰弱，植株组织幼嫩，虫伤，机械伤多，发病较重。病菌可在洋槐上越冬，果园周围植有洋槐则病重。一般密植园、低洼黏土地、排水不良或果树生长郁闭的果园发病较重。采收、包装、运输操作粗放，贮藏条件恶劣都会加重病害发生。

(3) 品种抗性　不同品种对炭疽病的抗性有明显差异。紫花芒、桂香芒、串芒、粤西一号、红象牙芒等品种比较感病；白花芒、金钱芒、湛江吕宋芒、云南象牙芒则较抗病。

五、防治技术

1.抗性品种

品种间抗性存在较大差异。各地应因地制宜，选用丰产抗病品种。

2.农业防治

(1) 加强栽培管理　夏季采果后，及时进行修剪、整形，要疏除内膛枝、重叠枝、交叉枝、老弱枝，改善植株透光、通风条件。合理密植，通常以每公顷栽植600株。

(2) 果园卫生　及时清除病枝叶、僵果，集中烧毁，以减少田间菌源。

3.化学防治

开花期每周喷药1次，药剂可选用70%百菌清600倍液，50%多菌灵500倍液，70%甲基托布津800倍液，40%灭病威400倍液等。

结果期每隔半月喷药1次，可交替使用以下农药：70%甲基托布津700倍液，或1:1:100波尔多液，或

75%百菌清600倍液，或25%施保克乳油800倍液，或20%氯乳铜油剂500倍液。采果前15天喷布25%施保克700~800倍液，可减少果实带菌。

秋梢生长期每隔半月喷药一次，用药与花果期基本相同。秋末冬初进行清园，将病枝叶剪除后集中烧毁，全园喷布一次1:2:100或1:1:100波尔多液。

采收后将果实浸泡于70%甲基托布津800倍药液，或25%施保克乳油1000~2000倍液，或45%特克多悬浮剂1000倍液中15分钟，捞起置于通风处晾干，用纸箱或竹箩包装，或移到低温气调库中贮藏。

虫害：苹果绵蚜

一、发生为害特点

1.虫害分布及为害程度

苹果绵蚜 *Eriosoma lanigerum* 属同翅目、瘿绵蚜科，是全国植物检疫性害虫，也是为害苹果树的重要害虫之一。近年来随着苹果栽培面积的扩大和大规模调运苗木和接穗，已经扩散蔓延到山东、天津、河北、陕西、河南、辽宁、江苏、云南、西藏等地。

被害根部形成瘤状虫瘿，影响寄主的生长发育和花芽分化，虫瘿增大破裂后，易招至其他病虫的侵袭，更加重了对寄主的为害，直至寄主枯死。

2.难防指数 ★★★★

3.难防原因

(1) 繁殖能力强，繁殖速度快，种群数量庞大；

(2)以无翅胎生雌蚜繁殖，为害时间长；

(3)为害部位多，可以在根部为害，很难彻底防除；

(4)群集为害，有大量白色蜡毛覆盖，抗药性较强。

二、诊断要点

1.为害部位

果树枝干的病虫伤口和剪锯口、老皮裂缝、新梢叶腋、短果枝、果柄、果实的梗洼和萼洼以及地下的根部。

2.为害特点

侧根被害后形成肿瘤，不能再生

新的须根,并逐渐腐烂。叶柄被害后变成黑褐色,果实提前脱落。果实被害后品质下降。果苗被害后容易引起死亡。幼虫被害后,枝条发育不良,结果期推迟。成树被害后,树势衰弱,花芽分化减少,产量降低,结果寿命缩短。苹果绵蚜发生严重时,枝杆上盖满白色蜡毛,造成枝干枯死。

三、形态特征

无翅孤雌成蚜：体卵圆形,长1.7~2.1毫米。活体黄褐色至红褐色。体表光滑，背面有大量白色长蜡毛。复眼由3个小眼组成。触角粗短,有微瓦纹,6节，第五节与第六节等长,各生1个感觉圈。腹管稍隆起,呈半圆形裂口,位于第五、第六腹节的蜡孔之间。

若蚜：共4龄。成长若蚜体长1.4~1.8毫米,赤褐色。喙长超过腹部。触角5节。蜡毛稀少。

四、生活习性

我国辽宁13~14代,河南14~20代。以1、2龄若蚜在树干、枝条的伤疤、粗皮裂缝、剪锯口、地下浅层根部或残留的蜡质绵毛下越冬。全年主要以孤雌产仔方式繁殖。成蚜所产若蚜爬行迁移寻找适宜场所，如剪锯口、愈合伤口、嫩梢、叶腋、嫩芽、果梗、果萼、果洼及地下根部或露出地表的根际等处,固定下来吸取树液,一般不再迁移。5~7月份为繁殖为害盛期,严重时可布满全树,在伤疤边缘形成白环,在枝梢、叶腋处形成棉絮状白团,寄主皮层肿胀成瘤并开裂。有翅蚜在5月下旬至6月下旬、8月底至10月中旬形成两次发生高峰。

苹果绵蚜传播主要是通过苗木、接穗、果实等的调运携带。近距离传播主要是通过人为的农事活动,昆虫、鸟类的携带、有翅蚜的迁飞风力吹动毛絮等途径。1龄若蚜爬行扩散能力较强,大发生时可迅速布满全树枝梢。若蚜2龄后开始固定刺吸,不再移动,成蚜则有转移产仔习性。在春季和夏季均呈“蚜块群”分布。

生长和发育的适宜温度为22~25℃，在此范围之外时，若蚜发育减缓,成蚜产仔量大幅度减少。高温、高湿是限制其发生为害的主要气候因子。

苹果品种和苹果树生长状况是决定苹果绵蚜发生程度的重要食物因素。祝光、花皮、黄魁、红玉、大国光、红香蕉等品种上发生较重,而金

帅、小国光、青香蕉、红富士等发生较轻。苹果树势较弱(土层薄、砂土地、管理粗放、修剪不当、树龄较大、通风透光较差)、伤口较多,苹果绵蚜发生为害严重。

天敌：主要是苹果绵蚜蚜小蜂(日光蜂),在7~9月的寄生率可达70%以上。捕食性天敌主要有七星瓢虫、异色瓢虫、黑条长瓢虫、黄缘小巧瓢虫、大草蛉、黑带食蚜蝇等。

五、防治方法

1.植物检疫

严禁从绵蚜区调运苗木、接穗。

2.农业防治

清除树冠下杂草、落叶、根蘖。修剪时剪除虫枝、虫叶、虫果带出果园集中烧毁,降低苹果绵蚜密度。发芽前刮除老树皮、伤口、伤疤等处绵蚜越冬群落和死组织,集中烧毁,减少越冬数量,深翻树盘,增施有机肥。

3.化学防治

(1)治早

在4月初苹果绵蚜开始活动为害时,喷40.7%乐斯本1500倍液。清除越冬虫源,在果树休眠期,结合冬剪人工杀除,用乐斯本300倍液涂刷。萌芽前清园,对绵蚜为害严重的果园,用乐斯本或杀扑磷1000倍液或福美胂100倍液清园。

(2)治小

在5月初1龄若虫期,此时绵蚜虫龄小,蜡质薄,抗药性差,数量少,喷药很易防治,喷40.7%乐斯本1500倍液,或10%吡虫啉乳油1000倍液、10%氯氰菊酯乳油3000~4000倍液、50%抗蚜威可湿性粉剂1000倍液、40%氧化乐果乳油1000~2000倍液等。集中联防2~3次,每次间隔10~15天,重点防治树干,树枝的缝、洞、伤口及新梢叶腋、短果枝、叶柄等处。9~10月份第2次为害高峰期,喷40.7%乐斯本1500倍液或42%阿维毒死蜱1500倍液。

(3)灌根

发芽后结合浇水,随水浇施氧化乐果每亩用药1.5千克,对苹果树的根茎及树干周围内灌根,杀死树干附近地面浅土层中的绵蚜。秋季结合浇水再施1次药。具体方法:将树干周围1米半径内的土壤扒开,露出根部。每株灌注20%阿维·辛乳油2000倍液或40%毒死蜱乳油1000倍液,或10%吡虫啉800~1000倍液。

4.保护天敌

7~8月份在防治中以使用仿生药剂为主,保护天敌。

虫害:叶螨(红蜘蛛)

一、发生为害特点

1.虫害分布及为害程度

果树叶螨种类很多,其中山楂叶螨(*Tetranychus viennensis*)是我国淮河以北地区分布最为广泛的蔷薇科果树主要害螨之一。此外,苹果全爪螨(*Panonychus ulmi*)、果苔螨(*Bryobia rubrioculus*)和二斑叶螨(*Tetranychus urticae*)在局部地区果园也有发生。山楂叶螨以成、若螨、幼螨刺吸苹果、梨、樱桃、山楂、核桃等的芽、叶。叶片受害后呈现失绿小斑点,逐渐扩大连片。严重时全叶苍白枯焦早落,常造成二次发芽开花,削弱树势,既影响当年产量,又影响来年产量。

2.难防指数 ★★★

3.难防原因

(1)世代周期短,繁殖快,数量大;

(2)长期使用农药导致抗药性的产生;

(3)个体微小,不易监测和把握防治时机;

(4)越冬螨位置多变,不易根除。

二、诊断要点

1.为害部位

主要为害叶片。

2.为害特点

以成、若螨、幼螨刺吸苹果、梨、樱桃、山楂、核桃等的芽、叶。叶片受害后呈现失绿小斑点,逐渐扩大连片。严重时全叶苍白枯焦,出现早期落 叶。

三、形态特征

成螨 雌螨体卵圆形,背隆起,体长0.40~0.7毫米,越冬型(滞育型)为鲜红色,有光泽,夏季型为暗红色,体背两侧有黑色纹。背毛26对,依次为2、6、4、4、4、2根;背毛长而具有绒毛,刚毛状,不着生在瘤突上;背毛长超过其横列距。具吐丝结网习性。雄螨体菱形,长0.35~0.45毫米,末端略

尖，浅绿色。体背两侧有褐斑。

卵　圆球形，半透明，初产卵为黄白色或浅黄色，孵化前呈橙红色，并呈现出2个红色斑点。卵常悬挂在丝网上。

幼、若螨　初孵化幼、若螨体近圆形，未取食前为淡黄白色，取食后具黄绿色颗粒斑，单眼红色。幼螨足3对，体圆形黄白色，取食后卵圆形浅绿色，体背两侧出现深绿色斑。若螨足4对，淡绿呈浅橙黄色，体背出现侧毛，两侧有深绿色斑纹，后期与成螨相似。

四、生活习性

山楂叶螨在河南1年发生12~13代，以滞育雌螨在树皮裂缝、杂草根际、枯枝落叶、土缝等隐蔽处越冬。1年发生代数与营养条件和发生地温度条件有密切关系。在一定的温度范围内，温度与生长发育速率关系呈正比例关系，但超过其上限温度（7~8月），其生长发育速率又下降或停滞。

山楂叶螨属长日照发育型，短日照条件下产生鲜红色的滞育雌螨。越冬雌螨的抗寒力极强，在-10~-15℃下持续3天死亡率仍很低，在-30℃下经1天时间才全部冻死。翌年春平均气温9~11℃、树芽萌动膨大时，越冬雌螨出蛰，树芽萌顶后开始取食。如遇倒春寒天气，则回树缝内潜藏。整个出蛰期可持续40天左右。一般在4月上中旬开始取食并陆续开始产卵。产卵盛期与苹果、梨的盛花期相吻合。卵产于叶背主脉两侧或丝网上，每雌螨日产卵1~9粒，日平均产卵3.82粒。当气温18~20℃时，雌成螨寿命约40天。平均产卵日数为13.1~22.3天，产卵数为43.9~83.9粒。最多可达146粒。

刚孵化幼螨较活泼。从雌幼螨发育到雌成螨需脱3次皮，雄性螨脱2次皮。故发育较雌螨快。待雌成螨羽化后，立即交尾。交尾时间平均2~3分钟，1头雄螨可与5头以上雌螨交尾。两性生殖的后代雌雄性比为3:1~5:1；孤雌生殖的后代全为雄性个体。

山楂叶螨分布于果树的中、下部和内膛的叶背面，树冠上部仅占10%，中部占17.7%，下部占40%，内膛占32.3%。在林冠的各个部位均为聚集型分布。传播方式有爬行、风力以及人、畜活动而传带等。

山楂叶螨的天敌有深点食螨瓢虫、肉食蓟马、小花蝽、草蛉、粉蛉和捕食螨。

五、防治方法

1. 加强数量监测

越冬雌成螨上芽为害期,在苹果树开花前,以梅花式选定5株树,3天调查1次,在树冠内膛和主枝中段各随机取10个生长芽,计100个芽,统计上芽的越冬雌成螨数;在果树落花后,继续定树、定期5~7天1次,调查叶螨种群数量,每树在内膛、主技中段各选10个中下部叶片1张,5株树计100张叶片。当叶平均活动螨达4~5头/叶时即可喷药防治。进入7月中旬之后,山楂叶螨已扩散到树冠外围,取样部位应移到主枝中段和外围枝上。这时树体的花芽分化基本结束,害螨的种群数量亦进入自然消减阶段,此时的防治指标可放宽至7~8头/叶活动螨。

2. 人工防治

于秋季树干束草诱集成螨越冬,翌春解下烧毁;早春在成螨未出蛰时刮除老翘皮消灭越冬成螨。

3. 药剂防治

施药关键时期为越冬成螨出蛰盛期和第一代幼螨孵化期。使用药剂有50%硫悬浮剂200倍液、0.5波美度的石硫合剂(春季用)。夏季当6月份每叶平均活动螨量达4头或7月份以后达7~8头时,天敌与害螨之比小于1:50时喷药。使用药剂可选用20%三氯杀螨醇1000倍液、40%水胺硫磷2000倍液、20%双甲脒1000倍液、5%尼索朗2000倍液、73%克螨特2000倍液、10%天王星4000~1000倍液、20%灭扫利乳油3000倍液等。

4. 保护和利用天敌

合理使用农药,有条件的可饲养草岭、西方盲走螨在果园释放。

虫害:桃小食心虫

一、发生为害特点

1.虫害分布及为害程度

桃小食心虫 *Carposina sasakii* 属鳞翅目、果蛀蛾科。是我国北部及西北部苹果、梨、枣、花红、山楂产区的主要害虫,在蔷薇科仁果类果树及枣

树上发生重,在核果类果树上发生较轻。

2.难防指数 ★★★

3.难防原因

(1)幼虫在果实内为害,要在幼虫孵化前加以控制;

(2)成虫产卵持续期长;

(3) 寄主植物种类多,难以根除。

二、诊断要点

1.为害部位

果实。

2.为害特点

苹果:幼虫蛀果后不久,从入果孔处流出泪珠状的胶质点,随后又变成一小片白色蜡质膜,以后又变成一个小黑点。幼虫在果皮下潜食叶肉,使未成形的幼果表面变形,俗称“猴头果”,使成形的果实内部充满虫粪,俗称“豆沙馅”(尤其是水分少的品种)。枣:蛀果孔处初有白色果胶点,以后变成小黑点,周围颜色提早变红,易提前脱落。

三、形态特征

成虫 体小型,灰色,前翅前缘近中部有一个近三角形的蓝黑色大斑,翅基部和中部有 7~8 丛斜立鳞片;后翅无斑纹。

卵 深红色,桶形,有不规则刻纹,卵顶有“Y”状毛 2~3 圈,多位于果实的萼洼处。

幼虫 老熟幼虫体长 15 毫米左右,桃红色,腹足趾钩单序环,趾钩 10~24 个,臀足趾钩 9~14 个。

茧 分冬茧和夏茧。冬茧:扁圆形,丝质紧密,略呈红褐色;夏茧:纺锤形,丝质疏松,茧上黏附土粒。

蛹 被蛹,常见于果园地表隐蔽处的纺锤形夏茧内。

四、生活习性

1 年 2~3 代,2 代为主,以老熟幼虫结扁圆形冬茧在树冠下土壤中越冬。在平整的果园中,冬茧多位于树干周围 1 米范围内,深 5~6 厘米;在山坡地果园中,冬茧分布较分散;堆果场地附近土壤中也会有大量越冬茧。第二年 4 月下旬至 5 月中旬开始出土,出土期可长达 60 多天。出土早晚和当年春季的雨水有很大关系,雨水充足,则出土时间早、虫量大;长期缺雨可推迟幼虫大量出土。出土和土壤温度、含水量密切相关,土壤含水量 10%左右、土壤温度在 18~19℃时开始出土,土壤含水量在 3%以下时不能出土。幼虫出土后寻找隐蔽场所结纺锤形夏茧,两周左右后羽化出越冬代成虫。在2代发生区,越冬代成虫在6~7月上旬出现,第一代成虫在8月上旬到9月上旬出现。成虫多产卵于苹果的萼洼处,卵期8天左右,卵壳在幼虫孵化后变为白色,幼虫在果面爬行数分钟,多选择苹果的胴部,咬破果皮(不取食果皮)后蛀入,2~3天后流出胶液,老熟后咬一圆形脱果孔脱出果外,直接在地表结茧化蛹,或入土越冬。幼虫期一般20天左右,果实采收后果内往往还有未脱果的幼虫。

五、防治方法

采取树上防治与树下防治相结合,园内与园外防治相结合,药剂防治与人工防治相结合,苹果树、枣树防治与其他树防治相结合的策略。

1. 在重发区要开展树下防治

(1)测报:4月20日开始,树下设置瓦片若干,使瓦片凹面向下,每天检查瓦片凹面有无夏茧。当连续3天发现瓦片上有长圆茧时,可以进行第一次地面喷药。(2)药剂防治:40%甲基异柳磷乳油300倍液,或50%辛硫磷乳油300倍液或25%辛硫磷微胶囊剂250倍液,每公顷用药6~8千克;或白僵菌菌粉30千克/公顷与25%对硫磷微胶囊剂2千克/公顷100倍液混用。施药后浅锄,20~25天后进行第二次施药。注意:药前除草,药后锄地。(3)人工防治:4月下旬前筛土选茧;树冠下覆盖地膜;幼虫出土盛期翻地埋蛹。(4)生物防治:土施芫菁夜蛾线虫、嗜菌异小杆线虫或白僵菌防治桃小。

2. 树上药剂防治

原则:打卵不打虫,打在卵高峰。

在桃小性诱剂诱到雄蛾后,隔天调查卵果率,每次检查500个果实,当卵果率达1%时进行药剂防治。将20%灭扫利乳油或2.5%敌杀死乳油或40%菊马乳油或40%水胺硫磷乳油稀释后喷洒于果面,4~5天完成,间隔15~20天可再喷洒,一般两次即可。三代区可进行第3次药剂防治。

3. 摘除虫果、拾净落果

4. 园外防治

(1)堆果场防治:水泥地铺沙诱杀幼虫;土壤处理防治幼虫。

(2)其他果树桃小食心虫的防治。

5. 栽植抗性品种

虫害:梨圆蚧

一、发生为害特点

1.虫害分布及为害程度

梨圆蚧 *(Diaspidiotus perniciosus)* (Comstock),属同翅目、盾蚧科。在我国东部大部分地区均有发生,以北方各梨产区发生较重,主要为害梨、苹果、枣、核果类等多种果树。以雌成虫、若虫刺吸枝干、叶、果实汁液,轻则造成树势衰弱,重则造成枯死。

2.难防指数 ★★★

3.难防原因

(1) 繁殖能力强,繁殖速度快,种群数量大;

(2)田间寄主多,很难彻底防除;

(3)体被蜡质介壳,药剂难以穿透介壳。

二、诊断要点

1.为害部位

枝干、叶片、果实。

2.为害特点

以雌成虫及若虫寄生于枝干、叶片及果实表面吸取养分。苹果受害后,在果实表面围绕虫体有紫红色晕圈,果面虫口密度大时,紫红色晕圈连成一片。梨果受害后产生黑褐色斑点,严重时果面龟裂。枝条受害容易衰弱枯死,密布蟹青色(活虫)、灰白色(死虫)圆形介壳。

三、形态特征

雌成虫:介壳圆形,突起,里层夹若虫蜕,活体介壳蟹青色,死虫介壳灰白色或黑色,直径 1.5~2.0 毫米,中央隆起处从内向外为灰白色、黑色、灰黄色 3 个同心圆,隆起处的介壳也有暗色轮纹。虫体心脏形,后端尖突,老熟时除臀板硬化外,全体膜质。

雄成虫:体长 0.6~0.8 毫米,宽 0.23 毫米,翅展 1.3 毫米。触角 11 节。腹末交配器细长,占体长的 1/3 左右。雄虫介壳鞋掌形。

初孵若虫:椭圆形,乳黄色,触角5节,足发达,腹部末端有1对白色尾毛。固定后身体可稍长大,渐成圆形,足与触角仍保留。分泌灰白色圆形介壳。介壳直径0.25~0.4毫米。

2龄若虫:触角和足退化,雌若虫与雄成虫体形相似,黑色,介壳直径0.65~0.9毫米。

四、生活习性

1年2~3代,在北方梨树上发生2代,在华南1年4~5代。以1~2龄固定若虫及少数受精雌虫于介壳下在寄主的枝干上越冬。

以两性生殖和孤雌胎生进行繁殖。1年2代者,6月下旬和8月下旬分别出现1、2代若虫,10月末开始越冬;1年3代者,各代1龄若虫出现期分别为5/下~6/上、7/下、9/中~9/下,11月上旬开始越冬。1龄若虫孵化后从介壳下爬出,多顺树枝树干向上爬行一段距离后,在嫩枝上固定取食,数量大时也可在果实及叶片上为害。若虫固定1~2天后分泌蜡质覆盖虫体,形成介壳。世代重叠现象严重。高温干燥或暴风雨可造成初孵若虫大量死亡。

五、防治方法

1.植物检疫

调运苗木、接穗要加强检疫,防止传播蔓延。

2.化学防治

(1)梨花芽萌动前,喷石硫合剂,或5%柴油乳剂、机油乳剂等1000倍液杀死越冬若虫。

(2)若虫出壳期进行药剂防治,常用药剂有20%速灭杀丁1500~2000倍液,2.5%功夫1500倍液,2.5%天王星1500倍液,2.5%溴氰菊酯1500~2000倍液,50%久效磷1000~1500倍液等药剂。为提高杀虫效果,可在药液中混入0.1%~0.2%的洗衣粉。

3.其他防治方法

初发生梨园多是点片发生,彻底剪除有虫枝条或人工刷抹有虫枝,铲除虫源。

虫害:矢尖蚧

一、发生为害特点

1.虫害分布及为害程度

矢尖蚧(*Unaspis yanonensis*)为国内柑橘产区的重要害虫,在长江以南地区发生较重。该虫为害柑橘叶片、枝梢和果实,叶片上以主脉两侧最多,被害叶片常卷缩,严重时叶片发黄、脱落。

2.难防指数 ★★★

3.难防原因

(1)繁殖能力强,繁殖速度快,种群数量大;

(2)体被蜡质介壳,药剂难以穿透介壳;

(2)发生中、后期世代重叠严重,不利于防治。

二、诊断要点

1.为害部位

叶片、枝梢、果实。

2.为害特点

矢尖蚧主要以未产卵的雌成虫越冬,雌成虫抗药性强,橘园冬季药剂防治对此虫几乎无效。越冬代至第二年产卵前发育较一致,以后世代重叠严重。前期为害叶片和枝梢,后期可以为害果实。

三、形态特征

介壳　雌介壳细长,长2~3.5毫米,紫褐色、具白边,前端尖,后端宽,中央1纵脊,脱皮壳位于前端。雄介壳长而两侧平行,白色,长1.3~1.6毫米壳上纵脊3条,脱皮壳在头端。

成虫　雄虫橘黄色,长0.5毫米,腹末交尾器针状。雌虫橘橙色,长2.5毫米,第1腹节边缘突出,臀板上臀叶3对、中臀叶较大,2?3臀叶2分瓣,臀缘腺管7对,背管线小而多、排列不整齐。

四、生活习性

矢尖蚧1年2~3代,以受精雌成虫在枝、叶上越冬。雌成虫在日均温大于19℃时开始产卵，产卵期在60天以上。翌年5月中、下旬开始产卵，第一代若虫于5月下旬、6月上旬出现。成虫出现期：第一代在7月，第二代9月，第三代11月。雌虫在介壳下产卵，卵期1~2天。若虫孵化后1~2小时即固定取食。雌虫个体分散，雄虫多聚集于叶背面。越冬雌成虫至第二年产卵前发育成熟度较一致，因此第一代幼蚧发生整齐，其后世代则虫龄不一，世代重叠现象严重，各种不同发育程度的雌成虫随时可见。第一代幼蚧主要寄生在老叶上，发生重的有少量为害新叶和幼果；第二代幼蚧转到新叶或部分幼果上为害；第三代主要为害果实，少量留在新叶上。

矢尖蚧在柑橘中是中心分布，常由一处或多处生长旺盛且阴蔽的柑橘树上开始发生。然后向周围扩散蔓延至整个橘园，山坡呈现出中心点至片的延伸，一般大面积成灾的情况较少；树完全封闭的虫口密度大，受害重；树势弱且管理差的受害也重。对于一个果场来说，果园中心树虫口密度大，受害重，四周边缘虫口密度小，受害轻；幼树虫口密度小，受害轻。柑橘矢尖蚧的短距离传播，主要是经枝叶相邻接触、人员进出沾带及风吹扩散；长距离传播主要是通过幼苗、枝条的引进和果实的运输而扩散。

五、防治方法

1.农业防治

加强柑橘园管理，培育健壮的树势，增强树体抗性的基础上，重点抓好冬春修剪。修剪的重点是残枝枯叶、虫口密度大又不能结果的内膛枝、下垂枝和阴蔽枝，集中处理，减少虫源。发现个别植株有零星矢尖蚧为害时，应及时清除，再进行挑治。

2.化学防治

一代若蚧发生期是全年防治矢尖蚧的关键时期，若防治及时可有效减轻第二、三代的发生为害。因一代矢尖蚧若蚧发生相对整齐，发生时间相对一致，防治时间相对集中，故应狠治一代矢尖蚧，压低当年虫口基数。

矢尖蚧在幼蚧期因蜡质未形成，抗性弱，药液很容易侵入虫体，而成为各代的防治适期。可用常规药剂：40%水胺硫磷1000~2000倍液+25%扑虱灵1500倍液；10%克蚧灵1000~1500倍液；40%辛硫磷800~1000倍液；40%氧化乐果800倍液。防治越冬代成蚧则需用松脂合剂100~150倍

液；防治各代成蚧用40%速扑杀或48%乐斯本1000倍液，或40%速扑杀2000~3000倍液+1~2%机油乳剂。

施药时要均匀仔细，药剂应充分接触虫体，树上树下、树里树外喷施均匀，重点部分在树体基部、内膛和阴蔽枝。一代幼蚧喷药时以老叶为主，严重的兼顾新梢；第三是合理的施药次数，越冬代主要结合修剪普施一次，搞好冬春清园工作。一代幼蚧盛发期施药一次，严重橘园补施一次；二代、三代应采取挑治。

3.其他防治方法

保护利用天敌：矢尖蚧的天敌种类多，应注意保护利用，将药剂防治时期限在第一代若虫发生期。有条件的地方可引种、繁殖、释放天敌。

虫害：果树天牛

一、发生为害特点

1.虫害分布及为害程度

常见的果树天牛主要包括桑天牛 *(Apripona germari)* 和桃红颈天牛 *(Aromia bungii)*，两者分布在华中、华东、华南、西南、华北及东北等地，但以长江以北地区发生较重。成虫食害嫩枝皮和叶；幼虫于枝干的皮下和木质部内蛀食，虫口密度大时，造成树干中空，皮层脱落，树势减弱，可引起树木死亡。

2.难防指数 ★★★

3.难防原因

(1)天牛发生重主要与树势衰弱密切相关，而诱发因素(如立地条件、果树已过盛果期)一般难以消除。

(2)幼虫在树体内为害，蛀孔多、蛀道复杂，不易防治；

二、诊断要点

1.为害部位

树干、主枝的木质部。

2.为害特点

桑天牛幼虫通常由上向下钻蛀，隧道内无粪屑，隔一定距离向外蛀1通气排粪屑孔，排出大量粪屑，削弱树势，重者枯死；桃红颈天牛幼虫虫道多横向弯曲伸展，虫粪堆满虫道，有的从排粪孔内排出大量粪便堆积于树干基部，有的从皮缝内挤出，常有流胶发生。

三、形态特征

1. 桑天牛

成虫 体长26~51毫米，宽8~16毫米，黑褐至黑色，密被青棕或棕黄色绒毛。触角丝状，11节，第1、2节黑色，其余各节端半部黑褐色、基半部灰白色。前胸背板前后横沟间有不规则的横皱或横脊，侧刺突粗壮。鞘翅基部密布黑色光亮的颗粒状突起，约占全翅长的1/4~1/3；翅端内、外角均呈刺状突出。

卵 长椭圆形，长6~7毫米，稍扁而弯，初乳白后变淡褐色。

幼虫 体长60~80毫米，圆筒形，乳白色。头黄褐色，大部缩在前胸内。胴部13节，无足。前胸(第1节)膨大略呈方形，背板上密生黄褐色刚毛，后半部密生赤褐色颗粒状小点并有“小”字形凹纹；3~10节背、腹面有扁圆形步泡突，上密生赤褐色颗粒。

蛹 长30~50毫米，纺锤形，初淡黄后变黄褐色，翅芽达第3腹节，尾端轮生刚毛。

2. 桃红颈天牛

成虫 体长约28~37毫米，前胸棕红色，其余均为黑色，有光泽，前胸两侧各有一刺突，背面有瘤状突起。

卵 长椭圆形，长约1.5毫米，乳白色。

幼虫 体长约50毫米，黄白色，前胸背板扁平方形，前缘黄褐色，中间色淡。

蛹 淡黄白色，长约36毫米，前胸两侧各有1个刺状突起。背板上有两排刺毛。

四、生活习性

1. 桑天牛

北方2~3年1代，广东1年1代。以幼虫在枝干内越冬，寄主萌动后开始为害，落叶时休眠越冬。北方幼虫经过2~3个冬天，于6~7月间老熟，在隧道内两端填塞术屑筑蛹室化蛹。蛹期15~25天。羽化后于蛹室内停5~7天后，咬羽化孔钻出，7~8月间为成虫发生期。成虫多晚间活动取食，约经10~15天开始产卵。2~4年生枝上产卵较多，多选直径10~15毫米的枝条的中部或基部，先将表皮咬成“U”形伤口，然后产卵于其中，每处产1粒卵，偶有4~5粒者。每雌可产卵100~150粒，产卵约40余天。卵期10~15

天,孵化后于韧皮部和木质部之间向枝条上方蛀食约1厘米,然后蛀入木质部内向下蛀食，稍大即蛀入髓部。开始每蛀5~6厘米长向外蛀1排粪孔，随虫体增长而排粪孔距离加大,小幼虫粪便红褐色细绳状,大幼虫的粪便为锯屑状。幼虫一生蛀隧道长达2米左右,隧道内无粪便与木屑。

雌成虫必须以桑科植物为补充营养寄主才能正常繁殖后代。

2. 桃红颈天牛

2~3年完成1个世代，以不同龄期幼虫在树干隧道内越冬,树液流动后越冬幼虫开始活动为害,老熟后在其中做茧化蛹。成虫盛发期6~7月，卵产在距地面1.2米以下的主干和主枝的树皮裂缝中,每处1粒,每头雌虫产卵100余粒，卵期10~15天,卵孵化后蛀入皮层,随虫龄增大蛀入逐渐加深,2~3龄可蛀入至韧皮部与木质部之间,蛀道中充满虫粪,树皮上有排粪孔,并有部分虫粪排出堆积在地面上,易发现。第二年秋后,5龄幼虫蛀入木质部做蛹室，并在其中越冬。5~6月间化蛹。成虫白天活动,早晚在树干和粗枝上栖息。

五、防治方法

1. 农业防治

果园附近最好不种植桑树、构树等桑科植物,以减少桑天牛虫源。结合修剪除掉虫枝,集中处理。

2. 人工防治

及时捕杀成虫，消灭在产卵之前。成虫产卵期,锤杀天牛卵和小幼虫。幼虫为害期,用铁丝从排粪孔顺隧道钩杀幼虫。

3. 药剂防治

(1)成虫发生期结合防治其他害虫，在枝干上喷洒40%乐果乳油500倍液,要喷周到。

(2)毒杀初龄幼虫,可用敌敌畏或杀螟松等乳油10~20倍液,涂抹产卵刻槽杀虫效果很好。

(3)蛀入木质部的幼虫可从新鲜排粪孔注入药液,如敌敌畏、氧化乐果,或每个排粪孔插入1根磷化锌毒签或1/4片磷化铝,然后用湿泥封孔,熏蒸杀虫效果很好。

4. 其他防治措施

树干和主枝涂白，防止成虫产卵;一般在成虫大量羽化前(6月上中旬)进行树干涂白(配方:5千克石灰、0.5千克硫磺、食盐0.1千克、20千克水混合搅拌均匀)。

虫害:柑橘大实蝇

一、发生为害特点

1.虫害分布及为害程度

柑橘大实蝇（*Bactrocera citri*）首先发现于四川江津，现分布于湖北、湖南、贵州、云南、广西和陕西等省区。为害时成虫产卵于幼果内，幼虫孵出后即蛀入果实和种子，使果实未成熟先黄、黄中带红，果实进而腐烂脱落，完全失去食用价值，严重时满园落果，损失很大。寄主限于柑橘类，以酸橙和甜橙受害严重，柚子红橘次之。

2.难防指数 ★★★★

3.难防原因

(1)成虫产卵于柑橘皮下，产卵期长，卵期无法控制；

(2)幼虫在果实内为害，幼虫期难以控制；

(3)化蛹于土壤中，很难压低蛹的数量；

(4)只有控制成虫是较为有效的途径，但成虫活动性强，药剂直接防治有难度。

二、诊断要点

1.为害部位

果实。

2.为害特点

成虫在果实表面产卵，产卵处呈乳头状突起，中央凹入，变黄褐色或黑褐色，具白色放射状裂口，9~10月在被害处附近出现黄色变色斑，未熟先黄，黄中带红，与健康果很易区别。幼虫在果内穿食瓤瓣，果实提前脱落，被害果易腐烂。还可为害种仁，把胚和子叶蛀食一空，只剩下内、外种皮。

三、形态特征

成虫：12~14 毫米。复眼亮绿色、单眼三角区黑色。额面具近圆形黑色颜斑 2 个，充满触角沟端部内侧。胸部背面中央有赤褐色“人”字形大斑，两侧有黄色带状纵斑各 1 个。肩鬃 1

对，无前翅上鬃1对，胸鬃总共6对。翅透明，前缘区浅黄色，具1淡棕黄色条纹，其宽度自前缘脉至R2+3脉。腹部黄色至黄褐色，第三背板基部有1黑色横带，与腹背中央从基部伸达腹端的1黑色纵纹交成“十”字形，第四背板基部也有黑横带，色较浅，中部间断。雌虫产卵器基节呈瓶状，其长度约等于第2~5背板（腹部长度）的长度之和。

幼虫：背面第2~3节有小刺带，腹面仅第2节有小刺带。

四、生活习性

每年发生1代，一般以蛹在土表下20~60毫米处越冬。蛹也可在包装物、铺垫物上越冬。湖南省4月下旬出现成虫，5月上旬为盛期，6月份到7月中旬进入果园产卵，6月中旬为盛期，7~9月份孵化为幼虫，蛀果为害。受害果9月下旬脱落，幼虫随落果至地，后脱果入土化蛹。湖北鹤峰县6月上旬羽化为成虫，成虫取食密露，6月中旬开始在柑橘果实上产卵，卵期30天，7月中旬幼虫开始在果中取食为害。10月中旬至11月中旬，幼虫老熟造成落果，3~7天出壳，1~4天入土化蛹。

成虫多晴天中午出土。雨后天晴湿度较高适于羽化，久雨久晴、土壤过湿或过干，均不利于羽化。新羽化成虫1周内不取食，一般20天后才飞至果园交配，交配后半月才开始产卵。成虫产卵在果实脐部，产卵处有一小刺孔，果皮由绿变黄。幼虫3龄，均在果内为害。阴而湿润的橘园和蜜源多的橘园，受其为害重。树冠下部果实上产卵较多。柑橘大实蝇主要通过水流和虫果的运输或携带而传播蔓延，也可通过成虫的迁飞和少量虫蛹带土苗木而传播，成虫飞翔力很强，飞行距离可达400米左右，可以自身传播蔓延。

五、防治方法

1. 加强植物检疫

严禁带虫果实、种苗运输。

2. 诱杀成虫

6月中旬前后成虫开始在果实产卵时，用2.5%的天王星，每桶水对天王星5毫升加30%的红糖喷树冠，5~10天一次，连续3~4次。

3. 土表处理杀成虫

上年大发生的果园，于成虫出土期，用65%辛硫磷1000倍液喷布地面，杀死成虫，每7~10天一次，连续两次。

4. 捡虫果

根据大实蝇的发生规律,在柑橘成熟之前,还是提前脱落的果实,必须每隔3天捡一次,绝不能让大实蝇出壳后入土化蛹。如果提前变黄的果实不下掉的少部分要采摘,并将虫果集中处理,挖坑上下撒石灰深埋,或倒入沼气池内等,这是防治大实蝇的最有效的办法。只要通过3~4年的捡虫果集中处理,就会收到很好的效果。

5. 冬耕灭蛹

就是对当年发生严重的橘园,在冬、春季深翻土壤时,用3%呋喃丹4~5公斤/亩拌细土撒施。

草害:白茅

一、发生为害特点

1.草害分布及为害程度

白茅属于禾本科白茅属,别名茅针、茅根、茅草、茅茅根。分布于全国大部分地区,尤以黄河流域以南各省区为害严重。生于果园、麦田、玉米等多种秋季作物田以及荒地、河滩、沟岸、路旁、田边。为果园、苗圃优势种或亚优势种杂草之一。发生严重的果园平均每平方米49.6株,最多250株。其根状茎繁殖迅速,生长势强,消耗地力,对果树影响很大。

2.难防指数 ★★★★

3.难防原因

(1)世界恶性杂草。

(2)多年生根状茎深而发达,繁殖迅速,生长势强。

二、诊断要点

幼苗第一片真叶,具13条平行叶脉,叶舌呈半圆形,第二片真叶线状披针形。

三、形态特征

多年生禾草;有长根状茎密生鳞片。秆丛生,直立,高25~80厘米,具2~3节。叶片条形或条状披针形,长5~6厘米,宽2~8毫米,平滑无毛。紧

缩呈穗状，长 5~20 厘米，有白色丝状柔毛；总状花序短而密，穗轴不断落；小穗成对生于各节，一柄长，一柄短，均结实且同披针形或矩圆形，长 3~4 毫米，基部密生长 10~15 毫米的丝状柔毛；第一颖较狭，具 3~4 脉，第二颖较宽，具 4~6 脉；第一外稃卵状矩曲形，第二外稃被外形；雄蕊 2。

四、发生规律

1 为害规律

根茎及种子繁殖。3~4 月根茎芽苗出土，花期 4~5 月，6 月果实陆续成熟，种子随风飞散、传播。

2.发生条件

种子萌发以 18℃为最宜。根茎发芽 15~24℃为最适，低于 6~9℃时生长缓慢。

五、防治技术

1.农业防治

(1) 覆盖治草 覆盖不仅能治草，而且能提高土壤有机质，改善土壤物理性质，保护土壤，增强树势。例如，据河南省有关部门报道，在白茅发生严重的夏薯地用麦糠覆盖 1~2 寸厚，连续 3 年后，白茅消失，可借用此种方法在果园覆盖麦糠或小麦秸秆防治白茅。

(2) 果园套种小麦 实验表明，小麦对白茅具有明显它感作用。

(3) 生物防治杂草 成年果园可因地制宜放养家兔、家禽等，可有效地控制杂草的生长。

(4) 深翻清除白茅根状茎

2.化学防治

10%草甘膦水剂 1200~2000 毫升/亩，加入适量表面活性剂，如 0.1%的洗衣粉，可提高药效。适宜的施药时期在杂草株高 15 厘米左右，即北方大致为 6 月。施用过早，对白茅的上部防效虽好，但杀不死根茎，而后仍能再生；施药过晚，杂草生长旺期已过，茎秆木质化，不利于药剂在植物体中传导，防效较差。此外，亨达超克 (250 克/升百草枯水剂)150~200 毫升/亩，亨达美田(410 克/升草甘膦异丙胺盐 AS)200~400 克/亩，茅草枯、盖草能和稳杀得也可用于防除果园白茅。

上述防治方法需连续 2~3 年进行才能根除果园茅草。

草害:狗牙根

狗牙根的为害特点、诊断要点、形态特征和发生规律参见豆田疑难草害-狗牙根解决方案。

防治技术

1. 农业防治

(1) *覆盖治草* 覆盖不仅能治草,而且能提高土壤有机质,改善土壤物理性质,保护土壤,增强树势。例如,山东等地采用秸秆、杂草等覆盖治草。地膜覆盖不仅抑草效果明显,而且能使幼树成活率高、萌发早,促进树体发育,早成形、早结果。

(2) *以草抑草* 在果树株行间种植草本地被植物,如三叶草、苜蓿、蚕豆、光叶苕子、紫穗槐等,待其生长一定量后,割草铺地,培肥地力。

(3) *生物防治杂草* 成年果园可因地制宜放养家兔、家禽等,可有效地控制杂草的生长。在果园中套种其他经济作物如葱、大蒜、南瓜、冬瓜等。

2. 化学防治

5%精喹禾灵乳油 50~75 毫升/亩,或 10.8%高效盖草能乳油 20~40 毫升/亩、12.5%稀禾定机油乳剂 50~75 毫升/亩、12%收乐通乳油 20~40 毫升/亩,对水 30 千克均匀喷施。

10%草甘膦水剂 1200~2000 毫升/亩,加入适量表面活性剂,如 0.1%的洗衣粉,可提高药效。适宜的施药时期在杂草株高 15 厘米左右,即北方大致为 6 月。施用过早,对狗牙根的上部防效虽好,但杀不死根茎,而后仍能再生;施药过晚,杂草生长旺期已过,茎秆木质化,不利于药剂在植物体中传导,防效较差。此外,亨达超克 (250 克/升百草枯水剂)150~200 毫升/亩,亨达美田(410 克/升草甘膦异丙胺盐 AS)200~400 克/亩,茅草枯、盖草能和稳杀得也可用于防除果园狗牙根。

上述防治方法需连续 2~3 年进行才能根除果园狗牙根。

草害:刺儿菜

刺儿菜的为害特点、诊断要点、形态特征和发生规律参见豆田疑难草害–狗牙根解决方案。

防治技术

1. 农业防治

(1)*覆盖治草* 覆盖不仅能治草,而且能提高土壤有机质,改善土壤物理性质,保护土壤,增强树势。

(2)*以草抑草* 在果树株行间种植草本地被植物,如三叶草、苜蓿、蚕豆、光叶苕子、紫穗槐等,待其生长一定量后,割草铺地,培肥地力。

(3)*人工清除*。

2. 化学防治

(1)48%广灭灵 1.0 升/公顷+48%排草丹 1.2 升/公顷+喷液量 1%的药笑宝或信得宝或快得 7;

(2)48%广灭灵 1.0 升/公顷+25%氟磺胺草醚 1.0 升/公顷+喷液量 1%的药笑宝或信得宝或快得 7;

(3)48%排草丹 3.0 升/公顷+喷液量 1%的药笑宝或信得宝或快得 7。

10%草甘膦水剂 1200~2000 毫升/亩,加入适量表面活性剂,如 0.1%的洗衣粉,可提高药效。适宜的施药时期在杂草株高 15 厘米左右,即北方大致为 6 月。施用过早,对刺儿菜的上部防效虽好,但杀不死根茎,而后仍能再生;施药过晚,杂草生长旺期已过,茎秆木质化,不利于药剂在植物体中传导,防效较差。此外,亨达超克 (250 克/升百草枯水剂)150~200 毫升/亩,亨达美田(410 克/升草甘膦异丙胺盐 AS)200~400 克/亩,茅草枯、盖草能和稳杀得也可用于防除果园刺儿菜。

上述防治方法需连续 2~3 年进行才能根除果园刺儿菜。

草害:香附子

香附子的为害特点、诊断要点、形态特征和发生规律参见棉田疑难草害–香附子解决方案。

防治技术

1. 农业防治

(1) *覆盖治草* 用黑膜或薄膜覆盖治草,或用具它感作用的植物残体覆盖治草。

(2)生物防治杂草 成年果园可因地制宜放养家兔、家禽等,可有效地控制杂草的生长。

2. 化学防治

24%三氟羧草醚乳油 50~75 毫升/亩,或 24%乳氟禾草灵乳油 20 毫升/亩,或 10%乙羧氟草醚乳油 20 毫升/亩,加入 24%甲咪唑烟酸水剂 20 毫升/亩,对水 30 千克,均匀喷施。

48%苯达松水剂 150~200 毫升/亩,或 48%苯达松水剂 100~120 毫升/亩+24%三氟羧草醚乳油 25~35 毫升/亩。

10%草甘膦水剂 1200~2000 毫升/亩,加入适量表面活性剂,如 0.1%的洗衣粉,可提高药效。适宜的施药时期在杂草株高 15 厘米左右,即北方大致为 6 月。此外,亨达超克(250 克/升百草枯水剂)150~200 毫升/亩、亨达美田(410 克/升草甘膦异丙胺盐 AS)200~400 克/亩,也可用于防除果园香附子。

草害:葎草

一、发生为害特点

1.草害分布及为害程度

葎草属于桑科葎草属,又名拉拉藤、拉拉秧,一年或多年生缠绕草本。在我国除新疆和青海外,各省区均有分布,在国外,原苏联,朝鲜,日本也有。喜生于耕地,田边,路旁,沟边,住宅附近,垃圾或堆肥场周围,山麓,河

滩等湿润肥沃的土地上。为果园常见杂草,有时侵入玉米、棉田等。

(1) 影响生态环境 由于葎草茎的迅速生长和大量分枝,使路旁、沟边的其他杂草难以生存,生态系统的生物多样性平衡遭到破坏。绿化地带的草坪中一旦有蓬草生长,若不及时清除,则将造成草坪荒废。

(2) 影响农业生产 葎草一旦侵入农田后,就缠绕在农作物上,与作物争夺阳光、空间、水分和养料,抑制这些农作物的正常生长,它浑身的倒刺和柔韧的藤蔓造成农民收获的困难。

(3)影响植树造林 在林带、果园中一旦有葎草入侵而没有及时清除,它就迅速攀援到树顶,大量的分枝和茂盛的叶片像网一样罩住整枝树木,严重影响树木叶片的光合作用,使树木停止生长甚至死亡,同时造成严重减产。

2.难防指数 ★★★

3.难防原因

(1)一些地方为多年生,根系发达,生命力顽强。

(2) 茎蔓生长迅速,分枝多,一旦蔓延,极难防除。

二、诊断要点

子叶狭披针形至线形,无柄。下胚轴发达,紫红色,上胚轴短,并密被斜垂直生的短柔毛。初生叶2片,对生,卵形,3深裂,裂片边缘有粗锯齿或重锯齿,具长柄。后生叶掌状分裂。全株除子叶和下胚轴外,均密被短柔毛。

三、形态特征

一年生或多年生缠绕草本。茎枝和叶柄有倒钩刺。叶对生,具长柄。叶片近肾状五角形,直径7~10厘米,掌状深裂,裂片(3)5~7,边缘有粗锯齿,两面均有粗糙刺毛,下面有黄色小腺点。单性花,雌雄异株,雄花序圆锥状,雄花花被片和雄蕊各5,黄绿色;雌花序穗状,通常10余朵花相集而下垂,每2朵花有1卵形苞片,有白刺毛和黄色小腺点,花被退化为1全缘的膜质片。瘦果淡黄色,扁圆形。

四、发生规律

1. 为害规律

它在亚热带地区,一般2月下旬至3月上旬出苗 (温带为3月下旬至4月上旬),雄株7月中下旬开花,雌株8月上、中旬开花,9月中、下旬至

10月上旬成熟,以后逐渐枯死,而在亚热带以南地区,寄存在土壤表层的种子,每年8月底出土,形成新株,在11月底或12月初严霜后才枯死。葎草虽然春季出苗很早,但从2月底至5月上旬,生长极为缓慢,平均日增长0.6厘米;而从5月中旬以后,生长速度急剧加快,7~8月间,最大日增长达13厘米。开花以后,生长渐缓,果期基本停止生长。葎草靠种子进行繁殖。

2.发生条件

葎草在早春温度大约6℃左右即可发芽出苗,适宜的发芽温度为10~20℃,超过30℃发芽受抑,超过35℃基本不再发芽。土层深度2~4厘米。子实在土层中的寿命仅1年。葎草适应的生态幅很宽。它适应的气温范围为年均温22~5.7℃,≥10℃的积温7500~1500℃,年降水量为1400~350毫米,适应的土壤酸碱度范围为pH8.5~4.0。葎草耐寒性比较强。葎草喜光照,一般喜生于开阔的向阳地段,或生长在稀疏林缘、灌丛林下,但在林冠郁闭度超过30%时,葎草茎蔓细弱,且生长发育不良。葎草喜肥嗜水。

五、防治技术

1.农业防治

(1) *覆盖治草* 覆盖不仅能治草,而且能提高土壤有机质,改善土壤物理性质,保护土壤,增强树势。例如,山东等地采用秸秆、杂草等覆盖治草。地膜覆盖不仅抑草效果明显,而且能使幼树成活率高、萌发早,促进树体发育,早成形、早结果。

(2) *以草抑草* 在果树株行间种植草本地被植物,如三叶草、苜蓿、蚕豆、光叶苕子、紫穗槐等,待其生长一定量后,割草铺地,培肥地力。

(3)*生物防治杂草* 成年果园可因地制宜放养家兔、家禽等,可有效地控制杂草的生长。在果园中套种其他经济作物如葱、大蒜、南瓜、冬瓜等。

(4) 人工清除。

2.化学防治

用亨达超克(250克/升百草枯水剂)150~200毫升/亩;亨达灭火器(58%草甘膦可溶粉剂)130~250克/亩;48%氟乐灵乳油100~200毫升/亩,对水25~50千克喷雾,混土5~8厘米;50%西玛津可湿性粉剂500~600克/亩,作播后苗前土壤处理,土表喷雾或结合耙地将药剂耙入2~4厘米土层;40%阿特拉津悬浮剂250~350毫升/亩,于苗后3~4叶期茎叶喷雾处理,防治效果好;72%2,4-D丁醋乳油均匀喷雾于表土。

草害:小蓬草

一、发生为害特点

1.草害分布及为害程度

小蓬草属于菊科白酒草属,别名小白酒草,小飞蓬,飞蓬。我国南北各省区均有分布。常生长于旷野、荒地、田边和路旁,为果园主要杂草。据豫北果园调查,平均每平方米 14.8 株,最高达 118 株;平均根深 22.2 厘米,根幅 22.9 厘米。严重影响果树的产量和质量。

2.难防指数 ★★★

3.难防原因

(1) 种子数量庞大,质量轻,有冠毛易于传播。

(2) 根系发达,植株健壮,生命力旺盛。

二、诊断要点

幼苗子叶阔卵形,光滑,具柄。下胚轴不发达,上胚轴不育。初生叶 1 片,近圆形,先端突尖,全缘,具睫毛,密被短柔毛。第二后生叶矩圆形,叶缘出现 2 个小尖齿。

三、形态特征

一年生或越年生草本。全株绿色,茎直立,有细条纹及脱落性粗糙毛。基部叶近匙形,上部叶线性或线状披针形,无明显的叶柄,全缘或有齿裂,边缘有睫毛。头状花序直径约 4 厘米,再密集呈圆锥状或伞房圆锥状花序;总苞片 2~3 层,线状披针形;缘花雌性,细管状,无舌片,白色或微带紫色;盘花两性,微黄色。瘦果长圆形,略有毛,冠毛 1 层,污白色,刚毛状。

四、发生规律

种子繁殖,秋季或春季出苗。花果期 7~9 月。果实成熟后,借冠毛随风传播种子。

五、防治技术

1.农业防治

(1) *覆盖治草* 覆盖不仅能治草，而且能提高土壤有机质,改善土壤物理性质,保护土壤,增强树势。例如，山东等地采用秸秆、杂草等覆盖治草。地膜覆盖不仅抑草效果明显,而且能使幼树成活率高、萌发早,促进树体发育,早成形、早结果。

(2) *以草抑草* 在果树株行间种植草本地被植物,如三叶草、苜蓿、蚕豆、光叶苕子、紫穗槐等,待其生长一定量后,割草铺地,培肥地力。

(3)*生物防治杂草* 成年果园可因地制宜放养家兔、家禽等,可有效地控制杂草的生长。在果园中套种其他经济作物如葱、大蒜、南瓜、冬瓜等。

2.化学防治

亨达超克 (250 克/升百草枯水剂)150~200 毫升/亩,喷施茎叶。亨达灭火器 (58%草甘膦可溶粉剂)130~250 克/亩,喷施茎叶。用 48%氟乐灵乳油 100~200 毫升/亩，对水 25~50 千克喷雾,混土 5~8 厘米;50%西玛津可湿性粉剂 500~600 克/亩,作播后苗前土壤处理,土表喷雾或结合耙地将药剂耙入 2~4 厘米土层;40%阿特拉津悬浮剂 250~350 毫升/亩，于苗后 3~4 叶期茎叶喷雾处理,防治效果好;72%2,4-D 丁醋乳油均匀喷雾于茎叶。

图版1-1 小麦纹枯病

上左：苗期症状

上右：返青拔节期症状

中左：茎基部菌核

下左：灌浆期症状

下右：茎部梭形病斑

图版1-2 小麦胞囊线虫病

上：苗期根部症状

中左：灌浆期田间危害状

中右：后期根部的胞囊

下：苗期田间危害症状

图版1-3 小麦赤霉病

左：穗部症状 右：穗部症状放大

图版1-4 小麦全蚀病

左：茎基部症状

右：田间危害症状

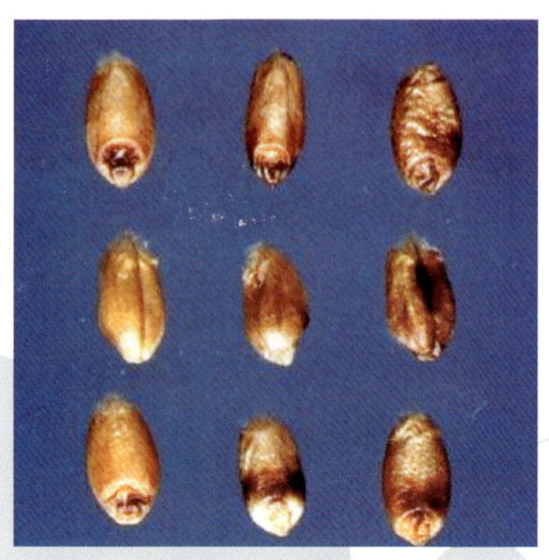

图版1-5 小麦黑胚病　　左：籽粒症状　　右：感病品种籽粒受害状

图版1-6 小麦黄矮病　左：单株症状　右：田间危害症状

图版1-7 小麦黄花叶病　　左：单株症状　右：田间危害症状及不同品种比较

图版1-8 小麦蚜虫　左：叶部受害状　中：荻草谷网蚜放大　右：穗部受害状

图版1-9 小麦红蜘蛛　左：叶部受害状　右：小麦红蜘蛛放大

图版1-10 小麦吸浆虫　左：成虫　右：幼虫及危害状

图版2-1 稻瘟病 上左：叶瘟 上右：病斑上霉层 下左：穗颈瘟 下右：穗颈瘟田间受害状

图版2-2 稻条纹叶枯病 左：受害单株 右：田间受害状

图版2–3 稻纹枯病 左：受害单株 右：田间受害状

图版2–4 稻细菌性条斑病 左：受害叶片 右：田间受害状

图版2–5 稻纵卷叶螟 左：受害叶片 右：田间受害状

图版3-1 玉米茎基腐（青枯）病
上左：受害植株
上右：受害植株基部
左：田间受害状

图版3-2 玉米大斑病 左：典型病斑 右：受害叶片症状

图版3-3 玉米小斑病　左：典型病斑　右：叶片受害状

图版3-4　玉米小斑病　左：田间受害状　右：叶片受害症状

图版3-5 玉米褐斑病 左：受害叶片 中：受害叶鞘 右：田间植株受害状

图版3-6 玉米弯胞霉叶斑病 左：典型病斑 中：叶片初期受害状 右：叶片后期受害状

图版3-7 玉米瘤黑粉病病

上：受害叶片 下左：受害雌穗 下中：受害雄穗 下右：田间受害状

图版3-8 玉米矮花叶病 左：叶片受害状 中：发病植株 右：田间受害状

图版3-9 玉米螟 左：叶片受害状 中：茎部受害状 右：雌穗受害状

图版3-10 玉米细菌性茎腐病

图版3-11 玉米粗缩病 左：叶片受害状 右：田间受害状

图版3-12 玉米锈病 左：田间植株受害状 右上：受害叶片 右下：受害叶鞘

图版4-1 棉花黄萎病

上左：叶片感病症状　上右：感病病株　下左：病株维管束　下右：田间发病情况

图版4-2 棉花红叶茎枯病

图版4-3 棉花角斑病

图版4-4 棉花枯萎病 左：枯萎病病叶 右：枯萎病病株

图版4-5 棉铃病害 左：疫病 右上：红腐病 右下：炭疽病

图版4-6 棉苗病害 左：红腐病 中：炭疽病 右：立枯病

图版4-7 棉铃虫 上左：花蕾受害状 上右：棉铃受害状 下左：成虫 下右：各龄幼虫

图版4-8 棉盲蝽象 左：绿盲蝽成虫 上右：棉株受害状

图版5-1 花生黑斑病
上左：叶片正面症状　上右：叶片背面症状
下左：病斑背面病菌子实体　下右：田间危害状

图版5-2 花生褐斑病　左：叶片病斑　右：叶片受害症状

图版5-3 花生网斑病 左：叶片受害症状 右：田间受害症状

图版5-4 花生茎腐病 左：田间植株受害症状 右：受害植株茎基部产生的小黑点

图版5-5 花生白绢病 左：茎基部受害状 中：果实受害状 右：田间植株受害症状

图版5-5 花生根结线虫病 左：病健株比较 中：根部受害状 右：根结放大

图版5-6 花生青枯病 左：苗期受害植株 右：后期受害植株

图版5-6 花生病毒病 左：叶片受害症状 右：田间受害症状

图版7-1 大豆病毒病 左：叶片受害状 右：植株受害状

图版7-2 大豆根腐病
上左：疫霉根腐病植株受害状 上中：茎基部受害状 上右：田间为害状
下左：镰刀菌根腐病植株受害状 下右：茎基部受害状

图版7-3 大豆胞囊线虫病 上左：植株受害状 右：田间为害状 中：根部胞囊

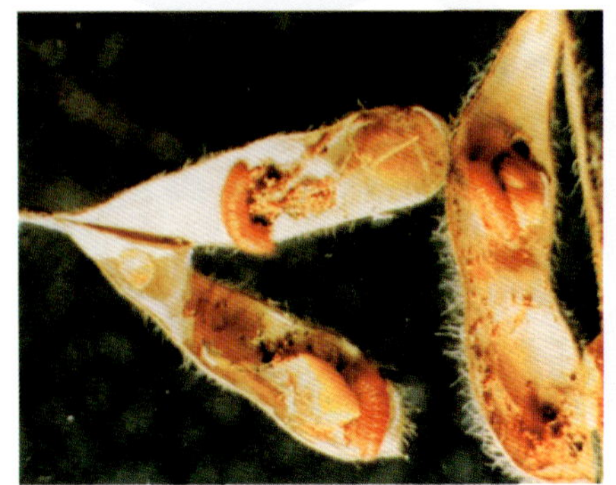

图版7-4 大豆食心虫幼虫及其危害状

图版7-5 豆荚螟危害大豆症状

图版7-6 油菜菌核病病 上左：茎杆受害状 中：茎杆内部菌核 右：叶片受害状

图版7-7 油菜病毒病 左：植株受害状 右：传毒介体蚜虫

图版5-7 花生田蛴螬 左：植株受害症状 右：土壤中的蛴螬幼虫

图版2-6 稻飞虱 左：受害叶片 右：田间受害状

图版8-1 烟草黑胫病 左：病株茎基部及叶片 中：病株髓部症状 右：田间受害状

图版8-2 烟草普通花叶病 左：叶片受害症状 右：植株受害症状

图版8-3 烟草花叶病 左：叶片受害症状 右：植株受害症状

图版8-4 烟草马铃薯Y病毒病 左：叶片受害症状 右：植株受害症状

图版8-5 烟草赤星病 上左：叶片上病斑 上右：病斑上霉层 下左：植株受害症状 下右：田间受害状

图版8-6 烟草根结线虫病　左：根部受害症状　右：植株受害症状

图版8-7 烟草野火病

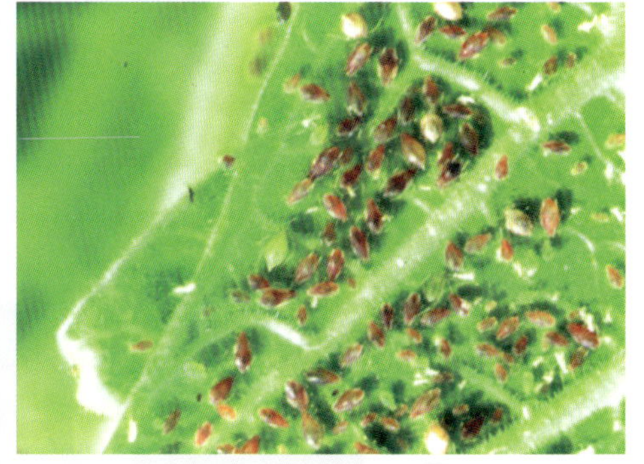

图版8-8 烟草蚜虫

图版8-6 烟青虫　左：成虫　右：幼虫及危害状

图版9-1 黄瓜霜霉病　左：叶片正面症状　右：叶片背面症状

图版9-2瓜类细菌性角斑病　左：黄瓜叶片受害症状　右：甜瓜叶片受害症状

图版9-3瓜类枯萎病　左：植株茎基部症状　中：维管束变色症状　右：田间受害症状

图版9-4 瓜类病毒病

上左：西葫芦植株受害状 上右：黄瓜植株受害状 下左：西瓜植株受害状 下右：南瓜果实受害状

图版9-5 十字花科黑腐病　左：白菜叶片受害症状 右：萝卜根部受害症状

图版9-6 十字花科软腐病　左：白菜植株受害症状 右：田间受害症状

图版9-7 十字花科病毒病　左：萝卜叶片受害症状 右：白菜植株受害症状

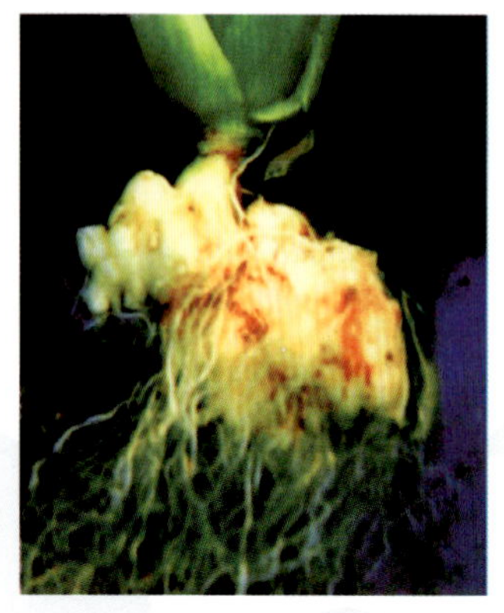

图版9-8 十字花科根肿病 左：甘蓝根受害状 中：白菜根受害状 右：田间白菜受害症状

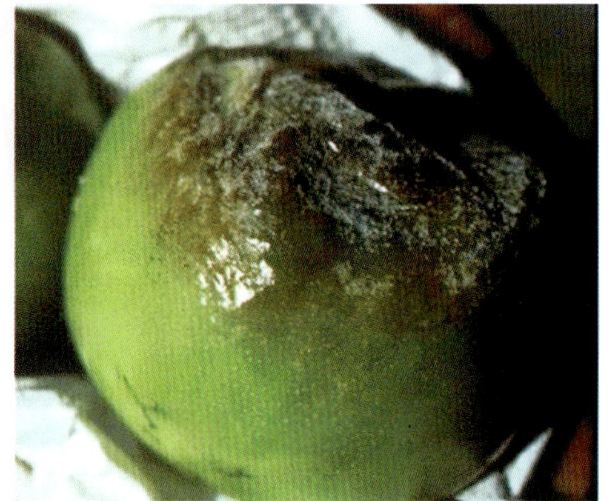

图版9-9 番茄晚疫病 左：叶片受害症状 右：果实受害症状

图版9-10 茄子黄萎病 左：叶片受害症状 右：田间植株受害症状

图版9-11 辣椒疫病 左：茎部受害状　右上：果实受害状　右下：田间植株受害症状

图版9-12 十字花科霜霉病　左：叶片正面受害症状 右：叶片背面受害症状

图版9-13 番茄病毒病
上左：蕨叶症状
上右：果实条斑症状
中左：花叶症状
中右：茎部条斑症状
下右：曲叶症状

图版9-14 蔬菜根结线虫病 左：黄瓜受害症状 中：番茄根部症状 右：胡萝卜受害症状

图版9-15 蔬菜灰霉病 左：黄瓜果实症状 中：黄瓜叶片症状 右：茄子果实症状

图版9-16 蔬菜菌核病 左：菠菜受害症状 右：芹菜受害症状

图版9-17 豆野螟

图版9-18 菜蚜

图版9-19 菜青虫 左：成虫 中：幼虫 右：甘蓝受害状

图版9-20 小菜蛾 左：成虫 右：幼虫及甘蓝受害状

图版9-21 甜菜夜蛾 左：成虫 右：幼虫

图版9-22 潜叶蝇 左：成虫 右：幼虫

图版9-23 白粉虱成虫及若虫

图版9-24 瓜蓟马成虫及危害状

图版10-1 苹果、梨腐烂病　左：溃疡型病斑 中：枝枯型病斑 右：病部产生的黄色孢子角

图版10-2 苹果、梨轮纹病　左：苹果果实受害状 中：枝干受害状 右：梨果实受害状

图版10-3 苹果早期落叶病　左：褐斑病 中：斑点落叶病 右：灰斑病

图版10-4 苹果病毒病　左：苹果锈果病　中：苹果花叶病　右：苹果锈果病为害状

图版10-5 梨黑星病　左：叶片受害状　右：果实受害状

图版10-6 桃穿孔病　左：田间受害状　中：褐斑穿孔病　右：霉斑穿孔病

图版10-7 果树褐腐病　左：杏受害状　中：李子受害状　右：梨受害状

图版10-8 果树根癌病

图版10-9葡萄白腐病

图版10-10 葡萄霜霉病　左：叶片背面受害状及霉层　右：叶片正面受害状

图版10-11 枣疯病　　左：枝条受害状　中：花器受害状　右：植株受害状

图版10-12 柑橘溃疡病　　左：果实受害状　右：叶片受害状

图版10-13 柑橘黄龙病　　左：枝条受害状　右：叶片受害状

图版10-14 柑橘青霉病和绿霉病 左：青霉病为害状 右：绿霉病为害状

图版10-15 香蕉枯萎病 左：植株受害状 中：茎基部受害状 右：维管束受害状

图版10-16 香蕉束顶病 左：植株早期受害状 右：植株后期受害状

图版10-17 芒果炭疽病

图版10-19 柑橘大实蝇

图版10-19 苹果绵蚜 左：植株受害状 右：苹果绵蚜若虫

图版10-20 苹果叶螨 左：叶片受害状 右：叶螨放大

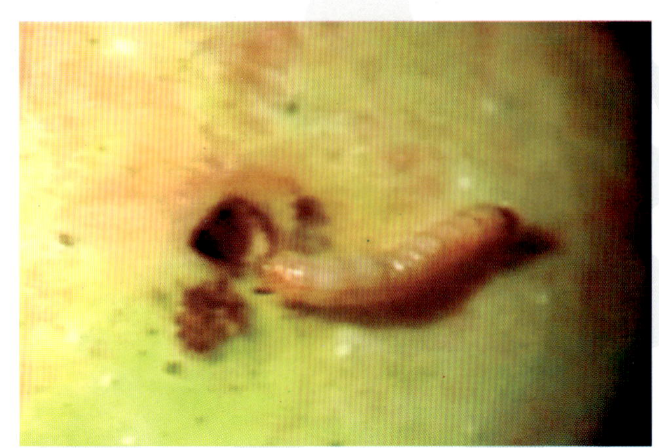

图版10-21 桃小食心虫　左：成虫　右：幼虫及其危害状

图版10-22 梨圆蚧

图版10-23 矢尖蚧

图版10-24 果树天牛　左：桑天牛　中：桃红颈天牛　右：天牛幼虫及其危害状

图版10-25 桃木腐病

图版10-26 梨黑斑病

图版10-27 苹果锈病

图版10-28 桃流胶病

图版10-29 香蕉炭疽病

图版10-30 葡萄黑腐病

图版10-31 葡萄扇叶病

图版10-32 葡萄白腐病

图版10-33 苹果褐斑病

图版10-34葡萄黑痘病

图版11-1 早熟禾

图版11-2 看麦娘

图版11-3 猪殃殃 左：田间生长状 右：叶片及花

图版11-4 野燕麦

图版11-5 泽漆

图版11-6 莎草

图版11-7 稗草

图版11-8 田旋花

图版11-9 打碗花

图版11-10 香附子

图版11-11 千金子田间危害状

图版11-12 荩草

图版11-13 节节麦

图版11-14 苍耳子

图版11-15 酢浆草

图版11-16 苦苣菜

图版11-17 耳草

图版11-18 白茅

图版11-19 李氏禾

图版11-20 狗牙根

图版11-21 马唐

图版11-22 牛筋草

图版11-23 小蓬草